数控加工编程（铣削）

主 编 管嫦娥 谢仁华 管常军

北京理工大学出版社
BEIJING INSTITUTE OF TECHNOLOGY PRESS

内 容 简 介

本书是国家双高院校（专业群）建设项目成果教材。本书由校企合作共同开发，在编写过程中以工学结合为切入点，以项目为载体，以工作过程为导向，以工作任务作驱动，打破传统的学科型课程框架。从分析数控铣工/加工中心操作工的岗位要求和工作内容入手，同时依据数控铣工、加工中心操作工国家职业标准，并融入现代数控加工的新技术、新工艺、新方法，精心编排组织教学内容。

本书共分 6 个模块，依次介绍了数控铣削的基本认知与机床操作、平面类零件的铣削加工、轮廓与型腔类零件的铣削加工、特殊结构零件的铣削加工、孔结构零件的铣削加工、职业技能综合训练。每个模块分成若干个项目，每个项目又细分为若干个学习任务，每个任务以企业典型工作任务构建结构，包括"任务发放""任务导学""知识链接""任务实施""考核评价""拓展提高"等内容，任务内容由简单到复杂，循序渐进，符合高职学生的认知发展规律，并且注重强化学生职业素养养成和专业技术积累，将专业精神、职业精神和工匠精神融入教材体系。

本书可作为高等院校、高职院校数控技术类、机械制造类专业的教材，也可供机电类专业有关工程技术人员职业培训、技能鉴定使用。

版权专有　侵权必究

图书在版编目（CIP）数据

数控加工编程. 铣削／管嫦娥，谢仁华，管常军主
编. －－ 北京：北京理工大学出版社，2022.7
ISBN 978 － 7 － 5763 － 1537 － 0

Ⅰ. ①数… Ⅱ. ①管… ②谢… ③管… Ⅲ. ①数控机
床 – 铣床 – 程序设计 – 高等学校 – 教材 Ⅳ. ①TG659
②TG547

中国版本图书馆 CIP 数据核字（2022）第 130747 号

出版发行／北京理工大学出版社有限责任公司
社　　址／北京市海淀区中关村南大街 5 号
邮　　编／100081
电　　话／（010）68914775（总编室）
　　　　　（010）82562903（教材售后服务热线）
　　　　　（010）68944723（其他图书服务热线）
网　　址／http://www.bitpress.com.cn
经　　销／全国各地新华书店
印　　刷／河北盛世彩捷印刷有限公司
开　　本／787 毫米 × 1092 毫米　1/16
印　　张／20　　　　　　　　　　　　　　　　责任编辑／多海鹏
字　　数／549 千字　　　　　　　　　　　　　　文案编辑／多海鹏
版　　次／2022 年 7 月第 1 版　2022 年 7 月第 1 次印刷　　责任校对／周瑞红
定　　价／89.00 元　　　　　　　　　　　　　　责任印制／李志强

前　言

本书是国家双高院校（专业群）建设项目成果教材。数控加工编程（铣削）是高职数控技术专业一门重要的专业核心课程。本书由校企合作共同开发，在编写过程中以工学结合为切入点，以项目模块为载体，以工作过程为导向，以工作任务作驱动，打破传统的学科型课程框架。从分析数控铣工、加工中心操作工的岗位要求和工作内容入手，同时依据数控铣工、加工中心操作工国家职业标准，并融入现代数控加工的新技术、新工艺、新方法，精心编排组织教学内容。

本书共分6个模块，依次介绍了数控铣削的基本认知与机床操作、平面类零件的加工、轮廓与型腔类零件的加工、特殊结构零件的加工、孔结构零件的加工、职业技能综合训练。每个模块分成若干个项目，每个项目又细分为若干个学习任务，每个任务以企业典型工作任务构建结构，包括"任务发放""任务导学""知识链接""任务实施""考核评价""拓展提高"等内容，任务内容由简单到复杂，循序渐进，符合高职学生的认知发展规律，并且注重强化学生职业素养养成和专业技术积累，将专业精神、职业精神和工匠精神融入教材体系。

本书采用活页式装订，版式新颖，图文并茂，配套教学资源丰富，配备有教学视频二维码、课程学习平台（本课程2020年被评为江西省精品在线开放课程）、拓展学习视频以及习题库等资源，可以方便地实现碎片化学习，以及个性化和线上、线下混合式教学，具有很强的实用性和可操作性。

本书由江西应用技术职业学院管嫦娥、谢仁华及浙江罗速设备制造有限公司管常军担任主编，由江西应用技术职业学院林通、江西环境工程学院张小红和赣州隆佳传动科技有限公司郭荣华任副主编，江西应用技术职业学院魏碧胜参编。全书由江西应用技术职业学院宋志良主审。本书在编写过程中，江西应用技术职业学院张建荣教授、赣州五环机器有限责任公司朱学军高级工程师提出了很多宝贵意见，并给予了大力支持，在此表示衷心的感谢。

本书可作为高职高专数控技术类、机械制造类专业的教材，也可供机电类专业有关工程技术人员职业培训、技能鉴定及"1+X"证书培训等使用。

由于编者水平有限，书中难免有欠妥和不当之处，恳请广大读者批评指正。

编　者

目　　录

模块一　数控铣削的基本认知与机床操作

素养拓展

1952 年美国帕森斯（Parsons）公司和麻省理工学院研制成功世界上第一台数控机床样机。此后经过 3 年自动程序编制的研究，数控机床进入实用阶段，市场上出现了商用数控机床。我国数控技术与国外相比起步较晚，于 1958 年开始研制数控机床，到 20 世纪 60 年代末和 70 年代初，简易的数控线切割机床开始在生产中广泛使用。20 世纪 80 年代初，我国引进了国外先进的数控技术，使我国的数控机床在质量和性能方面都有了很大的提高。数控技术虽然不是附属于数控机床，但它是随着数控机床的发展而发展起来的，因此，数控技术通常是指机床数控技术。近年来我国数控机床的运用得到了飞速的发展，已经广泛应用于航空航天、高铁、汽车等领域。

随着现代制造业的转型升级，《中国制造 2025》制造强国战略的提出，我国非常重视先进制造技术的应用，积极鼓励和扶持制造企业采用数控加工技术进行技术改造，提高企业工艺技术水平，数控机床已成为机械制造业的主要设备。所以学好数控技术势在必行，也可为自己增加一项安身立命的技能。该模块首先完成对数控铣削的基本认知，然后掌握数控铣床的基本操作方法。

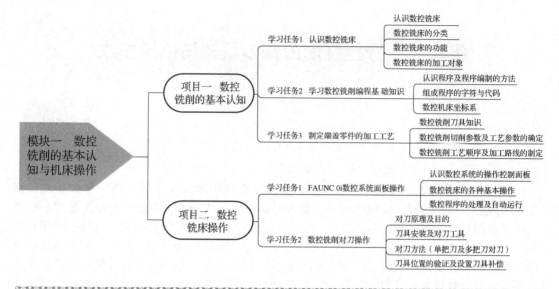

利用"典型铣削零件数控编程与加工"省级精品在线开放课程平台进行预习、讨论、测试、互动和答疑等学习活动。

学习目标

【知识目标】

1. 认识数控铣床的结构及相关辅件

2. 掌握数控铣削的十大功能及其铣削对象

3. 掌握编程的基本格式及程序的组成

4. 掌握数控铣削加工工艺的基础知识

5. 熟悉 FAUNC 0i 数控系统面板的组成

6. 熟悉各个按键的功能

7. 掌握对刀的意义和方法

【技能目标】

1. 熟练掌握数控铣床开关机的操作

2. 掌握数控铣床上三个坐标轴的移动方法

3. 掌握数控铣床刀具安装的操作方法

4. 掌握数控仿真软件的基本操作方法

5. 熟悉数控铣床的基本操作

6. 掌握分中对刀的操作方法

7. 具有独立操作数控铣床的能力

【素养目标】

1. 严格遵守车间的管理制度和劳动纪律，执行安全、文明生产规范

2. 牢记质量是企业的立足之本，效率是企业的第一生产力

3. 养成勤学好问、善于观察、勤于思考、严谨细致的学习态度
4. 遵守数控铣床安全操作规程，保障人身和设备安全
5. 培养安全生产、文明生产的意识及责任感
6. 培养现场工具、量具和刀具等相关物料的7S管理

项目一　　数控铣削的基本认知

　　如图1-0-1所示的端盖零件，材料为45钢，小批量生产，选择加工机床、加工刀具并分析其加工工艺。

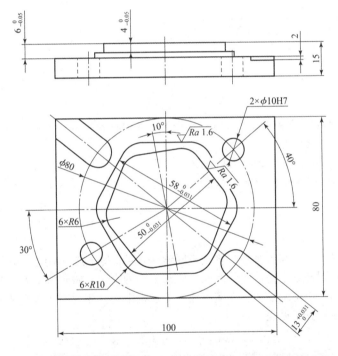

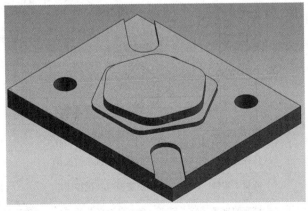

图1-0-1　端盖零件图

项目分析

工欲善其事，必先利其器。我们只有把项目分析透彻，才有助于更好地完成项目。

1. 零件结构分析

（1）先分析零件图纸，确定零件结构组成。

本项目由哪些结构组成：_____。

2. 加工工艺内容

（1）根据零件图纸，毛坯的材质为_____，毛坯尺寸为_____。

（2）根据零件图纸，选择数控铣床型号：_____。

（3）根据零件图纸，选择正确的夹具：_____。

（4）根据零件图纸，选择正确的刀具：_____。

（5）根据零件图纸，确定加工工艺顺序：_____

_____。

（6）根据零件图纸，确定切削参数：_____

_____。

项目分解

循次而进、聚沙成塔，通过前面对项目的分析，我们把该项目分解成三个学习任务：

学习任务1：认识数控铣床

学习任务2：学习数控铣削编程基础知识

学习任务3：制定端盖零件的加工工艺

项目分工

分工协作，各尽其责，知人善任。将全班同学每4~6人分成一小组，每个组员都有明确的分工，并且每人在不同任务中轮流担任组长，轮流不同的岗位，做到每个人都有平等机会锻炼学习能力、管理能力和组织协调能力，在实施任务的过程中充分体现团队合作精神，培育工匠精神及提升职业素养。项目分工见表1-0-1。

表1-0-1 项目分工表

组 名		组 长		指导老师	
学 号	成 员	岗位分工		岗位职责	
		项目经理		对整个项目总体进行统筹和规划，把握进度及各组之间的协调沟通等工作	
		工艺工程师		负责制定工艺方案	
		程序工程师		负责编制加工程序	
		数控铣技师		负责数控铣床的操作	
		质量工程师		负责验收及把控质量	
		档案管理员		做好各个环节的记录，录像留档，便于项目的总结复盘	

学习任务 1　认识数控铣床

任务发放

任务编号	1-1	任务名称	认识数控铣床	建议学时	2学时
任务安排					

(1) 对数控铣床的结构有清晰的认识
(2) 掌握数控铣床的类型
(3) 掌握数控铣床的十大功能
(4) 掌握数控铣床可以加工的工件类型

任务导学

导学问题1：数控铣床的核心是什么？
导学问题2：数控铣床有哪些功能？分别有什么用途？
导学问题3：现实生活中常见的数控铣床加工对象有哪些？

知识链接

1. 认识数控铣床

1) 数控铣床的概念

数控铣床是采用铣削方式加工零件的数控机床，它能够进行外形轮廓铣削、平面或曲面型腔铣削及三维复杂型面的铣削，如凸轮、模具、叶片等。另外，数控铣床还具有孔加工的功能，通过特定的功能指令可进行一系列孔的加工，如钻孔、镗孔、扩孔、铰孔和攻螺纹等。

初识数控铣床

2) 数控铣床的结构特点

如图1-1-1所示，数控铣床主要由以下几部分组成：

(1) 床身部分：它是整个机床的基础。床身底面通过调节螺栓和垫铁与地面相连。调整调节螺栓可使机床工作台处于水平。

(2) 立柱部分：安装于床身后部，上面设有Z向矩形导轨，用于连接铣头部件，并使其沿导轨做Z向进给运动。

(3) 主轴箱：由铣头壳体、主传动系统及主轴组成，用于支承主轴组件及各传动件。主传动系统用于实现夹刀、装刀动作，并保证主轴的回转精度。

（4）数控装置：数控铣床的核心，包括硬件（印刷电路板、CRT 显示器、键盒、纸带阅读机等）以及相应的软件，用于输入数字化的零件程序，并完成输入信息的存储、数据的变换、插补运算以及实现各种控制功能。

（5）辅助装置：指数控铣床的一些必要的配套部件，用以保证数控铣床的运行，如冷却、排屑、润滑、照明、监测等。它包括液压和气动装置、排屑装置、交换工作台、数控转台和数控分度头，还包括刀具及监控检测装置等。

图 1 - 1 - 1　数控铣床结构组成

1—辅助装置；2—主轴箱；3—立柱部分；4—数控装置；5—床身部分

探讨交流 1：数控铣床和加工中心有什么联系与区别？

2. 数控铣床的分类

数控铣床按不同的分类方式有不同的种类。

1）按机床主轴的布置形式及机床的布局特点分类，可分为立式数控铣床、卧式数控铣床和龙门数控铣床等。

数控铣床结构分类

（1）立式数控铣床。

如图 1 - 1 - 2 所示，立式数控铣床主轴与机床工作台面垂直，工件装夹方便，加工时便于观察，一般采用固定式立柱结构，工作台不升降。为保证机床的刚性，主轴中心线距立柱导轨面的距离不能太大，因此，这种结构主要用于中小尺寸的数控铣床。

图 1 - 1 - 2　立式数控铣床

目前三坐标立式数控铣床占大多数，进行三坐标联动加工，此外还有的机床主轴可以绕 X、Y、Z 坐标轴中的一个或两个轴做回转运动，如图 1-1-3 所示的四轴数控铣床和图 1-1-4 所示的五轴数控铣床。通常，机床控制的坐标轴越多，尤其是要求联动的坐标轴越多，机床的功能、加工范围及可选择的加工对象也越多。但随之而来的就是机床结构更加复杂，对数控系统的要求更高，编程难度更大，设备的价格也更高。

图 1-1-3 四轴数控铣床

图 1-1-4 五轴数控铣床

（2）卧式数控铣床。

卧式数控铣床其主轴轴线平行于水平面。如图 1-1-5 所示，卧式数控铣床的主轴与机床工作台面平行，加工时不便于观察，但排屑顺畅。

（3）龙门数控铣床。

对于大尺寸的数控铣床，一般采用对称的双立柱结构，以保证机床的整体刚性和强度，这就是龙门数控铣床，如图 1-1-6 所示。其主要用于大、中等尺寸，大、中等质量的各种基础大件，板件、盘类件、壳体件和模具等多品种零件的加工，工件一次装夹后可自动、高效、高精度地连续完成铣、钻、镗和铰等多种工序的加工，适用于航空、重机、机车、造船、机床、印刷、轻纺和模具等制造行业。

图 1-1-5 卧式数控铣床

图 1-1-6 龙门数控铣床

探讨交流2：试举例说明立式数控铣床、卧式数控铣床、龙门数控铣床分别可以加工什么类别的产品。

2）按数控系统的功能分类

按数控系统的功能分类，数控铣床可分为经济型数控铣床、全功能数控铣床和高速数控铣床等。

（1）经济型数控铣床。

经济型数控铣床一般采用经济型数控系统，如 SIEMENS802S 等采用开环控制，可以实现三坐标联动。这种数控铣床成本较低，功能简单，加工精度不高，适用于一般复杂零件的加工，如图 1－1－7 所示。

（2）全功能数控铣床。

全功能数控铣床采用半闭环控制或闭环控制，其数控系统功能丰富，一般可以实现四坐标以上的联动，加工适应性强，应用最广泛，如图 1－1－8 所示。

图 1－1－7　经济型数控铣床

图 1－1－8　全功能数控铣床

（3）高速数控铣床。

高速铣削是数控加工的一个发展方向，技术已经比较成熟，逐渐得到广泛的应用。这种数控铣床采用全新的机床结构、功能部件和功能强大的数控系统，并配以加工性能优越的刀具系统，加工时主轴转速一般为 8 000～40 000 r/min，切削进给速度可达 10～30 m/min，可以对大面积的曲面进行高效率、高质量的加工，如图 1－1－9 所示。但这种机床价格昂贵，使用成本比较高。

图 1－1－9　高速数控铣床

3. 数控铣床的主要功能

数控铣床的功能及铣削对象。

数控铣床主要可完成零件的铣削加工以及孔加工，配合不同档次的数控系统，其功能会有较大的差别，但一般都应具有以下主要功能。

1）铣削加工功能

数控铣床一般应具有三坐标以上联动功能，能够进行直线插补、圆弧插补和螺旋插补，自动控制主轴旋转带动刀具对工件进行铣削加工。

2）孔及螺纹加工

加工孔可采用定尺寸的孔加工刀具，如麻花钻、铰刀等进行钻、扩、铰、镗等加工，也可采用铣刀铣削加工孔。螺纹孔可用丝锥进行攻螺纹，也可采用螺纹铣刀铣削内螺纹和外螺纹。螺纹铣削主要是利用数控铣床的螺旋插补功能，比传统丝锥加工效率高。

3）刀具补偿功能

刀具补偿功能包括半径补偿功能和长度补偿功能。半径补偿功能可在平面轮廓加工时解决刀具中心轨迹和零件轮廓之间的位置尺寸关系，同时可改变刀具半径补偿值实现零件的粗精加工；刀具长度补偿可解决不同长度的刀具利用长度补偿程序实现设定位置与实际长度的协调问题。

4）公制、英制转换功能

此项功能可根据图纸的标注选择公制单位编程和英制单位编程，不必进行单位换算，使程序编程更加方便。

5）绝对坐标和增量坐标编程功能

在程序编制中，坐标数据可以用绝对坐标或者增量坐标，使数据的计算或程序的编写变得灵活。

6）进给速度、主轴转速调节功能

用来在程序执行中根据加工状态和编程设定值来随时调整实际的进给速度和主轴转速，以达到最佳的切削效果。

7）固定循环功能

固定循环功能可实现一些具有典型性的需多次重复加工的内容，如孔的相关加工、挖槽加工等，只要改变参数就可以适应不同尺寸的需要。

8）工件坐标系设定功能

工件坐标系设定功能用来确定工件在工作台上的装夹位置，对于单工作台上一次加工多个零件非常方便，且可对工件坐标系进行平移和旋转，以适应不同特征的工件。

9）子程序功能

子程序功能对于需要多次重复加工的内容，可将其编成子程序在主程序中调用。子程序可以嵌套，嵌套层数视不同的数控系统而定。

10）通信及在线加工（DNC）功能

数控铣床一般通过 RS-232 接口与外部 PC 机实现数据的输入和输出，如把加工程序传入数控铣床，或者把机床数据输出到 PC 机备份。有些复杂零件的加工程序很长，超过了数控铣床的内存容量，可以利用传输软件进行边传输边加工的方式。

4. 数控铣削加工对象

数控铣削是机械加工中最常用和最主要的数控加工方法之一，它除了能铣削普通铣床所能铣削的各种零件表面外，还能铣削普通铣床不能铣削的、需要 2~5 坐标联动的各种平面轮廓和立体轮廓。适合数控铣削加工的零件主要有以下几种。

1）平面曲线轮廓类零件

平面曲线轮廓类零件是指有内、外复杂曲线轮廓的零件，特别是由数学表达式等给出其轮廓为非圆曲线或列表曲线的零件。平面曲线轮廓类零件的加工面平行或垂直于水平面，或加工面与水平面的夹角为定角，各个加工面是平面，或可以展开成平面，如图 1-1-10 所示。

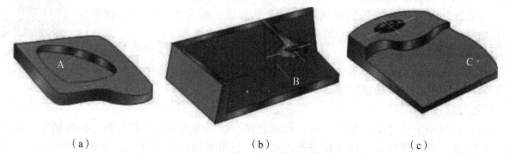

图 1-1-10　平面类零件

（a）带平面轮廓的平面零件；（b）带正圆台和斜筋的平面零件；（c）带斜平面的平面零件

目前在数控铣床上加工的大多数零件属于平面轮廓类零件。

平面类零件是数控铣削加工中最简单的一类零件，一般只需用 3 坐标数控铣床的两轴半联动就可以把它们加工出来。

2）曲面类零件

曲面类零件一般是指具有三维空间曲面的零件，如图 1-1-11 所示。曲面通常由数学模型设计出来，因此往往要借助计算机编程。曲面的特点是加工面不能展开为平面，加工时，铣刀与加工面始终为点接触，一般采用三坐标数控铣床加工曲面类零件。

常用曲面加工的方法主要有下列两种：

（1）采用三坐标数控铣床进行二轴半坐标控制加工，加工时只有两个坐标联动，另一个坐标按一定行距周期性进给。这种方法常用于不太复杂的空间曲面的加工。

（2）采用三坐标数控铣床三坐标联动加工空间曲面，所用铣床必须能进行 X、Y、Z 三坐标联动，并进行空间直线插补。这种方法常用于发动机及模具等较复杂空间曲面的加工。

图 1-1-11　曲面类零件

3）其他在普通铣床难加工的零件

（1）形状复杂，尺寸繁多，划线与检测均较困难，如图 1-1-12（a）所示，在普通铣床上加工难以观察和控制的零件。

（2）高精度零件，如图 1-1-12（b）所示：尺寸精度、形位精度和表面粗糙度等要求较高的零件。如发动机缸体上的多组尺寸精度要求高，且有较高相对尺寸、位置要求的孔或型面。

（3）一致性要求好的零件，如图 1-1-12（c）所示：在批量生产中，由于数控铣床本身的定位精度和重复定位精度都较高，能够避免在普通铣床加工中因人为因素而造成的多种误差，故数控铣床容易保证成批零件的一致性，使其加工精度得到提高，质量更加稳定。同时，因数控铣床加工的自动化程度高，还可大大减轻操作者的体力劳动强度，显著提高其生产效率。

图 1 – 1 – 12　普通铣床难加工的零件

(a) 形状复杂；(b) 高精度零件；(c) 外观一致性要求好

4）变斜角类零件

加工面与水平面的夹角呈连续变化的零件称为变斜角类零件。如图 1 – 1 – 13 所示，叶轮、螺旋桨、齿轮和涡轮发动机的叶片、飞机机翼等这些都是变斜角零件。这类零件的特点是加工面不能展开为平面，但在加工中，铣刀圆周与加工面接触的瞬间为一条直线。变斜角零件是航天航空中最常用的零件。变斜角零件加工工艺复杂，而且要求精度很高，所以普通三轴加工中心无法加工此类零件，需要使用精密五轴加工中心来加工。

图 1 – 1 – 13　变斜角类零件

(a) 叶轮；(b) 螺旋桨；(c) 飞机机翼

探讨交流 3：什么零件适合数控铣床加工？什么零件适合数控车床加工？

 任务实施

纸上得来终觉浅，绝知此事要躬行。经过前面知识的准备，接下来按任务表 1 – 1 – 1 进行具体地实施。

表 1 – 1 – 1　任务实施表

序号	工作内容	实施方法
1	机床结构	前往数控实训中心，对照数控铣床熟悉各组成结构
2	铣床类型	仔细观察各台数控铣床，区分是立式还是卧式；辨别是三轴、四轴还是五轴；分清哪些是经济型，哪些是全功能型数控铣床
3	铣床功能	根据现场的数控铣床，一一对应熟悉数控铣床的十大功能

序号	工作内容	实施方法
4	加工对象	根据数控铣床的夹具、刀具等，了解数控铣床的加工对象，并联系实际生活中的产品举例说明

在表1-1-2中记录任务实施情况、出现的问题及解决措施。

表1-1-2　任务实施情况表

任务实施情况	存在问题	解决措施

 考核评价

请为自己小小的成功喝彩，珍惜每一次努力后的收获，并将其作为继续学习的动力。

各组介绍第一个任务完成的过程，制作整个操作过程的视频、工艺技术文档并提交汇报材料，然后进行小组自评、组间互评和教师点评，完成如表1-1-3所示的考核评价表。

表1-1-3　考核与评价表

班级：		姓名：	学号：				

序号	项目	考核内容	配分	自评(20%)	互评(30%)	师评(50%)
1	机床结构	熟悉机床结构，能准确地指出各部分的结构	20			
2	铣床类型	通过现场的机床，很快从主轴布置形式及功能两方面进行分类	20			
3	铣床功能	熟悉数控铣床的十大功能	15			
4	加工对象	准确、完整地描述出数控铣床的加工对象，并能联系实际举例说明	20			
5	职业素养	团队精神：分工合理、执行能力、服从意识	5			
		安全生产：安全着装，按规程操作	5			
		文明生产：文明用语，7S管理（整理、整顿、清扫、清洁、素养、安全、节约）	5			
6	创新意识	创新性思维和行动	10			
	总计					
组长签名：			教师签名：			

举一反三，触类旁通。现要求完成下面的测试题来检验我们前面所学，以便自查和巩固知识点。

如图 1 – 1 – 14 所示的变速齿轮箱体适合用什么类型的数控铣床加工，请查找所选数控机床的相关资料。

图 1 – 1 – 14　变速齿轮箱体

学习任务 2　学习数控编程基础知识

 任务发放

任务编号	1 – 2	任务名称	学习数控铣削编程基础知识	建议学时	2 学时
任务安排					
（1）掌握程序编制的方法及步骤 （2）掌握字的概念及意义 （3）掌握程序段及程序的格式 （4）掌握数控机床坐标系的确定方法、工件坐标系和原点的选择					

 任务导学

导学问题 1：准备功能和辅助功能分别由什么字组成？
导学问题 2：一个完整的程序由几个部分构成？试找一个程序举例说明。
导学问题 3：机床参考点与机床原点的区别和联系？

1. 认识程序

程序是指按规定格式描述零件几何形状和加工工艺的数控指令集。在数控铣床上加工零件时，需要把加工零件的全部工艺过程及工艺参数，以相应的 CNC 系统所规定的数控指令编制程序来控制机床动作，最终完成零件的加工。

数控编程基本知识

2. 程序编制的方法

（1）手工编程：由操作者或数控程序员以人工方式完成零件整个加工程序编制工作的方法称为手工编程。对于加工形式较简单的零件，省时、方便、快捷，具有较大的灵活性，节省编程费用。

手工编程的一般步骤如下：

①分析零件图样：包括分析被加工零件加工轮廓的几何条件、尺寸公差要求、形状和位置公差要求、表面粗糙度要求、材料与热处理要求、毛坯要求及生产批量等。

②工艺分析：根据被加工的要素确定加工方案，选择机床及合适的刀具、夹具，确定进刀路线、加工余量和合适的切削用量等。

③数值计算：包括计算零件轮廓的基点坐标及节点坐标。若不用刀具半径补偿功能，则还要计算刀具中心轨迹。

④程序编制及输入：根据前面的加工工艺和确定的数值，按所用数控系统规定的格式编制加工程序，并输入数控系统。常见的输入方法有系统面板键盘输入、磁盘读入和网络传输等。

⑤程序校验及首件试切：程序输入后可采用多种方法校验，如利用数控系统的图形模拟功能观察刀具轨迹，也可使机床空运行检验或采用某些软件等进行检验。程序校验完毕后对工件进行首件试切，若发现有加工误差，则应分析加工误差产生的原因并予以修正。

（2）自动编程：自动编程也称计算机辅助编程，是以通过计算机辅助设计（CAD）建立的几何模型为基础，再以计算机辅助制造（CAM）为手段，以图形交互方式生成加工程序的方法。目前常用的 CAD/CAM 软件有 NX、Mastercam、WorkNC、Cimatron、Hypermill、Powermill 等。计算机辅助编程技术主要适合复杂零件的加工，一般都具有加工过程实时模拟功能，形象直观。

3. 字符与代码

1）字的概念

在数控加工程序中，字是指一系列按规定排列的字符，作为一个信息单元存储、传递和操作。字是由一个英文字母与随后的若干位十进制数字组成的，这个英文字母称为地址符。

（1）准备功能字 G。

准备功能字的地址符是 G，又称为 G 功能或 G 指令，是用于建立机床或控制系统工作方式的一种指令。具体功能见表 1-2-1。

（2）辅助功能字 M。

辅助功能字的地址符是 M，又称为 M 功能或 M 指令，用于指定数控机床辅助装置的开关动作。具体功能见表 1-2-2。

（3）尺寸字。

尺寸字用于确定机床上刀具运动终点的坐标位置。

其中，第一组 X、Y、Z、U、V、W、P、Q、R 用于确定终点的直线坐标尺寸；第二组 A、B、C、D、E 用于确定终点的角度坐标尺寸；第三组 I、J、K 用于确定圆弧轮廓的圆心坐标尺寸。

表 1-2-1　FANUC 0i 数控常用 G 代码功能

G 代码	组别	功能	G 代码	组别	功能
G00☆	01	快速定位	G52	00	局部坐标系设定
G01☆		直线插补	G53		机械坐标系选择
G02		顺时针圆弧插补	G54☆	14	第一工件坐标设置
G03		逆时针圆弧插补	G55		第二工件坐标设置
G04	00	暂停	G56		第三工件坐标设置
G15	02	极坐标指令取消	G57		第四工件坐标设置
G16		极坐标指令	G58		第五工件坐标设置
G17☆		XY 平面选择	G59		第六工件坐标设置
G18		ZX 平面选择	G68	16	旋转指令
G19		YZ 平面选择	G69		旋转指令取消
G20	06	英制输入	G73	09	高速深孔钻孔循环
G21		公制输入	G74		左旋攻螺纹循环
G28	00	机械原点复位	G76		精镗孔循环
G29		从参考点复位	G80☆		固定循环取消
G40☆	07	刀具半径补偿取消	G81	09	钻孔循环
G41		刀具半径左补偿	G82		钻孔循环
G42		刀具半径右补偿	G83		深孔钻孔循环
G43		刀具长度正补偿	G84		右旋攻螺纹循环
G44		刀具长度负补偿	G85		粗镗孔循环
G49☆		刀具长度补偿取消	G86		镗孔循环
G50	22	比例及镜像功能取消	G90☆	03	绝对指令
G51		建立比例及镜像功能	G91		增量指令
G52	00	局部坐标系设置	G92	00	坐标系设置

注：☆记号 G 码在电源开时是这个 G 码状态，00 组为非模态指令。

表 1-2-2　FANUC 0i 数控系统中 M 代码功能

M 代码	功能
M00	程序停止
M01	条件程序停止

M 代码	功能
M02	程序结束
M03	主轴正转
M04	主轴反转
M05	主轴停止
M06	刀具交换
M08	冷却开
M09	冷却关
M18	主轴定向解除
M19	主轴定向
M29	刚性攻丝
M30	程序结束并返回程序头
M98	调用子程序
M99	子程序结束返回/重复执行

探讨交流 1：辅助功能 M00 和 M01 有什么区别？M02 和 M30 有什么区别？

（4）进给功能字 F。

进给功能字的地址符是 F，用于指定切削的进给速度。F 表示每分钟进给。F 指令在螺纹切削程序段中常用来指令螺纹的导程。

（5）主轴转速功能字 S。

主轴转速功能字的地址符是 S，用于指定主轴转速，单位为 r/min。

（6）刀具功能字 T。

刀具功能字的地址符是 T，用于指定加工时所用刀具的编号，如 T01。

（7）程序名称 O。

程序名称表示方式：O××××。

（8）顺序号字 N。

顺序号又称程序段号或程序段序号。顺序号位于程序段之首，由顺序号字 N 和后续数字组成。其作用为校对、条件跳转和固定循环等，使用时应间隔使用，如 N10、N20、N30、…。

2）程序格式

（1）程序段格式。

一个数控加工程序是由若干个程序段组成的。程序段格式是指程序段中的字、字符和数据的安排形式。

在程序段中，必须明确组成程序段的各要素：

①移动目标：终点坐标值 X，Y，Z。

②沿怎样的轨迹移动：准备功能字 G。

③进给速度：进给功能字 F。

④切削速度：主轴转速功能字 S。

⑤使用刀具：刀具功能字 T。

⑥机床辅助动作：辅助功能字 M。

例如：

N03	G91 G01	X50 Y60	F200	S400	M03 M08	；
程序段号	G 指令	尺寸指令	进给速度指令	主轴转速指令	M 指令	程序段结束符

探讨交流2：各组成要素是否在每个程序段中都必须有，还是应该根据各程序段的具体功能来选择相应的指令？

（2）程序格式（见图 1-2-1）。

①程序开始符、结束符。程序开始符、结束符是同一个字符，ISO 代码中是%，EIA 代码中是 EP，书写时要单列段。

②程序名。

程序名有两种形式：一种是由英文字母 O（%或 P）和 1~4 位正整数组成；另一种是由英文字母开头，由字母、数字多字符混合组成（如 TEST1 等）。一般要求单列一段。

③程序主体。程序主体是由若干个程序段组成的，每个程序段一般占一行。

④程序结束。程序结束可以用 M02 或 M30 指令，一般要求单列一段。

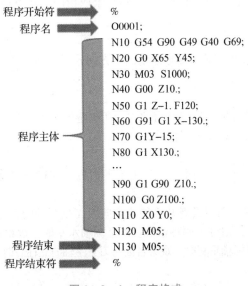

程序开始符 ➡ %
程序名 ➡ O0001;
N10 G54 G90 G49 G40 G69;
N20 G0 X65 Y45;
N30 M03 S1000;
N40 G00 Z10.;
N50 G1 Z-1. F120;
N60 G91 G1 X-130.;
程序主体 N70 G1Y-15;
N80 G1 X130.;
…
N90 G1 G90 Z10.;
N100 G0 Z100.;
N110 X0 Y0;
N120 M05;
程序结束 ➡ N130 M05;
程序结束符 ➡ %

图 1-2-1　程序格式

4. 数控机床坐标系

1）机床的确定

在数控机床上加工零件，机床动作是由数控系统发出的指令来控制的。为了确定机床的运动方向和移动距离，就要在机床上建立一个坐标系，这个坐标系称为机床坐标系，也叫标准坐标系。数控机床的加工动作主要有刀具的动作和工件的动作两种类型，在确定数控机床坐标系时通常有以下规定：

数控机床坐标系

（1）机床相对运动的规定。

在机床上，我们始终认为工件静止，而刀具是运动的。这样编程人员在不考虑机床上工件与刀具具体运动的情况下，就可以依据零件图样确定机床的加工过程。

（2）机床坐标系的规定。

标准机床坐标系中 X、Y、Z 坐标轴的相互关系用右手笛卡儿直角坐标系决定，如图 1-2-2 所示。

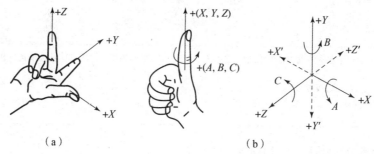

图 1-2-2 右手笛卡儿直角坐标系

（a）右手直角；（b）右手螺旋

①伸出右手的大拇指、食指和中指，并互为 90°，则大拇指代表 X 坐标，食指代表 Y 坐标，中指代表 Z 坐标。

②大拇指的指向为 X 坐标的正方向，食指的指向为 Y 坐标的正方向，中指的指向为 Z 坐标的正方向。

③围绕 X、Y、Z 坐标轴旋转的旋转坐标轴分别用 A、B、C 表示，根据右手螺旋定则，大拇指的指向为 X、Y、Z 坐标轴中任意轴的正向，则其余四指的旋转方向即为旋转坐标轴 A、B、C 的正向，如图 1-14 所示。

（3）运动方向的规定。

增大刀具与工件距离的方向即为各坐标轴的正方向。

2）坐标轴方向的确定

（1）Z 坐标轴。

Z 坐标轴的运动方向是由传递切削动力的主轴所决定的，即平行于主轴轴线的坐标轴即为 Z 坐标轴，Z 坐标轴的正向为刀具离开工件的方向。

（2）X 坐标轴。

X 坐标轴平行于工件的装夹平面，一般在水平面内。在确定 X 轴的方向时，要考虑两种情况：

①如果工件做旋转运动，则刀具离开工件的方向为 X 坐标轴的正方向。

②如果刀具做旋转运动，则分为两种情况：Z 坐标轴水平时，观察者沿刀具主轴向工件看时，$+X$ 运动方向指向右方；Z 坐标轴垂直时，观察者面对刀具主轴向立柱看时，$+X$ 运动方向指向右方。

（3）Y 坐标轴。

在确定 X、Z 坐标轴的正方向后，可以根据 X 和 Z 坐标轴的方向，按照右手直角坐标系来确

定 Y 坐标轴的方向。

3）机床原点的设置

机床原点是指在机床上设置的一个固定点，即机床坐标系的原点，如图 1-2-3 所示。它在机床装配、调试时就已确定下来，是数控机床进行加工运动的基准参考点。

数控铣床的机床原点一般取 X、Y、Z 三个坐标轴正方向的极限位置。

数控铣床上另一个重要固定点称为参考点，参考点一般离机床原点还有一段距离，它们之间的位置通过每个进给轴上的挡铁和限位开关精确设定。机床开机后的回零操作就是要找到这个参考点以建立机床坐标系。通常在下列情况下要执行回零操作：

（1）数控铣床接通电源后。

（2）当数控铣床超程产生报警而复位清零后。

（3）当按下数控铣床的急停开关后。

（4）对完刀后。

（5）在查看模拟图形后。

（6）在进行自动加工之前。

并不是所有的数控机床碰到上述情况都要进行回零操作，有些数控机床只要开机后回一次零，而有些数控机床根本就不用回零，具体要根据机床要求操作。

4）工件坐标系及原点的选择

（1）工件坐标系的定义。

机床坐标系的建立保证了刀具在机床上的正确运动。但是，零件加工程序的编制通常是根据零件图样进行的，为便于编程，加工程序的坐标原点一般都与零件图纸的尺寸基准相一致。这种针对某一工件根据零件图样建立的坐标系称为工件坐标系。

（2）工件原点及选择。

工件装夹完成后，选择工件上的某一点作为编程或工件加工的原点，这一点就是工件坐标系的原点，也称工件原点。

工件原点的选择，通常遵循以下几点原则：

①工件原点应选在零件图的尺寸基准上，以便于坐标值的计算，并减少错误。

②工件原点应尽量选在精度较高的工件表面上，以提高被加工零件的加工精度。

③Z 轴方向上的工件坐标系原点一般取在工件的上表面。

④当工件对称时，一般以工件的对称中心作为 XY 平面的原点。

⑤当工件不对称时，一般取工件其中的一个垂直交角处作为工件原点。

工件零点可以设在工件上，也可设在夹具上，加工人员在加工前通过对刀、调试来确定，并在数控系统中设定。机床坐标系原点与工件坐标系原点如图 1-2-3 所示。

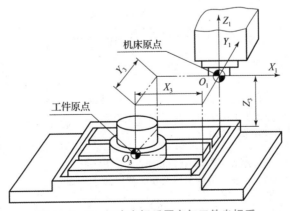

图 1-2-3　机床坐标系原点与工件坐标系

探讨交流3：通过什么方法可以确定工件原点在机床坐标系中的位置?

 任务实施

纸上得来终觉浅，绝知此事要躬行。经过前面知识的准备，接下来按任务表1－2－3进行具体实施。

表1－2－3　任务实施表

序号	工作内容	实施方法
1	程序编制方法	熟记手工编程的一般步骤，查找相关资料，了解有相关CAM软件的知识
2	字符与代码	熟记常用G代码及M代码指令功能，查找一个简单的程序，了解其中程序段的格式及整个程序的组成结构
3	机床坐标	在数控铣床上熟悉各坐标轴的分布及正负方向，了解坐标原点及参考点的位置，掌握开机时回参考点的意义

在表1－2－4中记录任务实施情况、出现的问题及解决措施。

表1－2－4　任务实施情况表

任务实施情况	存在问题	解决措施

 考核评价

请为自己小小的成功喝彩，珍惜每一次努力后的收获，并将其作为继续学习的动力。

各组介绍任务2完成过程，制作整个运作过程的视频、技术文档并提交汇报材料，进行小组自评、组间互评和教师点评，完成如表1－2－5所示的考核评价表。

表1－2－5　考核与评价表

班级：		姓名：		学号：			
序号	项目	考核内容	配分	自评 （20%）	互评 （30%）	师评 （50%）
1	程序编制方法	熟悉手工编程的步骤，并能举例说明几种常见的CAM软件	20			
2	字符与代码	熟悉常见的字符和代码功能作用，能理解每个程序段的组成及整个程序的结构	20			

班级：		姓名：		学号：			
序号	项目	考核内容	配分	自评 （20%）	互评 （30%）	师评 （50%）	
3	机床坐标系	能在数控铣床上快速分清三个坐标轴的分布位置，并分别指出它们的正负方向	15				
4	机床原点及参考点	能区分它们的不同及回参考点的意义	20				
5	职业素养	团队精神：分工合理、执行能力、服从意识	5				
		安全生产：安全着装，按规程操作	5				
		文明生产：文明用语，7S 管理（整理、整顿、清扫、清洁、素养、安全、节约）	5				
6	创新意识	创新性思维和行动	10				
		总计					
	组长签名：			教师签名：			

 检测巩固

举一反三，触类旁通。现要求完成下面的测试题来检验我们前面所学，以便自查和巩固知识点。

请说出下列程序中每个代码的含义。

```
O0102;
G54 G90 G17 G80 G49;
G00 X40.Y50;
G00 Z5.;
G01 Z - 3.F100;
G01 G41 X35.Y45.D01;
G02 X30.Y38.R6.;
G01 G40 X0 Y0;
G00 Z5.;
M05;
M30;
```

学习任务3 制定端盖零件的加工工艺

任务发放

任务编号	1-3	任务名称	制定端盖零件的加工工艺	建议学时	2 学时
任务安排					

(1) 掌握数控铣削刀具、刀柄的种类及选用
(2) 掌握铣削零件的工序顺序安排原则
(3) 掌握加工工艺路线的知识
(4) 制定端盖零件的加工工艺

任务导学

导学问题1：数控铣削刀具应该具备什么性能？举例说明常见的铣刀的种类。

导学问题2：用一个常见的零件举例说明如何安排加工工艺顺序。

导学问题3：依据什么原则来选择零件的加工方法？

知识链接

1. 数控机床刀具知识

1）刀具性能要求

数控机床具有高效率、高精度、高柔性的特点，是现代机械加工的先进工艺装备，只有配置了与数控机床性能相适应的刀具，才能使其性能得到充分的发挥。数控刀具应该具有以下性能：

刀具知识

(1) 具有良好、稳定的切削性能；
(2) 刀具有较高的寿命；
(3) 刀具有较高的精度；
(4) 刀具有可靠的卷屑、断屑性能；
(5) 刀具能快速、自动更换；
(6) 刀具有调整尺寸的功能；
(7) 刀具能实现标准化、系列化和规模化。

2）数控铣刀的种类

铣刀的种类很多，下面介绍在数控机床上常用的几种铣刀。常见的铣刀类型如下：

（1）圆柱铣刀。圆柱铣刀主要用于卧式铣床加工平面，一般为整体式，如图 1 - 3 - 1 所示。该铣刀主切削刃分布在圆柱上，无副切削刃。该铣刀有粗齿和细齿之分。粗齿铣刀，齿数少，刀齿强度大，容屑空间大，重磨次数多，适用于粗加工；细齿铣刀，齿数多，工作较平稳，适用于精加工。

（2）面铣刀。面铣刀主要用于在立式铣床上加工平面和台阶面等。面铣刀的主切削刃分布在铣刀的圆柱面或圆锥面上，副切削刃分布在铣刀的端面上。

面铣刀按结构可以分为整体式面铣刀、硬质合金整体焊接式面铣刀、硬质合金机夹焊接式面铣刀、硬质合金可转位式面铣刀等形式。图 1 - 3 - 2 所示为整体式面铣刀。

图 1 - 3 - 1　圆柱铣刀

图 1 - 3 - 2　面铣刀

（3）立铣刀。立铣刀主要用于在立式铣床上加工凹槽、台阶面、成型面（利用靠模）等。图 1 - 3 - 3 所示为高速钢立铣刀，该铣刀的主切削刃分布在铣刀的圆柱面上，副切削刃分布在铣刀的端面上，且端面中心有顶尖孔，因此，铣削时一般不能沿铣刀轴向做进给运动，只能沿铣刀径向做进给运动。

图 1 - 3 - 3　高速钢立铣刀

该立铣刀有粗齿和细齿之分，粗齿齿数为 3 ~ 6 个，适用于粗加工；细齿齿数为 5 ~ 10 个，适用于半精加工。该立铣刀应用较广，但切削效率较低。

（4）键槽铣刀。键槽铣刀主要用于立式铣床上加工圆头封闭键槽等，如图 1 - 3 - 4 所示。该铣刀外形似立铣刀，端面无顶尖孔，端面刀齿从外圆开至轴心，且螺旋角较小，增强了端面刀齿的强度。端面刀齿上的切削刃为主切削刃，圆柱面上的切削刃为副切削刃。

图 1 - 3 - 4　键槽铣刀

（5）球头铣刀。球头铣刀是刀刃类似球头的铣刀，如图 1 - 3 - 5，用于铣削各种曲面、圆弧沟槽。球头铣刀也叫 R 刀，这种铣刀球面上的切削刃为主切削刃，铣削时不仅能沿铣刀轴向做进给运动，还能沿铣刀径向做进给运动，而且球头与工件接触往往为一点，这样该铣刀在数控铣床的控制下就能加工出各种复杂的成型表面。

（6）孔加工刀具。数控铣床可以加工各种孔的结构，所以经常要用到孔加工刀具，常用的有中心钻、麻花钻、铰刀和丝锥等，如图 1 - 3 - 6 所示。

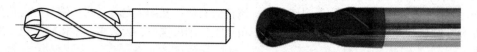

图 1 - 3 - 5　圆柱形球头铣刀图

（a）　　　　　　　　　　　　（b）

（c）　　　　　　　　　　　　（d）

图 1 - 3 - 6　孔加工刀具

（a）中心钻；（b）麻花钻；（c）铰刀；（d）丝锥

探讨交流 1：立铣刀、键槽铣刀及球刀的区别是什么？分别在什么情况下选用？

3）刀柄系统

铣床的工具系统如图 1 - 3 - 7 所示，可分解成柄部（主柄模块）、中间连接块（连接模块）和工作头部（工作模块）三个主要部分，然后通过各种连接结构，在保证刀杆连接精度、强度、刚性的前提下，将这三部分连成整体。

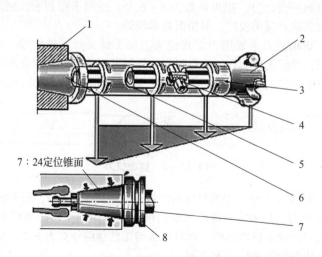

7：24定位锥面

图 1 - 3 - 7　刀柄系统

1—机床主轴；2—刀具；3—面铣刀接口；4—刀刀接口拉钉；5—中间接杆；
6—刀机接口基本刀柄；7—刀柄拉钉；8—抓刀及扭矩槽

铣床刀柄系统型号表示方法如下：

（1）柄部型式及尺寸。

JI：表示采用国际标准 ISO07388 号加工中心机床用锥柄柄部，其后数字为相应 ISO 锥度号，如 50 与 40 分别代表大端直径为 69.85 和 44.45 的 7：24 锥度。

（2）常用刀柄。

图 1-3-8 所示为几种常用的刀柄。

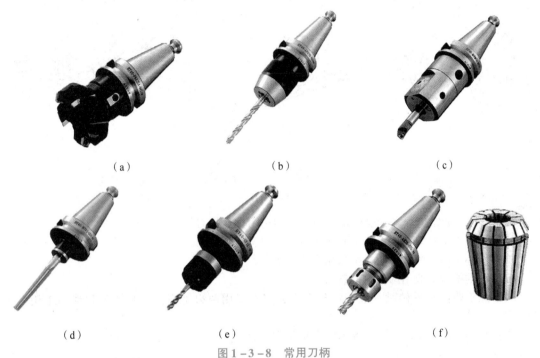

（a）　　　　　　　　　（b）　　　　　　　　　（c）

（d）　　　　　　　　　（e）　　　　　　　　　（f）

图 1-3-8　常用刀柄

（a）面铣刀刀柄；（b）整体钻夹头刀柄；（c）镗刀刀柄；（d）莫氏锥度刀柄；
（e）快换丝锥刀柄；（f）ER 弹簧夹头刀柄

4）数控铣刀的选用

通常应根据机床的加工能力、工件材料的性能、加工工序、切削用量及其他相关因素正确选用刀具及刀柄。刀具选择总的原则是：适用、安全、经济。

（1）适用指的是要求所选择的刀具能达到加工的目的，完成材料的去除，并达到预定的加工精度。

（2）安全指的是在有效去除材料的同时，不会产生刀具的碰撞和折断等。要保证刀具及刀柄不会与工件相碰撞或者挤擦，造成刀具或工件的损坏。

（3）经济指的是能以最小的成本完成加工。

选择刀具时还要考虑安装和调整的方便程度、刚性、耐用度和精度。

探讨交流2：在选刀具时，如何具体落实适用、安全和经济三个原则？可举实例说明

数控铣刀的旋转为主运动，工件的移动为进给运动。如图 1-3-9 所示，数控铣刀可加工平面、台阶面、沟槽和成形面等，多刃切削效率高。

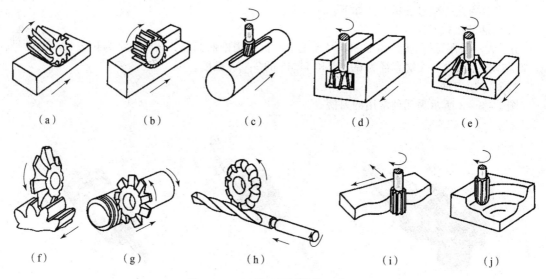

图 1 - 3 - 9 铣刀可铣结构示意图

（a）铣平面；（b）铣台阶；（c）铣键槽；（d）铣 T 形槽；（e）铣燕尾槽；（f）铣齿；
（g）铣螺纹；（h）铣螺旋槽；（i）铣外曲面；（j）铣内曲面

铣刀可加工的结构很多，要根据不同的结构选用合适的刀具：

（1）铣较大平面时一般采用刀片镶嵌式盘形铣刀。

（2）铣小平面或台阶面时一般采用通用铣刀。

（3）铣键槽时一般用两刃键槽铣刀。

（4）加工曲面类零件时一般采用球头刀，粗加工用两刃铣刀，半精加工和精加工用四刃铣刀。

（5）孔加工时可采用钻头、镗刀等孔加工类刀具。

2. 数控铣削的切削用量及工艺参数的确定

合理选择切削用量对于发挥数控机床的最佳效益有着至关重要的作用。选择切削用量的原则是：粗加工时，一般以提高生产率为主，但也应考虑经济性和加工成本；半精加工和精加工时，应在保证加工质量的前提下兼顾切削效率、经济性和加工成本。

（1）切削深度 t。

（2）切削宽度 L。

（3）切削线速度 v_c。

（4）主轴转速 n。

主轴转速的单位是 r/min，一般根据切削速度 v_c 来选定。计算公式为

$$n = \frac{1\,000v_c}{\pi D_c}$$

（5）进给速度 v_f。

$$v_f = n \times z \times f_z$$

探讨交流3：假设选择一把 $\phi12$ 的高速钢三刃立铣刀，切削45钢材料，试计算主轴转速和进给速度。

3. 数控铣削加工零件的工艺顺序

在数控铣床上加工零件，工序比较集中，在一次装夹中应尽可能完成全部工序。根据数控机床的特点，为了保持数控铣床的精度、降低生产成本、延长使用寿命，通常把零件的粗加工，特别是基准面、定位面的加工在普通机床上进行。

数控加工工艺基础

铣削加工零件各工序的先后顺序安排通常要考虑以下原则：

（1）基面先行原则：用作精基准的表面应优先加工出来。

定位基准的选择是决定加工顺序的重要因素。在安排加工工序之前，应先找出零件的主要加工表面，并了解它们之间主要的相互位置精度要求。用作精基准的表面应优先加工出来，因为定位基准的表面越精确，装夹误差就越小。任何一个较高精度的表面在加工之前，作为其定位基准的表面必须已加工完毕。

（2）先粗后精原则：各个表面的加工顺序按照粗加工—半精加工—精加工—光整加工的顺序依次进行，逐步提高表面的加工精度和减小表面粗糙度。

（3）先主后次原则：零件的主要工作表面、装配基面应先加工，从而能及早发现毛坯中主要表面可能出现的缺陷；次要表面可穿插进行，放在主要加工表面加工到一定程度后、最终精加工之前进行。

（4）先面后孔原则：对箱体、支架类零件，平面轮廓尺寸较大，一般先加工平面，再加工孔和其他尺寸，这样安排加工顺序，一方面用加工过的平面定位，稳定可靠；另一方面在加工过的平面上加工孔，孔加工的编程数据比较容易确定，并能提高孔的加工精度，特别是钻孔时的轴线不易歪斜。

综合以上的原则，一般适合数控铣削加工零件的大致加工顺序如下：

（1）加工精基准。

（2）粗加工主要表面。

（3）加工次要表面。

（4）安排热处理工序。

（5）精加工主要表面。

（6）最终检查。

4. 数控铣床加工工艺路线的制定

铣削加工工艺路线的制定是铣削工艺规程的重要内容之一，其主要内容包括选择各加工表面的加工方法、划分加工阶段、划分工序及安排工序的先后顺序等。

1）加工方法的选择

数控铣削加工方法及加工方案要根据零件的加工精度、表面粗糙度、材料、结构形状、尺寸及生产类型来确定。

（1）平面及曲面的加工方法选择。

平面轮廓多由直线和圆弧或各种曲线构成，通常采用 3 轴坐标数控铣床进行 2 轴半坐标加工；曲面主要采用三轴联动的方法加工。

①尺寸精度要求 IT12 ~ IT14 级，表面粗糙度 Ra 值 12.5 ~ 50 μm 的表面：采用粗铣。

②尺寸精度要求 IT7 ~ IT9 级，表面粗糙度 Ra 值 1.6 ~ 3.2 μm 的表面：采用粗铣、精铣。

③尺寸精度要求 IT6 级以上，表面粗糙度 Ra 值 0.8 ~ 1.6 μm 的表面：粗铣、半精铣、精铣。

（2）孔加工方法的选择。

孔加工方法分为钻孔、扩孔、铰孔、镗孔或铣孔，有螺纹的要进行攻丝，主要根据孔的尺寸结构和精度要求来确定，各种加工方式及其所能达到的精度可查阅《金属切削手册》。

2）走刀路线的确定

走刀路线是刀具在整个加工工序中相对于工件的运动轨迹，它不但包括了工序的内容，而且也反映出工序的顺序。走刀路线是编写程序的依据之一。因此，在确定走刀路线时最好画一张工序简图，将已经拟定出的走刀路线画上去（包括进刀、退刀路线），这样可为编程带来不少方便。

主要遵循以下原则：

（1）应能保证零件的加工精度和表面粗糙度要求。如图1-3-10所示，当铣削平面零件外轮廓时，一般采用立铣刀侧刃切削。当刀具切入工件时，为避免在切入处产生刀具的刻痕而影响表面质量，保证零件外轮廓曲线平滑过渡，应沿外轮廓曲线延长线的切向切入。同理，在切离工件时，也应避免在工件的轮廓处直接退刀，而应该沿零件轮廓延长线的切向逐渐切离工件。

在铣削封闭的内轮廓表面时，若内轮廓曲线允许外延，则应沿切线方向切入/切出；若内轮廓曲线不允许外延，如图1-3-11所示，则刀具只能沿内轮廓曲线的法向切入/切出，此时刀具的切入/切出点应尽量选在内轮廓曲线两几何元素的交点处。当内部几何元素相切无交点时，为防止刀补取消时在轮廓拐角处留下凹口，刀具切入/切出点应远离拐角。

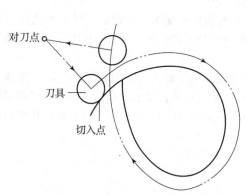

图1-3-10　沿外廓曲线延长线的切向切入

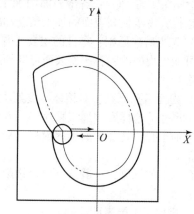

图1-3-11　沿内轮廓曲线的法向切入/切出

图1-3-12所示为圆弧插补方式铣削外整圆时的走刀路线图。当整圆加工完毕时，不要在切点处直接退刀，而应让刀具沿切线方向多运动一段距离，以免取消刀补时刀具与工件表面相碰，造成工件报废。铣削内圆弧时也要遵循从切向切入的原则，最好安排从圆弧过渡到圆弧的加工路线，如图1-3-13所示，这样可以提高内孔表面的加工精度和加工质量。

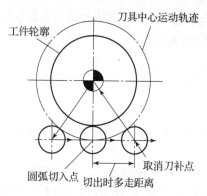

图1-3-12　铣削外整圆时的走刀路线图

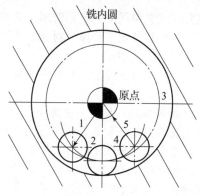

图1-3-13　从圆弧过渡到圆弧的加工路线

铣削曲面时，常用球头刀采用行切法进行加工。所谓行切法是指刀具与零件轮廓的切点轨迹是一行一行的，而行间的距离是根据零件加工精度的要求来确定的。

对于边界敞开的曲面加工，可采用两种走刀路线。如发动机大叶片，在采用如图1-3-14（a）所示的加工方案时，每次沿直线加工，刀位点计算简单，程序少，加工过程符合直纹面的形成，可以准确保证母线的直线度。

当采用图 1-3-14（b）所示的加工方案时，符合这类零件数据给出的情况，便于加工后检验，叶形的准确度较高，但程序较多。

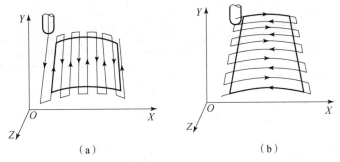

图 1-3-14　边界敞开的曲面加工

（2）应使走刀路线最短，减少刀具空行程时间，提高加工效率。图 1-3-15 所示为正确选择钻孔加工路线的例子。按照一般习惯，总是先加工均布于同一圆周上的 8 个孔，再加工另一圆周上的孔，如图 1-3-15（a）所示。但是对点位控制的数控机床而言，要求定位精度高，定位过程尽可能快，因此这类机床应按空程最短来安排走刀路线，如图 1-3-15（b）所示，以节省时间。

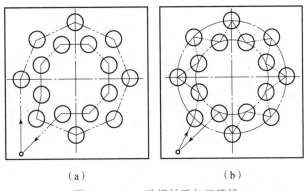

图 1-3-15　选择钻孔加工路线

 任务实施

纸上得来终觉浅，绝知此事要躬行。经过前面知识的准备，接下来按步骤进行任务的实施。

1. 分析图纸，明确工作内容

从图 1-0-1 可以看出这是一个平面轮廓类的零件，由外轮廓、内轮廓、孔等结构组成，侧面轮廓由直线、斜线及圆弧组成，图中标注了公差的尺寸为重点保证尺寸。

2. 确定加工方案

1）选择切削加工设备
根据被加工零件的外形和材料等条件，选用三轴立式加工中心。

2）确定工件的定位基准和装夹方式

（1）定位基准。工件的底面为定位基准（下面垫基准块定位），X、Y 方向寻边器分中，Z 方向上表面为零平面。

（2）装夹方法。选用平口钳夹紧。

3. 制定加工过程文件

（1）确定刀具：根据不同的结构确定加工刀具，见表 1-3-1。

表 1 − 3 − 1　刀具卡

零件名称	端盖		零件图号	1 − 0 − 1
刀具编号	刀具名称	刀具材料	半径补偿号	长度补偿号
T01	ϕ12 三刃立铣刀	高速钢	D01	H01
T02	ϕ8 三刃立铣刀	硬质合金	D02	H02
T03	ϕ3 中心钻	高速钢		H03
T04	ϕ9.8 钻头	高速钢		H04
T05	ϕ10h7 铰刀	硬质合金		H05

（2）根据零件图所示的要求、毛坯及前道工序加工情况，确定工艺方案及加工路线。

4. 完成加工工艺卡的制定

根据加工质量、效率等综合因素，确定与各刀具加工相对应的切削用量，填写加工工序卡，见表 1 − 3 − 2。

表 1 − 3 − 2　加工工序卡

零件名称	端盖	零件图号	1 − 0 − 1	毛坯尺寸	$110 \times 85 \times 20$
设备名称	数控铣床	设备型号	VDL − 1000	夹具名称	平口钳
材料名称	45 钢	工序名称	数铣轮廓加工	工序号	001

工步号	工步内容	切削用量			刀具编号	量具名称	程序号
		$n/(\text{r}\cdot\text{min}^{-1})$	$f/(\text{mm}\cdot\text{r}^{-1})$	a_p/mm			
1	粗铣各轮廓结构	2 000	600	0.5	T01	游标卡尺 (0~150 mm)	00001
2	精铣各轮廓结构	2 500	800	由各轮廓深度决定	T02	游标卡尺 (0~150 mm)	00002
3	钻两个定位孔	1 500	500	0.5	T03	游标卡尺 (0~150 mm)	00003
4	钻两个通孔	600	100	18	T04	游标卡尺 (0~150 mm)	00004
5	铰孔	2 300	800	16	T05	内测千分尺	00005

在表 1-3-3 中记录任务实施情况、出现的问题及解决措施。

表 1-3-3 任务实施情况表

任务实施情况	存在问题	解决措施

 考核评价

请为自己小小的成功喝彩,珍惜每一次努力后的收获,并将其作为继续学习的动力。

各组介绍任务 3 完成过程,制作整个运作过程的视频、技术文档并提交汇报材料,进行小组自评、组间互评和教师点评,完成如表 1-3-4 所示的考核评价表。

表 1-3-4 考核与评价表

班级:		姓名:		学号:			
序号	项目	考核内容	配分	自评 (20%)	互评 (30%)	师评 (50%)	
1	工件定位	定位基准选择准确,装夹方式选择合理	15				
2	加工方案	工艺方案及加工路线制定合理	20				
3	刀具选择	根据零件不同的结构选择合理的刀具	20				
4	工艺顺序及切削用量	工艺顺序安排合理,切削用量选择恰当	20				

班级：　　　　　　姓名：　　　　　　　学号：

序号	项目	考核内容	配分	自评（20%）	互评（30%）	师评（50%）
5	职业素养	团队精神：分工合理、执行能力、服从意识	5			
		安全生产：安全着装，按规程操作	5			
		文明生产：文明用语，7S管理（整理、整顿、清扫、清洁、素养、安全、节约）	5			
6	创新意识	创新性思维和行动	10			
总计						
组长签名：　　　　　　　　　　　教师签名：						

 拓展提高

恭喜你完成了该项目的全部学习任务，操千曲而后晓声，观千剑而后识器，接着通过下面的练习来拓展理论知识，提高解决实际问题的能力。

（1）数控机床有哪些基本组成部分？各组成部分的主要功用是什么？

（2）试说明数控铣床如何分类。

（3）如何从经济观点出发来分析哪些零件适合在数控铣床上加工？

（4）G、M、S、T、F的功能是什么？

（5）什么是机床坐标系？什么是工件坐标系？它们各有什么特点？

（6）如何划分零件加工的工序与工步？

（7）确定路线时应考虑哪些问题？

（8）合理选择切削用量的原则是什么？

 项目复盘

千淘万漉虽辛苦，千锤百炼始成金。复盘有助于我们找到规律，温故知新，升华知识。

1. 项目完成的基本过程

通过前面的学习，初步认识数控铣床，掌握了编程基础知识。

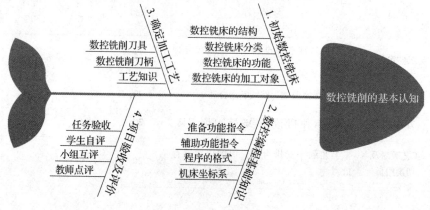

2. 数控铣床基本认知

（1）高速数控铣床已得到广泛应用，查阅关于高速数控铣床的相关资料（主要从性能参数，加工产品特点等方面展开），记录如下：

_____

_____

_____

_____

（2）数控铣床的核心部分是_____

（3）伺服系统的作用是_____

（4）举例说明数控铣床可以加工的零件。

_____

_____

_____

3. 数控编程基础

（1）什么是续效指令和非续效指令？准备功能指令 G 中，哪些是续效指令，哪些是非续效指令？

_____

_____

（2）简述 M00 和 M01 的区别。

_____

_____

（3）简述 M02 和 M30 的区别。

_____

_____

_____

（4）数控机床相对运动的规定：_____。标准坐标系中 X、Y、Z 坐标轴的相互关系用_____坐标系决定。

4. 加工工艺基础

（1）简述数控铣削刀具的种类和作用。

_____

_____

_____

（2）划分各工序先后顺序应遵循什么原则？

_____

_____

_____

_____

 项目总结

本项目系统地介绍了数控铣床的结构、分类，数控铣床编程基本知识，数控铣削加工工艺系统知识。通过本项目的学习，读者已经对数控铣削有了基本的认知，为下一步学习数控铣床操作打下了良好的基础。在后面项目的学习过程中，读者还可结合本项目的内容进行更深入的学习。

1. 经验分享

（1）选择机床时，要有成本意识。根据零件的尺寸和精度要求合理选择数控铣床或加工中心，充分发挥数控机床的工作效率。

（2）掌握编程规则，熟悉程序结构和组成，为后面编程打下坚实基础。

（3）要正确选择刀具，必须先充分了解刀具的种类和作用。

（4）加工工艺非常重要，在编程之前要正确制定加工工艺。最重要的工作是先看懂零件图，并将其分析透彻。

2. 归纳整理

通过对数控铣削基本认知项目的运作和实施，请归纳、整理你的学习心得。

_____

_____

_____

_____

 数控铣床操作

以 FAUNC 0i 数控系统为例，如图 2 - 0 - 1 所示，先在仿真软件上练习数控机床面板的基本操作及分中对刀操作，熟练后再在机床上实操，要求熟悉数控铣床的操作控制面板，能够独立完成在数控铣床上的基础操作和对刀操作。

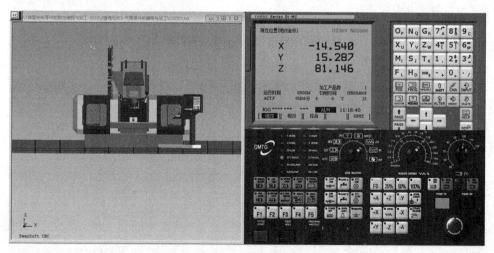

图 2 - 0 - 1　仿真操作界面

项目分解

学习任务1：FAUNC 0i数控系统面板操作
学习任务2：数控铣削对刀操作

项目分工

分工协作，各尽其责，知人善任。将全班同学每4~6人分成一小组，每个组员都有明确的分工，并且每人在不同任务中轮流担任组长，轮流不同的岗位，做到每个人都有平等机会锻炼学习能力、管理能力和组织协调能力，在实施任务的过程中充分体现团队合作精神，培育工匠精神及提升职业素养。项目分工见表2-0-1。

表2-0-1 项目分工

组 名		组 长		指导老师	
学 号	成 员	岗位分工	岗位职责		
		项目经理	对整个项目总体进行统筹、规划，把握进度及各组之间的协调沟通等工作		
		工艺工程师	负责制定工艺方案		
		程序工程师	负责编制加工程序		
		数控铣技师	负责数控铣床的操作		
		质量工程师	负责验收及把控质量		
		档案管理员	做好各个环节的记录，录像留档，便于项目的总结复盘		

学习任务1 FAUNC 0i数控系统面板操作

任务发放

任务编号	2-1	任务名称	FAUNC 0i数控系统面板操作	建议学时	4学时
任务安排					

(1) 熟悉数控系统面板及各个按键的功能
(2) 掌握程序的处理：输入、修改、删除、校验、调试
(3) 掌握工件的自动加工操作方法

导学问题1：数控铣床上有哪些模式可选择？
导学问题2：如何新建一个程序？程序校验的作用是什么？
导学问题3：数控铣床开机是否需要回参考点？回参考点的目的是什么？

数控铣加工中心面板　　　　　　斯沃仿真的基本操作

1. 初识 FAUNC 0i 数控系统

FANUC 0i 数控系统面板主要由 CRT 显示区、编辑面板及控制面板三部分组成。

1）CRT 显示区

FANUC 0i 数控系统的 CRT 显示区位于整个机床面板的左上方，包括 CRT 显示屏及软键，如图 2 - 1 - 1 所示。

2）编辑面板

FANUC 0i 数控系统的编辑面板通常位于 CRT 显示区的右侧，如图 2 - 1 - 2 所示，各按键名称及功能见表 2 - 1 - 1。

图 2 - 1 - 1　CRT 显示区

图 2 - 1 - 2　编辑面板

表 2 –1 –1　FANUC 0i 系统 MDI 面板上各按键与功能说明

序号	按键符号	名称	功能说明
1	POS	位置显示键	显示刀具的坐标位置
2	PROG	程序显示键	在"EDIT"模式下显示存储器内的程序；在"MDI"模式下输入和显示"MDI"数据；在"AUTO"模式下显示当前待加工或者正在加工的程序
3	OFFSET SETTING	参数设定显示键	设定并显示刀具补偿值、工件坐标系以及宏程序变量
4	SYS-TEM	系统显示键	系统参数设定与显示，以及自诊断功能数据显示等
5	MESS-AGE	报警信息显示键	显示 NC 报警信息
6	CUSTOM GRAPH	图形显示键	显示刀具轨迹等图形
7	RESET	复位键	用于所有操作停止或解除报警，使 CNC 复位
8	HELP	帮助键	提供与系统相关的帮助信息
9	DELETE	删除键	在"EDIT"模式下删除已输入的字及 CNC 中存在的程序
10	INPUT	输入键	加工参数等数值的输入
11	CAN	取消键	清除输入缓冲器中的文字或者符号
12	INSERT	插入键	在"EDIT"模式下于光标后输入字符
13	ALTER	替换键	在"EDIT"模式下替换光标所在位置的字符
14	SHIFT	上档键	用于输入处于上档位置的字符
15	↑ PAGE ↓ PAGE	光标翻页键	向上或者向下翻页

序号	按键符号	名称	功能说明
16		程序编辑键	用于 NC 程序的输入
17		光标移动键	用于改变光标在程序中的位置

3）控制面板

FANUC 0i 数控系统的控制面板通常位于 CRT 显示区的下侧，如图 2 – 1 – 3 所示，各按键（旋钮）名称及功能见表 2 – 1 – 2。

图 2 – 1 – 3　控制面板

表 2 – 1 – 2　FANUC 0i 数控系统控制面板各按键及功能

序号	按键、旋钮符号	按键、旋钮名称	功能说明
1		系统电源开关	机床启动可以开始进行机床面板的操作
2		急停按键	紧急情况下按下此按键，机床停止一切运动
3		原点复位	切换到回原点方式，机床必须首先执行回零操作，然后才可以运行
4		增量进给	机床处于手动、点动移动状态

序号	按键、旋钮符号	按键、旋钮名称	功能说明
5		手动方式	切换到手动模式,连续移动机床
6		手轮方式	切换到手轮方式,使用手轮移动机床
7		DNC 方式	计算机与机床通过数据线连接,边传输边加工的一种方式
8		单动	切换到"MDI"模式,手动输入指令并执行
9		编辑	切换到编辑模式,用于直接通过操作面板输入和编辑程序
10		自动执行	切换到自动加工模式
11		单段执行	在该模式下,每按一次"循环启动"键,机床执行完当前一段程序后暂停
12		空运行	空运行时,机床不进行切削,主轴、各伺服轴、冷却泵等都在模拟切削时的动作,切换到自动加工后进行路线的查看
13		选择性停止键	此键为"ON"时,程序中的 M01 有效;此键为"OFF"时,程序中 M01 无效
14		单段删除或称选择性跳过键	此键为"ON"时,程序中"/"的程序段被跳过执行;此键为"OFF"时,完成执行程序中的所有程序段
15		锁住辅助功能键	此键为"ON"时,系统连续执行程序,但机床所有的轴被锁定,无法移动
16		机床锁定开关键	锁定机床各轴不移动
17		循环启动键	在"MDI"或者"AUTO"模式下按下此键,机床自动执行当前程序
18		循环启动停止键	在"MDI"或者"AUTO"模式下按下此键,机床暂停程序自动运行,直至再一次按下循环启动键
19		进给速度倍率旋钮	在自动或者手动操作主轴时,转动此旋钮可以调节进给速度
20		主轴倍率旋钮	在自动或者手动操作主轴时,转动此旋钮可以调整主轴的转速

序号	按键、旋钮符号	按键、旋钮名称	功能说明
21		轴进给方向键	在"JOG"或者"RAPID"模式下，按下某一运动轴按键，被选择的轴会以进给倍率的速度移动，松开按键则轴停止移动
22		主轴按键	控制主轴的转动和停止

2. 机床的基本操作

1) 开关机

开机：打开机床总电源，按系统电源打开键，直至 CRT 显示屏出现"NOT READY"提示后，旋开"急停"旋钮，当"NOT READY"提示消失后，开机成功。

关机：按下"急停"旋钮 ⊙ ，关闭系统电源，再关闭机床总电源，关机成功。

探讨交流 1：数控铣床开机前及关机后应注意哪些事项？

2) 机床回参考点

回参考点操作是建立机床坐标系，寻找数控机床机械原点的过程。机床回参考点时的画面如图 2 - 1 - 4 所示。

图 2 - 1 - 4 机床回参考点时的画面

机床回参考点时，必须先按"+Z"键，以确保回参考点时不会使刀具撞上工件。

操作方法：将"操作模式选择"旋钮置于 ，将"进给倍率"旋钮旋至最大倍率150%，

将"快速倍率"旋钮置于最大倍率100%，依次按"+Z""+X""+Y"轴进给方向键及 ，

此时不进行其他动作，等三个指示灯亮起 ，说明机床回到了参考点。

探讨交流2：简述回参点的注意事项及其重要性。

3）手动模式操作

手动模式操作主要包括手动移动刀具、手动控制主轴及手动开关冷却液等。

（1）手动移动刀具。

单击操作面板上的"JOG"按钮 ，机床进入手动模式，选择"X""Y""Z"键的正、

负方向移动各坐标轴。

（2）手动控制主轴。

选择手动或手轮模式，按 键，此时主轴按系统指定的速度顺时针转动（正转）；若按

键，则主轴按系统指定的速度逆时针转动（反转）；按 键，则主轴停止转动。

探讨交流3：在手动方式下启动主轴，如果主轴不转是什么原因？该怎么解决？

4）手动开关冷却液

选择手动模式，按 键，此时冷却液打开，若再按一次该键，则冷却液关闭。

5）手轮模式操作

选择手轮模式 ，通过手轮的"轴选择"旋钮 选择要移动的轴，再由"倍率选

择"旋钮 选择移动的倍率。转动手轮上的转轮 ，顺时针旋转为正方向，逆时针为负

方向，以精确控制机床各轴的移动。

6）MDI工作模式

在"MDI"模式中通过MDI面板可以编制最多10行的程序并被执行，程序格式与平常编写

的格式一样，MDI 方式主要用于如启动主轴、改变主轴转速、检查工件坐标系是否设置正确、自动更换刀具等操作。

（1）将旋钮旋至"MDI"模式 ，机床切换到 MDI 状态，可 MDI 操作。

（2）在 MDI 键盘上按 **PROG** 键，进入手动数据输入（MDI）工作模式，可直接编辑代码指令，如图 2 - 1 - 5 所示，通过单击 MDI 键盘上的数字、字母键，构成代码，以字符显示，可以作取消、插入和删除等修改操作。

（3）输入完整数据指令后，按"循环启动"键，运行指令代码。

注：MDI 方式运行结束后显示界面上的数据会被清空，不会保存。若要重复使用的加工程序，则需在编辑方式下输入才可以自动保存。

图 2 - 1 - 5　MDI 工作模式

探讨交流 4：如果要重复调用加工程序，则在 MDI 方式下面输入合适吗？

3. 数控程序的处理

程序录入、校验及自动加工

1）创建新的数控程序
创建新程序的操作步骤见表 2 - 1 - 3。

表 2 - 1 - 3　创建新程序的操作步骤

序号	操作步骤	操作内容
1	选择"程序编辑"方式	将"模式选择"旋钮调至"程序编辑"挡位
2	进入"程序"界面	按"程序"键 ，LCD 显示屏将显示程序编辑的界面
3	输入程序号	通过 MDI 键盘输入程序号，如将"O0018"输入至键盘缓冲区
4	创建新程序	按下"插入"键 ，将会插入程序名为"O0018"的新程序

探讨交流 5：输入程序的注意事项是什么？

2）编辑程序

程序编辑的操作步骤见表 2 - 1 - 4。

表 2 - 1 - 4　程序编辑的操作步骤

序号	编辑方式	操作步骤
1	插入操作	移动光标至修改处，输入程序字后按 键
2	替换操作	移动光标至修改处，输入程序字后按 键
3	删除字符	移动光标至该程序字上，再按 键
4	删除输入域中的字符	输入域中的信息可以通过 键来进行删除重输
5	删除整行程序	将光标移至该行的起始处，再按 键和 键。若按"N×××"后再按 键，则会将当前光标所在位置至"N××××"程序段位置的程序字全部删除
6	程序检索	在键盘缓冲区输入某个程序的程序号，然后按下 MDI 键盘上的光标移动键或软键"O 检索"，系统会开始检索输入的程序号，并立即显示在 LCD 屏幕上
7	程序字检索	在键盘缓冲区输入地址字或单个字母后，按下 MDI 键盘上的光标移动键。 例如：在键盘缓冲区输入"G01"，然后按下光标移动键"↑"或"←"后，系统将会从当前光标所在地址字位置向前检索"G01"地址字，并立即将光标跳至此处。同理，如在键盘缓冲区输入"G01"，然后按下光标移动键"↓"或"→"后，系统将会从当前光标所在地址字位置向后检索"G01"地址字，并立即将光标跳至此处

序号	编辑方式	操作步骤
8	删除程序	在键盘缓冲区输入某个程序的程序号，然后单击 ![] 键，便会把所选择的程序删除。 如在键盘缓冲区输入"O9999"，然后单击 ![] 键便会把存储器中的所有程序清除

3）程序的传输

在数控机床的程序输入操作中，如果采用手动数据输入的方式往 CNC 中输入有局限性，一是操作、编辑及修改不便；二是 CNC 内存较小，程序比较大时就无法输入。为此，我们有时必须通过传输（电脑与数控 CNC 之间的串口联系，即 DNC 功能）的方法来完成。

（1）线路的连接与通信设置。

①串口线路的连接。

FANUC 系统数控机床的 DNC 采用 9 孔插头（与计算机的 COM1 或 COM2 相连接）及 25 针插头（与数控机床的通信接口相连接）的数据线连接，如图 2-1-6 所示。

图 2-1-6　机床通信连接线

注意：连接数据线时，机床与计算机都必须处于关机状态，否则会烧坏数据接口。

②通信设置。

通信设置的操作步骤见表 2-1-5。

表 2-1-5　通信设置的操作步骤

序号	编辑方式	操作步骤
1	选择"MDI"方式	将"模式选择"旋钮调至"MDI"挡位
2	进入"设置"界面	按"设置"键 ![OFFSET SETTING]，进入"设置"界面
3	设置"参数写入"状态	把参数写入状态改为"1"，即可以修改参数
4	设置 I/O 通道	修改 I/O 通道的地址，比如将 0 改为 4
5	启动计算机上的通信软件	打开计算机上的 CIMCO Edit 8 软件，启动后界面如图 2-1-7（a）所示
6	进入"DNC"设置界面	单击下拉菜单中"机床通讯"/"DNC 设置"，显示如图 2-1-7（b）所示对话框。单击"增加机床"，显示如图 2-1-7（c）所示"增加新机床"对话框。在机床描述位置输入"V1050"，然后单击"确定"按钮，显示如图 2-1-7（d）所示"设置：V1050"对话框
7	设置传输通信参数	设置传输通信参数（软件中参数必须和机床一样），然后单击"确定"按钮

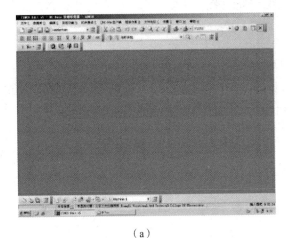

(a)

(b)

(c)

(d)

图 2 - 1 - 7 通信设置

(a) CIMCO Edit V5.0 软件界面；(b) "DNC 设置" 对话框；
(c) "增加新机床" 对话框；(d) "设置：V1050" 设置对话框

传输用 NC 程序格式要求

%

O××××

N10…(以下为编写的程序段)

N20…

…

…

%

---

③传输程序步骤。

将计算机中的程序传送至机床存储器，操作步骤见表 2 - 1 - 6。

4）程序的调试

在进行自动加工前，必须对数控加工程序进行检查，FANUC - 0i MD 系统可以将存储器中的 NC 加工程序调出后，进行加工轨迹图形模拟，以便检查出 NC 加工程序中格式和刀具路径不正确的地方，从而进行修正。程序轨迹图形模拟的操作步骤见表 2 - 1 - 7。

表 2 - 1 - 6　程序传输步骤

序号	操作内容	操作步骤
1	软件程序发送设置	打开计算机上的 CIMCO Edit V5.0 软件； 单击下拉菜单"文件"／"打开"，然后选择需要传输的程序的文本文件，如图 2 - 1 - 8 所示； 将如图 2 - 1 - 9 所示程序传输工具条中的机床模板改为"V1050"； 单击软件程序传输工具条中的 按钮，软件便进入程序的待发送状态
2	机床程序接收设置	将机床调至"程序编辑"方式，按下 键进入"程序"界面； 单击"操作"软键，再单击按键 跳至如图 2 - 1 - 10 画面； 单击"读入"软键，输入程序号"O××××"；然后单击"执行"软键，机床系统开始接收程序。如图 2 - 1 - 11 所示

图 2 - 1 - 8　CIMCO Edit V5.0 软件界面

图 2 - 1 - 9　程序传输工具条

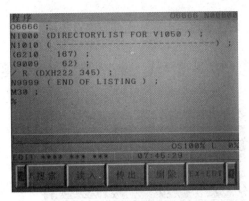

图 2 - 1 - 10　机床程序传输界面

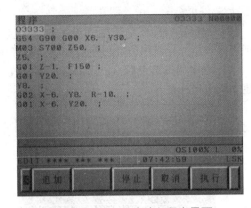

图 2 - 1 - 11　机床读入程序界面

表 2 - 1 - 7　程序轨迹图形模拟的操作步骤

操作步骤	操作内容
1. 锁定机床	在机床操作面板上将辅助功能的"机床锁定""辅助功能锁定"和"空运行"开关打开
2. 调出需要调试的程序	选择"程序编辑"方式,按 键,进入"程序"界面,调出需要调试的程序
3. 进入模拟界面	按下 键,按下 LCD 屏幕下方的"图形"软键,进入"图形模拟"界面,如图 2 - 1 - 12 (a) 所示
4. 模拟加工	选择"自动运行"方式,按"循环启动"键,LCD 屏幕上开始模拟出程序的加工轨迹,如图 2 - 1 - 12 (a) 中界面所示
5. 调整程序	观察 LCD 屏幕上刀具路径轨迹的图形显示。当轨迹与图纸不符时,返回"程序编辑"方式进行修正。如程序太长,不便于找到出错的程序段,则可以在开始模拟程序的第一步将"单程序段"开关打开,这样我们就可以逐条运行程序,逐条查找错误。 如出现程序格式错误,则机床会报警,并会在"报警信息"界面显示报警原因。按 键,返回"程序"界面,当前光标停留程序段的下一段便是系统提示的出错程序段。 此时,按下"复位"键 ,解除报警,再返回"程序编辑"方式。根据报警信息的提示,查找出程序中的错误,并进行修正
6. 重新运行程序	修改好程序后,可重新运行程序,进入"图形模拟"界面时,原程序的刀具轨迹路径模拟图形还在,此时可按下 LCD 屏幕下方的"操作"软键,再按"擦除"软键,即可清除之前的模拟图形,如图 2 - 1 - 12 (b)
7. 重复修改及模拟操作	根据图形模拟情况,不断对程序进行修改,直至程序运行全过程中不再报警,且达到要求的加工图形

注意：

（1）程序运行前要确认在"程序编辑"状态下时，程序界面下的光标应停在程序开头位置，否则程序会从光标所停留的程序段开始运行程序；

（2）程序调试结束后，机床的坐标系位置已经变动，必须进行一次"回零"操作，以便重新建立机床坐标系。

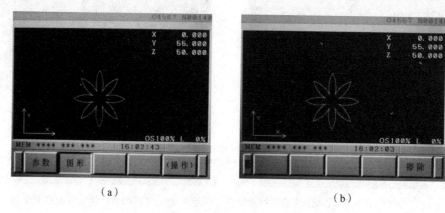

（a）   （b）

图 2 - 1 - 12   "图形模拟"界面

（a）"图形模拟"界面一；（b）"图形模拟"界面二

4. 程序的自动运行

1）存储器程序自动运行

程序的自动运行操作步骤见表 2 - 1 - 8。

表 2 - 1 - 8   程序自动运行操作步骤

操作步骤	操作内容
1. 选择"程序编辑"方式	将"模式选择"旋钮调至"程序编辑"挡
2. 调出程序	按 ![PROG]键进入"程序"界面，输入程序名； 按 LCD 屏幕下方的"O 检索"软键或按键盘上的向下键
3. 选择"自动运行"方式	将"模式选择"旋钮调至"自动运行"挡 ![旋钮图]，LCD 屏幕如图 2 - 1 - 13 所示
4. 开始自动运行程序	按"循环启动"键 ![CYCLE START 按钮]，按键中的指示灯被点亮，程序开始自动运行

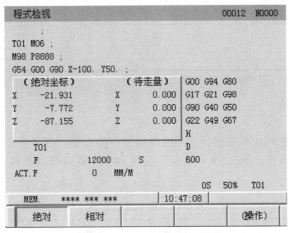

图 2 - 1 - 13　程序检视界面

2）DNC 自动运行

DNC 自动运行是指通过 RS - 232 口接收加工程序，实现一边接收 NC 程序、一边进行切削加工的状态。

（1）软件程序发送设置（参考程序传输操作）。

（2）DNC 自动运行步骤。

DNC 自动运行操作步骤见表 2 - 1 - 9。

表 2 - 1 - 9　DNC 自动运行操作步骤

操作步骤	操作内容
1. 进入"DNC"程序界面	将模式选为"DNC"，LCD 屏幕显示如图 2 - 1 - 14（a）所示
2. DNC 自动运行程序	按下"循环启动"键，机床立即开始接收并运行从电脑发送过来的程序。图 2 - 1 - 14（b）所示为程序输入机床以后，机床 LCD 屏幕的显示界面

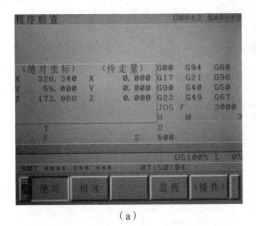
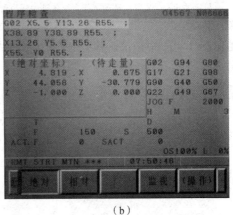

（a）　　　　　　　　　　　　　　（b）

图 2 - 1 - 14　DNC 传输界面

(a)"DNC 程序检查"界面一；(b)"DNC 程序检查"界面二

探讨交流6：执行自动运行前应准备好哪些操作？运行过程中若要暂停应该如何处理？

 任务实施

纸上得来终觉浅，绝知此事要躬行。经过前面知识的准备，接下来是对任务进行实施。

注：为了保证操作安全，表2-1-10所示实施内容先需在仿真软件上熟练操作，再到机床上实践。

表2-1-10　任务实施

序号	工作内容	实施方法
1	机床开机回参考点	检查机床→打开机床的总电源→打开系统电源→低速热机→回机床参考点（先回Z轴，再回X、Y轴）
2	手动装刀	准备一把刀具，在"手动"或"手轮"方式下手动安装刀具
3	主轴转动	先在"MDI"方式下输入转速"M03 S600"，按"循环启动"键，让主轴正转，按"复位"键让主轴停止；再在"手动"方式下手动控制主轴正反转，通过主轴转速修调开关调整主轴转速
4	快速移动	在"手动"方式下快速操作工作台各方向移动，通过手动快移倍率修调开关调整手动快移移动速度
5	手轮移动	在"手轮"方式下操作移动机床工作台，切换手摇轴和手摇倍率开关
6	开关冷却液	手动打开和关闭冷却液
7	程序处理	在"编辑"方式下新建数控加工程序，并完成程序的编辑、修改、删除、查看图形等操作
8	自动运行	在"自动"方式下，倍率值调至最低，把主轴抬到最高，试运行一小段程序
9	机床关机	移动工作台至各轴中间位置，检查机床，先关系统电源，再关机床总电源

在表2-1-11中记录任务实施情况、出现的问题及解决措施。

表2-1-11　任务实施情况表

任务实施情况	存在问题	解决措施

 考核评价

请为自己小小的成功喝彩，珍惜每一次努力后的收获，并将其作为继续学习的动力。

各组介绍任务 1 完成过程及制作整个运作过程的视频、技术文档并提交汇报材料，进行小组自评、组间互评和教师点评，完成表 2-1-12 所示考核与评价表。

表 2-1-12　考核与评价表

姓名：	班级：		单位：			
序号	项目	考核内容	配分	自评 (20%)	互评 (30%)	师评 (50%)
1	开关机操用	开机顺序及关机顺序是否正确	5			
2	回参考点	回参考点的操作是否正确，有没有回到参考点上	5			
3	装刀	能否把刀具正确安装在主轴上	5			
4	主轴转动	是否能在 MDI 及手动方式下让主轴转动及停止	15			
5	坐标轴移动	在手动和手轮方式下正确移动各个坐标轴	10			
6	程序处理	能够在界面上新建、修改、删除程序，并对输入的程序进行查看图形	25			
7	自动运行	对程序能够完成自动加工的操作	10			
8	职业素养	团队精神：分工合理、执行能力、服从意识	5			
		安全生产：安全着装，按规程操作	5			
		文明生产：文明用语、7S 管理（整理、整顿、清扫、清洁、素养、安全、节约）	5			
9	创新意识	创新性思维和行动	10			
总计						
组长签名：			教师签名：			

 检测巩固

恭喜你已经完成学习任务 1，现通过以下测试题来检验我们前面所学，以便自查和巩固知识点。

1. 请在机床上新建一个程序，并输入一段程序查看图形。
2. 如何快速地找到程序有误的地方并进行修改？
3. 在操作机床过程中，一些简单机床的报警该如何查看和处理？

学习任务 2　数控铣削对刀操作

任务编号	2 – 2	任务名称	数控铣削对刀操作	建议学时	2 学时
任务安排					

(1) 了解对刀的原理及目的
(2) 安装刀具操作
(3) 了解并掌握对刀工具的使用
(4) 熟悉对刀操作的步骤及刀具半径和长度补偿值的输入

任务导学

导学问题 1：自动换刀的程序是什么？

导学问题 2：有哪些对刀工具？它们的作用分别是什么？

导学问题 3：对刀操作的顺序是什么？对完刀后如何验证刀具位置是否准确？

知识链接

分中对刀操作

单边对刀操作

1. 对刀原理及目的

对刀就是通过一定方法找出工件原点相对于机床原点的坐标值，对刀的目的是建立工件坐标系，直观的说法是：对刀是确立工件在机床工作台中的位置，实际上就是求对刀点在机床坐标系中的坐标。对刀点既可以设在工件上（如工件上的设计基准或定位基准），也可以设在夹具或机床上，若设在夹具或机床上的某一点，则该点必须与工件的定位基准保持一定精度的尺寸关系。对刀点找正的准确度直接影响加工精度。

2. 刀具安装

1）手动换刀

手动在主轴上装卸刀柄的方法如下：

（1）清洁刀柄锥面和主轴锥孔；

（2）左手握住刀柄，将刀柄的键槽对准主轴端面并垂直伸入到主轴内，不可倾斜；

（3）右手按下"换刀"按钮，压缩空气从主轴内吹出以清洁主轴和刀柄，按住此按钮，直到刀柄锥面与主轴锥孔完全贴合后松开按钮，刀柄即被自动夹紧，确认夹紧后方可松手；

（4）刀柄装上后，用手转动主轴检查刀柄是否正确装夹；

（5）卸刀柄时，先用左手握住刀柄，再用右手按"换刀"按钮（否则刀具从主轴内掉下，可能会损坏刀具、工件和夹具等），取下刀柄。

2）自动换刀

自动换刀程序格式见表2-2-1。

表2-2-1　基本换刀程序格式

程序内容	注　释
T××；	选择刀号（如T01，指1号刀）
G91 G28 Z0；	返回机床Z轴参考点位置
M06；	执行换刀指令

3. 对刀工具

1）寻边器

寻边器主要用于确定工件坐标系原点在机床坐标系中的X、Y值，也可以测量工件的简单尺寸。

寻边器有偏心式和光电式等类型，如图2-2-1所示，其中以偏心式较为常用。偏心式寻边器的测头一般有10 mm和4 mm两种圆柱体，用弹簧拉紧在偏心式寻边器的测杆上。光电式寻边器的测头一般为10 mm的钢球，用弹簧拉紧在光电式寻边器的测杆上，碰到工件时可以退让，并将电路导通，发出光信号。通过光电式寻边器的指示和机床坐标位置可得到被测表面的坐标位置。

2）Z轴设定器

Z轴设定器主要用于确定工件坐标系原点在机床坐标系的Z轴坐标，或者说是确定刀具在机床坐标系中的高度。

Z轴设定器有光电式和指针式等类型，如图2-2-2所示，其通过光电指示或指针判断刀具与对刀器是否接触，对刀精度一般可达0.005 mm。Z轴设定器带有磁性表座，可以牢固地附着在工件或夹具上，其高度一般为50 mm或100 mm。

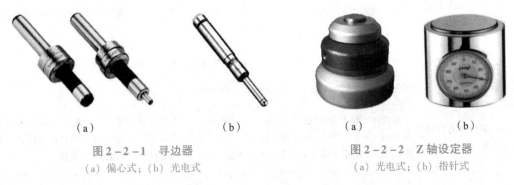

（a）　　　　　　（b）　　　　　　　　（a）　　　　　　（b）

图2-2-1　寻边器　　　　　　　图2-2-2　Z轴设定器
（a）偏心式；（b）光电式　　　　　（a）光电式；（b）指针式

探讨交流 1：对刀时，在现场没有寻边器和 Z 轴设定器的情况下，如何保证对刀的精度？

4. 对刀方法

根据毛坯或加工工艺的不同，可选用试切对刀法、仪器对刀法、塞尺对刀法、杠杆百分表（或千分表）对刀法。一般情况下，数控铣/加工中心对刀包括 XY 向对刀及 Z 向对刀两方面内容，下面采用试切对刀的方法讲述分中对刀的过程。

1）单把刀对刀

假定工件坐标系原点在工件上表面正中心（分中对刀），工件坐标系选定 G54。对刀操作步骤见表 2 - 2 - 2。

表 2 - 2 - 2 XY 方向的对刀操作步骤

操作步骤	操作内容
（1）安装刀具，启动主轴正转	将所用铣刀安装到主轴上，并使用 "MDI" 方式令主轴按刀具的正常切削转速旋转
（2）选择 "手动" 方式	转动 "模式选择" 旋钮至 "手动 JOG" 挡，按下  $\boxed{\underset{POS}{\oplus}}$ 键，显示 "位置" 界面
（3）将刀具 X 方向靠近工件左侧	在手动方式下，移动刀具接近工件左侧大约 10 mm，如图 2 - 2 - 3（a）所示
（4）选择 "手轮模式" 试切工件	转动 "模式选择" 旋钮至 "手轮方式" 挡，旋转手轮 "轴选择" 旋钮至 "X" 挡，使用 "手轮方式" 缓慢沿 X 方向靠近工件左侧表面，直到铣刀周刃轻微接触到工件表面，听到刀刃与工件的摩擦声但没有切屑时立即停止，如图 2 - 2 - 3（b）所示
（5）X 方向坐标清零	按下  $\boxed{\underset{POS}{\oplus}}$ 键，按下 "相对" 软键，如图 2 - 2 - 4 所示。输入 "X"，按下 "归零" 软键，将 X_1 位置相对坐标 X 值清零。如图 2 - 2 - 5 所示
（6）使刀具移到另一侧面（右侧）试切工件	选择 "手动" 方式，先将刀具提升至安全高度，然后移动铣刀至工件另一侧，用上述同样方法接触工件另一侧（右侧）面，找到 X_2 位置，如图 2 - 2 - 3（c）所示，记录当前相对坐标 X 值。假设当前相对坐标 X 值为 219.361
（7）计算工件 X 方向中点相对坐标值	将 X 值除以 2，并保留 3 位小数，得到 109.681（即为工件 X 方向中点 X_3 的相对坐标值）
（8）进入 "工件坐标系" 设定界面	按下  $\boxed{\underset{OFS/SET}{\boxplus}}$ 键，进入 "偏置设置" 界面，按下 "坐标系" 软键，进入 "工件坐标系" 设定界面，如图 2 - 2 - 6 所示。将光标移至 G54 坐标 X 参数设定位置
（9）设定 X 方向的零点位置	在 G54 坐标 X 参数设定位置输入 "X109.681"，然后按下 "测量" 软键，机床会自动将图 2 - 2 - 3（d）所示 X_3 位置在机床坐标系中的 X 坐标值输入 G54 的 X 参数设定位置，如图 2 - 2 - 7 所示，即将 X_3 位置设定为当前工件坐标系 G54 的 X 方向的零点位置

操作步骤	操作内容
（10）Y方向试切对刀	更改方向为Y轴，重复以上操作，同样可得Y方向工件坐标零点位置
（11）Z方向试切对刀	如图2-2-8所示，把刀具在手轮方式下移至工件上表面，在G54坐标Z参数设定位置输入"Z0"，然后按下"测量"软键，机床会自动将当前位置设定为当前工件坐标系G54的Z方向的零点位置，如图2-2-9所示

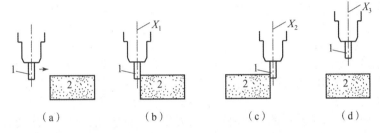

(a)　　　　　　(b)　　　　　　(c)　　　　　　(d)

图2-2-3　XY方向试切法对刀示意图

1—刀具；2—工件

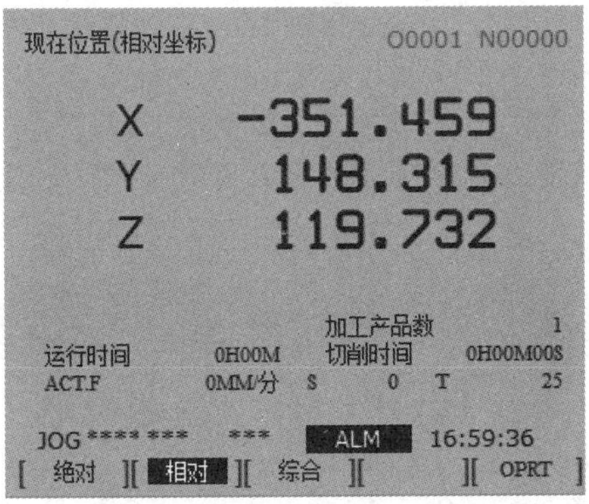

图2-2-4　相对坐标画面

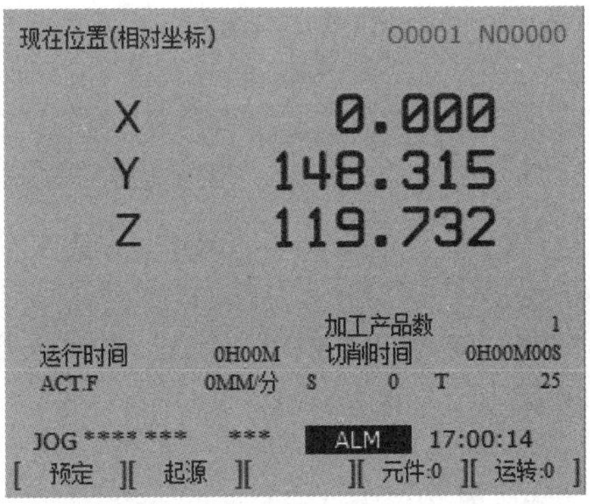

图2-2-5　相对坐标X值清零

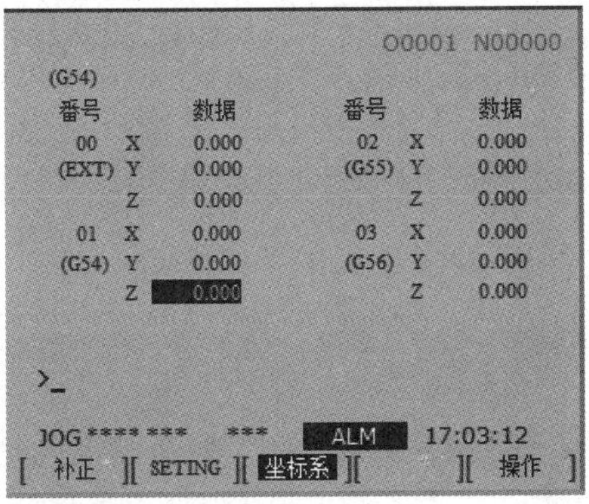

图2-2-6　"工件坐标系"设定界面

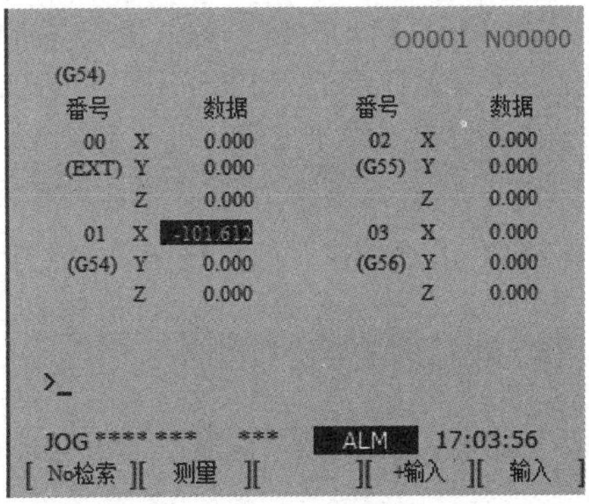

图2-2-7　G54 X坐标测量

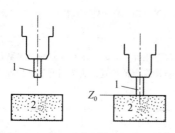

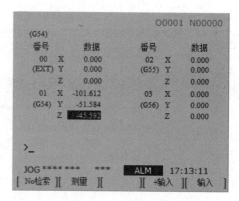

图 2-2-8 Z 方向试切法对刀示意图
1—刀具；2—工件

图 2-2-9 G54 Z 坐标测量

2）多把刀的对刀练习

零件的加工经常会涉及多把刀的加工，但主轴中心即刀具的中心不变，即无论刀具大小，其刀尖点不变，所以多把刀的使用在 XY 方向上只需对一次。由于各刀具的长度不一样，为此每把刀的 Z 轴必须对刀。

多把刀使用的注意事项：多把刀的使用涉及刀具长度的补偿，因此为了防止建立或取消长度补偿时刀具碰撞工件，刀具距离工件要有足够的距离。

探讨交流2：多把刀对刀需不需要对 X、Y 方向？为什么？

5. 检测工件坐标系原点位置是否正确的操作

在生产过程中，通常用"MDI"方式来检测所设定的工件坐标系原点位置是否正确，其操作步骤如下。

（1）将系统置于"MDI"模式，并进入相应的编程界面。

（2）输入下列程序：

```
M03 S600;
G54 G90 G0 Z100.;
X0 Y0;
```

（3）按"循环启动"键，调节机床进给倍率，安全可靠地运行上述程序段，观察刀具是否运行到工件坐标系原点上方 100 mm 处，若位置不对，则重新进行对刀操作。

注：在运行检测程序之前，机床必须先回参考点。

6. 设置数控铣床及加工中心刀具补偿参数

在 FANUC 0i 系统中，数控铣床及加工中心的刀具补偿包括刀具的半径和长度补偿，并且分别包括刀具的形状补偿参数和磨耗补偿参数，设定后可在数控加工程序中通过 D 字和 H 字调用。

1）输入半径形状补偿参数

激活机床后，单击 **OFFSET SETTING** 键进入"刀具补正"补偿参数设置画面，如图 2-2-10（a）所示，

单击 MDI 面板上的 **PAGE↑** 或 **PAGE↓** 键及光标 **←** **↓** **→** 键，选择补偿参数编号，单击 MDI 键盘，

将所需的刀具半径键入到输入域内。按 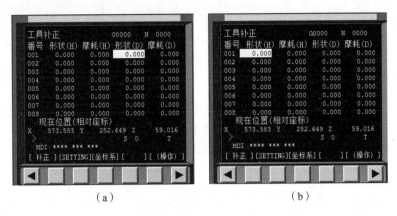 键，把输入域中的半径补偿值输入到所指定的位置。

按 CAN 键依次逐字删除输入域中的内容。

图2－2－10　铣床刀具补偿参数设定画面

（a）刀具半径参数设置画面；（b）刀具长度参数设置画面

2）输入长度形状补偿参数

在进入"刀具补正"补偿参数设置画面后，单击 MDI 面板上的 PAGE↑ 或 PAGE↓ 键及光标

← ↓ → 键，选择补偿参数编号，单击 MDI 键盘，把输入域中的长度补偿值输入到所指定的

刀具编号位置，按 INPUT 键。按 CAN 键依次逐字删除输入域中的内容。

任务实施

纸上得来终觉浅，绝知此事要躬行。经过前面知识的准备，接下来是对任务进行实施。

为了保证操作安全，表2－2－3所示的实施内容需先在仿真软件上熟练操作，再到机床上实践。

表2－2－3　任务实施

序号	工作内容	实施方法
1	刀具安装	先准备好一把装在刀柄上的刀具，在"手动"或"手轮"方式下安装刀具，然后在"MDI"方式下用程序自动换刀操作一遍
2	分中对刀	按操作步骤在机床上进行分中对刀操作
3	验证刀具	对完刀后，在"MDI"下面输入验证程序，查看对刀原点是否正确
4	多把刀对刀	再准备另一把刀具，进行第二把刀的对刀操作并进行验证
5	输入刀补值	在设置界面输入刀具半径和长度补偿值的操作

在表2-2-4中记录任务实施情况、出现的问题及解决措施。

表2-2-4 任务实施情况表

任务实施情况	存在问题	解决措施

 考核评价

请为自己小小的成功喝彩，珍惜每一次努力后的收获，并将其作为继续学习的动力。

各组介绍任务2完成过程及制作整个运作过程的视频、技术文档并提交汇报材料，进行小组自评、组间互评和教师点评，完成如表2-2-5所示考核与评价表。

表2-2-5 考核与评价表

姓名：		班级：		单位：			
序号	项目	考核内容	配分	自评（20%）	互评（30%）	师评（50%）
1	手动装刀	正确把刀具装上主轴	5			
2	自动换刀	正确地采用程序进行自动换刀操作	5			
3	分中对刀	安全规范地进行分中对刀操作	40			
4	验证对刀	对刀具位置采用程序进行验证	10			
5	多把刀对刀	换刀，对第二把刀的Z向坐标	10			
6	刀补输入	能够在设置界面上进行刀具半径及长度补偿的输入	10			
7	职业素养	安全生产：安全着装，按规程操作	10			
		文明生产：文明用语，7S管理（整理、整顿、清扫、清洁、素养、安全、节约）	10			
		总计				
组长签名：			教师签名：			

 拓展提高

恭喜你完成全部学习任务，操千曲而后晓声，观千剑而后识器，接着通过下面的练习来拓展理论知识，提高实践水平。

（1）数控铣床面板上有哪几种模式选择？

（2）在哪些情况下，机床必须执行回参考点操作？

（3）用分中棒和寻边器对刀时有什么不同？使用时需要注意什么？

（4）什么情况下需要使用长度补偿？

（5）每个人独立完成从安装工件到自动加工的整个过程的操作。

项目复盘

千淘万漉虽辛苦，千锤百炼始成金。复盘有助于我们找到规律，温故知新，升华知识。

1. 项目完成的基本过程

通过前面的学习，梳理出数控铣床的操作过程。

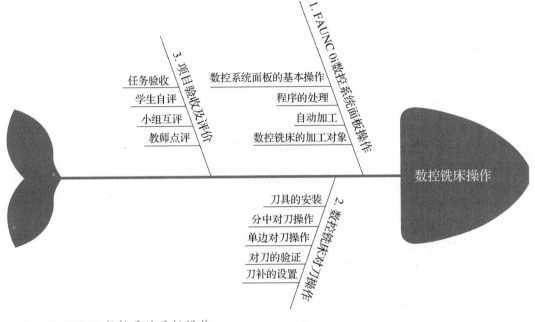

2. FAUNC 0i 数控系统面板操作

（1）查阅：了解具体有哪些数控系统，记录如下：

_____

_____

（2）数控系统面板主要由_____、_____、_____三部分组成。

按 POS 键可以查看哪些坐标值：_____。

（3）在编辑方式"EDIT"和"MDI"下输入程序的区别是_____，加工程序应该在_____方式下输入。

（4）新建程序在编辑方下进行，如果机床内部储存量已满，则需要删除一些程序。

单独删除一个程序的操作：_____

把机床里的已有程序全部清除的操作：_____

（5）程序输入机床后要查看模拟图形。

查看模拟图形的操作步骤：_____

查看图形后必须进行的操作：_____

3. 数控铣削对刀操作

（1）装刀应该在_____下才能进行。

（2）描述分中对刀的操作步骤。

_____

_____

（3）描述单边对刀的操作步骤。

_____

_____

（4）简述对刀后的验证程序。

_____

_____

 项目总结

本项目主要学习数控铣床面板的基本操作，了解面板各按键的功能，掌握程序的编辑方法和自动加工的操作，并系统学习了分中对刀操作及多把刀的对刀操作。

1. 操作注意事项

（1）开关机前应先确认没有人在操作数控机床，保证安全。

（2）严禁多人同时操作一台机床，每次只允许一个人操作机床，在操作机床时其他人严禁操作机床操作面板、MDI 键盘等功能部件。

（3）移动机床时要注意工作台的位置，避免发生机床碰撞事故。

（4）操作机床前应先检查操作者的着装是否规范、安全防护是否到位。

（5）启动主轴前应关闭机床防护门，以确保操作者的安全。

（6）操作机床前应先确认机床的工作方式是否正确。

（7）出现紧急状况时应先按下"急停"按钮，并报告指导老师。

（8）每次实训下班前应按照 7S 管理的规范与标准整理实训现场。

2. 归纳整理

通过完成数控铣床操作项目的运作和实施，归纳、整理你的学习心得。

_____

_____

_____

_____

模块二　平面类零件的铣削技术

素养拓展

  **模块简介**

　　平面在机械零件中是最常见的结构之一，如三坐标仪平板和铸铁平台。平面类零件是指加工平面与水平面平行或与水平面垂直的零件。平面铣适用于平面区域和台阶面的加工，它通过逐层切削工件来创建刀具路径，可用于零件的粗、精加工，尤其适用于需大量切除材料的场合。铣大平面时，一般采用刀片镶嵌式盘形铣刀；铣小平面或台阶面时，一般采用通用铣刀。本模块通过量具研磨台面的铣削和阶梯垫块的铣削两个项目的学习，熟练掌握平面零件的编程与加工。

三坐标仪平板

铸铁平台

  学习导航

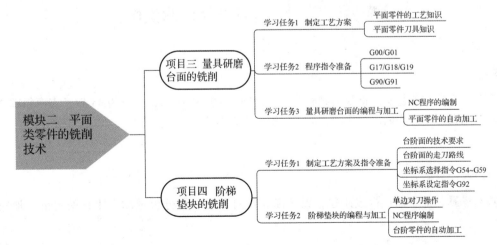

学习目标

【知识目标】

1. 掌握平面类零件的工艺及刀具知识
2. 掌握编程指令 G00/G01、G90/G91、G17/G18/G19
3. 掌握坐标系选择指令 G54～G59 及坐标系设定指令 G92
4. 掌握平面类零件的加工工艺理论知识
5. 掌握台阶零件的加工工艺理论知识
6. 掌握平面类零件的刀具理论知识

【技能目标】

1. 熟练分中、单边对刀的操作方法及多把刀对刀的刀补设置
2. 能根据零件加工要求,查阅相关资料,正确并合理选用刀具、量具、工具和夹具
3. 能根据工件的结构形状选择正确的装夹定位方法
4. 能用所学的指令对平面类零件进行编程与自动加工操作
5. 能独立操作数控铣床,并能校验、修改程序及解决加工过程中遇到的问题
6. 能控制平面类零件的加工质量,并完成零件的检测

【素养目标】

1. 培养理论联系实际、脚踏实地的精神
2. 培养爱岗敬业、精益求精的工匠精神
3. 养成遵守纪律、规范操作、团队协作的职业素养
4. 培养热爱劳动、劳动光荣的精神,因为真理都是从人类的劳动中产生的

项目三 量具研磨台面的铣削

项目导入

某生产厂家需要加工一批量具研磨台面,如图 3-0-1 所示,材料为 45 钢,表面粗糙,有氧化皮,需要对零件表面进行铣削,加工深度为 1.5 mm。

项目分析

业精于勤,荒于嬉;行成于思,毁于随。我们先把项目分析透彻,才有助于更好地完成项目。

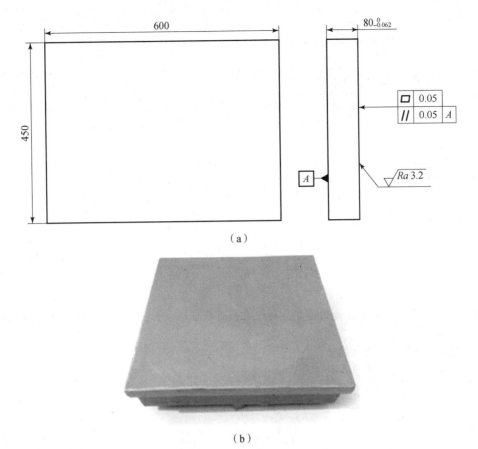

图 3 – 0 – 1 量具研磨台面

(a) 零件图；(b) 实物图

1. 加工对象

(1) 在零件进行铣削加工前，先分析零件图纸，确定加工对象。

本项目的加工对象是 _____。

(2) 零件要重点保证的尺寸是 _____。

2. 加工工艺内容

(1) 根据零件图纸，选择相应毛坯的材质为 _____、毛坯尺寸为 _____。

(2) 根据零件图纸尺寸结构，该项目选择数控铣床的型号：_____。

(3) 根据零件图纸，选择正确的夹具：_____。

(4) 根据零件图纸，选择正确的刀具：_____。

(5) 根据零件图纸，确定走刀路线：_____

_____。

(6) 根据零件图纸，确定切削参数：_____

_____。

3. 程序编制

编制该项目的 NC 程序需用的功能指令有 _____

编程时刀具步距取值为 _____

加工深度（Z 值）为 _____

4. 零件加工

（1）零件加工的工件原点确定在什么位置？

_____

（2）零件的装夹定位方式是什么？

_____

（3）加工程序的调试操作步骤是什么？

_____

5. 零件检测

（1）零件检测使用的量具都有哪些？

_____

（2）零件检测的标准有哪些？

_____

项目分解

　　记事者必提其要，纂言者必钩其玄，通过前面对项目的分析，我们把该项目分解成三个学习任务：
　　学习任务1：制定工艺方案
　　学习任务2：程序指令准备
　　学习任务3：量具研磨台面的编程与加工

项目分工

　　分工协作，各尽其责，知人善任。将全班同学每4~6人分成一小组，每个组员都有明确的分工，并且每人在不同任务中轮流担任组长，轮流不同的岗位，做到每个人都有平等机会锻炼学习能力、管理能力和组织协调能力，在实施任务的过程中充分体现团队合作精神，培育工匠精神及提升职业素养。项目分工见表3-0-1。

表3-0-1　项目分工表

组　名		组　长		指导老师	
学　号	成　员	岗位分工		岗位职责	
		项目经理		对整个项目总体进行统筹、规划，把握进度及各组之间的协调沟通等工作	
		工艺工程师		负责制定工艺方案	
		程序工程师		负责编制加工程序	
		数控铣技师		负责数控铣床的操作	
		质量工程师		负责验收，把控质量	
		档案管理员		做好各个环节的记录，录像留档，便于项目的总结复盘	

学习任务1 制定工艺方案

任务发放

任务编号	3－1	任务名称	制订工艺方案	建议学时	2 学时
任务安排					

(1) 设计平行面零件走刀路径及选择刀具
(2) 掌握平面铣削常用刀具类型
(3) 确定平面铣削切削参数

任务导学

导学问题 1：如何根据零件铣削平面的宽度来确定刀具直径？

导学问题 2：平面铣削通常有哪些刀具？该如何选择刀具类型？

导学问题 3：如何根据平面及刀具来确定切削参数？

知识链接

1. 平行面铣削刀路设计

1) 刀具直径大于平行面宽度

当刀具直径大于平行面宽度时，铣削平行面可分为对称铣削、不对称逆铣
与不对称顺铣三种方式。

平面零件的工艺

（1）对称铣削

铣削平行面时，铣刀轴线位于工件宽度的对称线上。刀齿切入与切出时的切削厚度相同且
不为零，这种铣削称为对称铣削，如图 3－1－1（a）所示。一般只有在工件宽度接近铣刀直径
时才采用对称铣削。

（2）不对称逆铣

铣削平行面，当铣刀以较小的切削厚度（不为零）切入工件，以较大的切削厚度切出工件
时，这种铣削称为不对称逆铣，如图 3－1－1（b）所示。采用不对称逆铣，切入厚度小，可以
减小冲击，有利于提高铣刀的耐用度，适合铣削碳钢和一般合金钢。这是最常用的铣削方式。

（3）不对称顺铣

铣削平行面，当铣刀以较大的切削厚度切入工件，以较小的切削厚度切出工件时，这种铣削
称为不对称顺铣，如图 3－1－1（c）所示。不对称顺铣时，刀齿切入工件时虽有一定的冲击，
但可避免刀刃切入冷硬层，并可减少硬质合金刀具的热裂磨损。

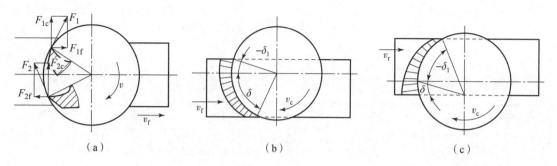

图 3-1-1　三种铣削方式

(a) 对称铣削；(b) 不对称逆铣；(c) 不对称顺铣

当铣刀直径大于平行面宽度时，应根据工件宽度来选择最佳的铣刀直径，D 的范围为 $(1.3 \sim 1.5)$ WOC（切削宽度），如图 3-1-2 所示。

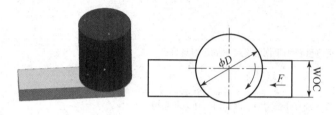

图 3-1-2　刀具直径大于平面宽度铣刀直径选择

2）刀具直径小于平行面宽度

当工件平面较大、无法用一次进给切削完成时，就需要采用多次进刀切削，而两次进给之间就会产生重叠接刀痕。一般大面积平行面铣削有以下三种进给方式。

（1）环形进给，如图 3-1-3 (a) 所示。

这种加工方式的刀具总行程最短，生产效率最高。

（2）周边进给，如图 3-1-3 (b) 所示。

这种加工方式的刀具行程比环形进给要长，由于工件的四角被横向和纵向进刀切削两次，故其精度明显低于其他平面。

（3）平行进给，如图 3-1-3 (c) 和图 3-1-3 (d) 所示。

平行进给就是在一个方向单程或往复直线走刀切削，所有接刀痕都是平行的直线，单向走刀加工平面度精度高，但切削效率低；往复走刀平面度精度低，但切削效率高。对于要求精度较高的大型平面，一般都采用单向平行进刀方式。

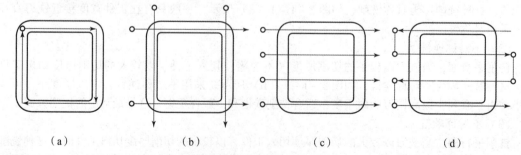

图 3-1-3　当刀具小于平行面宽度时的刀路设计

(a) 环形进给；(b) 周边进给；(c) 单向平行进给；(d) 往复平行进给

当铣刀具直径小于平行面宽度时，选择适当的走刀路线及行距也可以获得良好的效果，WOC（行距）=0.75D（刀具直径），如图 3-1-4 所示。

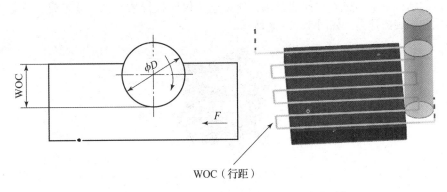

图 3-1-4　刀具直径小于平面宽度铣刀直径选择

探讨交流 1：选择平面进给方式的原则是什么？

2. 平面铣削常用刀具类型

1）可转位硬质合金面铣刀

可转位硬质合金面铣刀由一个刀体及若干硬质合金刀片组成，其结构如图 3-1-5 所示，刀片通过夹紧元件夹固在刀体上。按主偏角 k_r 值的大小分类，可转位硬质合金面铣刀可分为 45°和 90°等类型。

（a）　　　　　　　　　　（b）

图 3-1-5　可转位硬质合金面铣刀

（a）90°可转位硬质合金面铣刀；（b）45°可转位硬质合金面铣刀

可转位硬质合金面铣刀具有铣削速度高、加工效率高、所加工的表面质量好，并可加工带有硬皮和淬硬层工件的优点，因而得到了广泛的应用。其适用于平面铣、台阶面铣及坡走铣等场合，如图 3-1-6 所示。

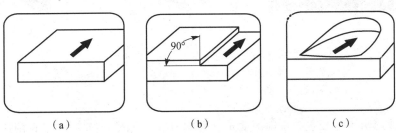

（a）　　　　　　　　　　（b）　　　　　　　　　　（c）

图 3-1-6　可转位硬质合金面铣刀的铣削形式

（a）平面铣；（b）台阶面铣；（c）坡走铣

2）可转位圆刀片铣刀

这类刀具的结构与可转位硬质合金面铣刀相似，只是刀片为圆形，如图3-1-7所示。由于其圆形刀片的结构赋予其更大的使用范围，所以它不仅能执行平面铣、坡走铣，还能进行型腔铣、曲面铣和螺旋插补等，如图3-1-8所示。

图3-1-7　可转位圆刀片铣刀

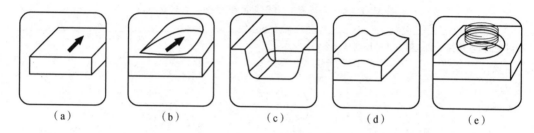

图3-1-8　可转位硬质合金面铣刀的铣削形式
（a）平面铣；（b）坡走铣；（c）型腔铣；（d）曲面铣；（e）螺旋插补

3）立铣刀

在特殊情况下，也可用立铣刀进行平行面铣削。立铣刀的结构形式及材料如图3-1-9所示。立铣刀圆柱表面的切削刃为主切削刃，端面上的切削刃为副切削刃。主切削刃一般为螺旋齿，可以增加切削平稳性，提高加工精度。由于普通立铣刀端面中心处无切削刃，所以立铣刀通常不能做轴向进给，端面刃主要用来加工与侧面相垂直的底平面。

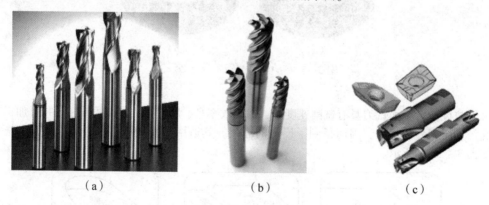

图3-1-9　常用立铣刀结构形式及材料
（a）高速钢立铣刀；（b）整体硬质合金面立铣刀；（c）可转位立铣刀

3. 切削用量的选择

平面铣削切削用量主要包含铣削深度 a_p（背吃刀量，见图3-1-10）、铣削速度 v_c 及进给速度 F。

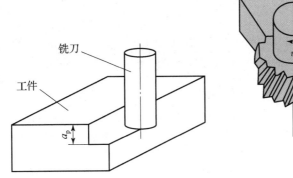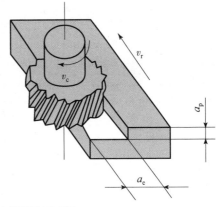

图 3 – 1 – 10　铣削用量示意图

1）背吃刀量 a_p 的选择

在加工平面余量不大的情况下，应尽量一次进给铣去全部的加工余量。只有当工件的加工精度较高时，才分粗、精加工平面；而当加工平面的余量较大、无法一次去除时，则要进行分层铣削，此时背吃刀量 a_p 值可参考表 3 – 1 – 1 来选择。

表 3 – 1 – 1　铣削深度选择推荐表　　　　　　　　　　　　　　　mm

工件材料	高速钢铣刀		硬质合金铣刀	
	粗铣	精铣	粗铣	精铣
铸铁	5 ~ 7	0.5 ~ 1	10 ~ 18	1 ~ 2
低碳钢	< 5	0.5 ~ 1	< 12	1 ~ 2
中碳钢	< 4	0.5 ~ 1	< 7	1 ~ 2
高碳钢	< 3	0.5 ~ 1	< 4	1 ~ 2

2）铣削速度 v_c 的确定

当 a_p 选定后，应在保证合理刀具寿命的前提下，确定其铣削速度 v_c。粗铣时，确定铣削速度必须考虑到机床的许用功率。如果超过机床的许用功率，则应适当降低铣削速度。精铣时，一方面应考虑合理的铣削速度，保证表面质量；另一方面应考虑刀尖磨损带给加工精度的影响。因此，应选用耐磨性较好的刀具材料，并尽可能使其在最佳铣削速度范围内工作。

铣削速度可在表 3 – 1 – 2 推荐的范围内选取，并根据实际情况进行试切后调整。

在完成 v_c 值的选择后，应根据公式（3.1）计算出主轴转速 n 值，即

$$n = 1\,000 v_c / \pi D \tag{3.1}$$

式中：n——主轴转速（r/min）；

D——铣刀直径（mm）。

3）确定进给速度 F

铣刀的进给速度大小直接影响工件的表面质量及加工效率，因此进给速度选择的合理与否非常关键。进给速度 F 通常根据式（3.2）计算求得，即

$$F = f \cdot z \cdot n \tag{3.2}$$

式中：f——铣刀每齿进给量（mm/z）；

z——铣刀齿数；

n——主轴转速（r/min）。

表 3 – 1 – 2 铣削速度推荐表

工件材料	铣削速度		说明
	高速钢铣刀	硬质合金铣刀	
低碳钢	20 ~ 45	150 ~ 190	粗铣时取小值，精铣时取大值。工件材料强度和硬度较高时取小值，反之取大值。刀具材料耐热性好时取大值，反之取小值
中碳钢	20 ~ 35	120 ~ 150	
合金钢	15 ~ 25	60 ~ 90	
灰口铸铁	14 ~ 22	70 ~ 100	
黄铜	30 ~ 60	120 ~ 200	
铝合金	112 ~ 300	400 ~ 600	
不锈钢	16 ~ 25	50 ~ 100	

刀具铣削时的每齿进给量 f 值可参考表 3 – 1 – 3 来选取。

表 3 – 1 – 3 铣刀每齿进给量 f 选择推荐表   mm/z

刀具名称	高速钢铣刀		硬质合金铣刀	
	铸铁	钢件	铸铁	钢件
圆柱铣刀	0.12 ~ 0.20	0.1 ~ 0.15	0.2 ~ 0.5	0.08 ~ 0.20
立铣刀	0.08 ~ 0.15	0.03 ~ 0.06	0.2 ~ 0.5	0.08 ~ 0.20
套式面铣刀	0.15 ~ 0.20	0.06 ~ 0.10	0.2 ~ 0.5	0.08 ~ 0.20
三面刃铣刀	0.15 ~ 0.25	0.06 ~ 0.08	0.2 ~ 0.5	0.08 ~ 0.20

探讨交流2：如果选用一把 $\phi 10$ mm 的三刃立铣刀，刀具材料为硬质合金，工件材料为铸铁，试给出合理的转速和进给速度。

任务实施

1. 工艺路线定制

因加工平面较大，故选用 $\phi 160$ mm 可转位硬合金面铣刀来铣削工件；为提高加工效率，粗铣采用平行往复铣削方式的走刀路线。WOC = 160 × 0.75 = 120 （mm），设计走刀路线如图 3 – 1 – 11 所示。

2. 切削用量表

制定切削用量，见表 3 – 1 – 4。

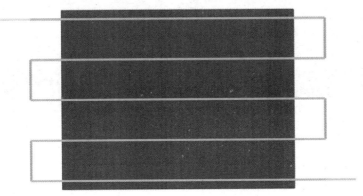

图 3 - 1 - 11　工艺路线图

表 3 - 1 - 4　切削用量

工步	加工内容	刀具规格	刀号	切削深度 /mm	主轴转速 /(r·min⁻¹)	进给速度 /(mm·min⁻¹)
1	粗加工	ϕ160 mm 可转位硬质 合金面铣刀	T01	1.0	2 500	400
2	精加工	ϕ160 mm 可转位硬质 合金面铣刀	T01	0.5	3 000	600

在表 3 - 1 - 5 中记录任务实施情况、存在的问题及解决措施。

表 3 - 1 - 5　任务实施情况表

任务实施情况	存在问题	解决措施

请为自己小小的成功喝彩，珍惜每一次努力后的收获，并将其作为继续学习的动力。

各组展示自己第一个任务的成果，介绍任务完成过程及制作整个运作过程的视频、零件检测结果、技术文档并提交汇报材料，进行小组自评、组间互评和教师点评，完成如表 3 - 1 - 6 所示的考核评价表。

表 3 - 1 - 6　考核与评价表

姓名：		班级：		单位：			
序号	项目	考核内容		配分	自评 (20%)	互评 (30%)	师评 (50%)
1	工艺路线	工艺路线制定的合理性		20			

姓名：		班级：		单位：			
序号	项目	考核内容	配分	自评 （20%）	互评 （30%）	师评 （50%）	
2	刀具选择	刀具类型及刀具直径的选择	20				
3	切削用量	切削用量的合理确定	35				
4	职业素养	团队精神：分工合理、执行能力、服从意识	5				
		安全生产：安全着装，按规程操作。	5				
		文明生产：文明用语，7S管理（整理、整顿、清扫、清洁、素养、安全、节约）	5				
5	创新意识	创新性思维和行动	10				
总计							
组长签名：			教师签名：				

 检测巩固

恭喜你已经完成学习任务1，现通过以下测试题来检验我们前面所学，以便自查和巩固知识点。

（1）平面铣削中，刀具相对于工件的位置选择是否合适将影响到切削加工的状态和质量，采用盘铣刀铣平面时，如图3－1－12所示，刀具中心线位置选择以下哪种较好？为什么？

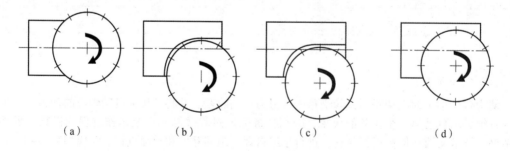

（a） （b） （c） （d）

图3－1－12 刀具中心位置图

（a）中心线重合；（b）刀具中心在工件边缘；
（c）刀具中心在工件之外；（d）刀具中心在工件中心线与边缘之间

（2）如果选用一把 $\phi 20$ mm 的硬质合金钢四刃立铣刀来精加工一块 $100 \times 100 \times 25$ （mm）平面零件，零件材料为低碳钢，试确定其切削用量。

学习任务 2　程序指令准备

任务发放

任务编号	3 – 2	任务名称	程序指令准备	建议学时	2 学时
任务安排					

(1) 掌握 G00/G01 快速定位与直线插补指令
(2) 掌握 G17/G18/G19 坐标平面选择指令
(3) 掌握 G90/G91 绝对坐标与增量坐标指令

任务导学

导学问题 1：G00 与 G01 的联系和区别是什么？它们分别在什么情况下使用？
导学问题 2：系统默认的平面选择指令是哪个？
导学问题 3：绝对坐标是根据什么坐标系来计算的？增量坐标又是如何计算的？

知识链接

1. G00——快速定位指令

指令格式：

G00 X_Y_Z_;

程序中：X_Y_Z_——刀具运动的目标点坐标，当使用增量编程时，X_ Y_ Z_为
目标点相对于刀具当前位置的增量坐标，同时不运动的坐标可以不写。

其速度由机床参数（大多设定为 400 mm/min）及快速进给倍率决定。

如图 3 – 2 – 1 所示，刀具从当前点 O 快速定位至目标点 A(X45 Y30 Z20)，
若按绝对坐标编程，则其程序段如下：

G00/G01、
G17/G18/G19、
G90/G91 指令

```
G00 X45.0 Y30.0 Z20.0;
```

执行此程序段后，刀具的运动轨迹由标识①所示的三段折线组成。由此可以看出，刀具在以
三轴联动方式定位时，首先沿正方体（三轴中最小移动量为边长）的对角线移动，然后再以正
方形（剩余两轴中最小移动量为边长）的对角线运动，最后再走剩余轴长度。

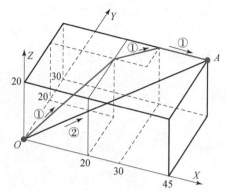

图 3 – 2 – 1   G00 指令的运动轨迹

因此，在执行 G00 时，为避免刀具与工件或夹具相撞，通常采用以下两种方式编程。

（1）刀具从上向下移动时。

编程格式：G00 X_Y_;

　　　　　　Z_;

（2）刀具从下向上移动时。

编程格式：G00 Z_ ;

　　　　　　X_ Y_;

2. G01——直线插补指令

指令格式：

G01 X_Y_Z_F_;

程序中：X_Y_Z_——刀具运动的目标点坐标，当使用增量编程时，X_Y_Z_为目标点相对于刀具当前位置的增量坐标，同时不运动的坐标可以不写；

　　　　F_——指定刀具切削时的进给速度。

如图 3 – 2 – 2 所示，刀具从当前点 O 以 F 为 200 mm/min 的进给速度切削至目标点 A（X45 Y30 Z20），若按绝对坐标编程，则其程序段如下：

```
G01 X45.0 Y30.0 Z20.0 F200;
```

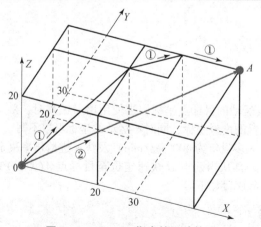

图 3 – 2 – 2   G01 指令的运动轨迹

执行此程序段后，刀具以两个端点间最短的距离从一个位置移动到另一个位置，即以进给速度 F200 按标识②所示的直线段走刀。G01 是非常重要的编程功能，主要应用于轮廓加工和成形加工中。

3. G17/G18/G19——坐标平面选择指令

指令格式：

G17/G18/G19；

程序中：G17——指定 XY 坐标平面；

G18——指定 XZ 坐标平面；

G19——指定 YZ 坐标平面。

一般情况下，机床开机后，G17 为系统默认状态，在编程时 G17 可省略。

数控铣床或加工中心进行工件加工前，只有先指定一个坐标平面，即确定一个二坐标的坐标平面，才能使机床在加工过程中正常执行刀具半径补偿及刀具长度补偿功能，如图 3 – 2 – 3 所示。坐标平面选择指令的主要功能就是指定加工时所需的坐标平面。

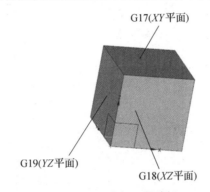

图 3 – 2 – 3　坐标平面选择

G17、G18、G19 三个坐标平面的含义如表 3 – 2 – 1 所示。

表 3 – 2 – 1　G17、G18、G19 三个坐标平面的含义

指令	坐标平面	垂直坐标
G17	XY	Z
G18	XZ	Y
G19	YZ	X

4. G90/G91——绝对尺寸与增量尺寸指令

G90——程序段的坐标值按绝对坐标编程。

G91——程序段的坐标值按增量坐标编程。

绝对坐标所表示的刀具（或机床）运动位置的坐标值，都是相对于编程原点给出的。增量坐标所表示的刀具运动位置的坐标值是相对于前一位置的，即坐标原点是平行移动的。相对坐标与运动方向有关。

例：如图 3 – 2 – 4 所示，已知编程原点在 O 点，刀具中心运动轨迹为 A – B – C，要求分别用绝对坐标与增量坐标编程。

G90 时：

```
G90 G00 X35.0 Y50.0;
     X90.0;
```

G91 时：

```
G91 G00 X25.0 Y40.0;
     X55.0;
```

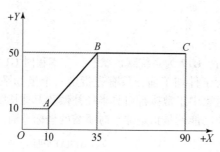

图 3 – 2 – 4　绝对与增量坐标编程图

探讨交流 2：为确认走刀安全，G91 在使用时的注意事项是什么？

 任务实施

（1）分别用 G00 和 G01 指令写出如图 3 – 2 – 5 所示从 O 点运动到 A 点，再到 B 点的程序段，并要求分别画出运动轨迹线。

（2）加工如图 3 – 2 – 6 所示零件，当铣削圆弧面 1 时，应该选择在哪个平面内进行圆弧插补？当铣削圆弧面 2 时，又该选择在哪个平面内进行加工？

（3）如图 3 – 2 – 7 所示，刀具从 A 点快速移动至 C 点，使用绝对坐标与增量坐标方式编程。

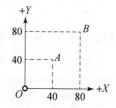

图 3 – 2 – 5　G00/G01 走刀图

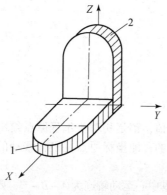

图 3 – 2 – 6　加工平面选择

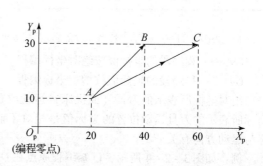

图 3 – 2 – 7　绝对坐标与增量坐标

在表 3 - 2 - 2 中记录任务实施情况、存在的问题及解决措施。

表 3 - 2 - 2　任务实施情况表

任务实施情况	存在问题	解决措施

 考核评价

请为自己小小的成功喝彩，珍惜每一次努力后的收获，并将其作为继续学习的动力。

各组展示自己第二个任务的学习成果，介绍任务完成过程及制作整个运作过程的视频、零件检测结果、技术文档并提交汇报材料，进行小组自评、组间互评和教师点评，完成如表 3 - 2 - 3 所示的考核评价表。

表 3 - 2 - 3　评价表

姓名：		班级：		单位：			
序号	项目	考核内容	配分	自评 （20%）	互评 （30%）	师评 （50%）
1	G00/G01	格式书写正确，场合选用合理，程序段正确	30			
2	G17/G18/G19	三个指令代表的平面，正确选择平面	20			
3	G90/G91	灵活运用绝对和增量指令，程序书写正确，计算数值无误	15			
4	职业素养	团队精神：分工合理、执行能力、服从意识	5			
		安全生产：安全着装，按规程操作	5			
		文明生产：文明用语，7S 管理（整理、整顿、清扫、清洁、素养、安全、节约）	5			
5	创新意识	创新性思维和行动	10			
		总计				
	组长签名：		教师签名：			

检测巩固

恭喜你已经完成学习任务 2，现通过以下测试题来检验我们前面所学，以便自查和巩固知识点。

（1）如图 3 - 2 - 8 所示，用所学指令编写 1 - 2 - 3 - 4 - 1 直线轮廓的程序，工件材料为铝。

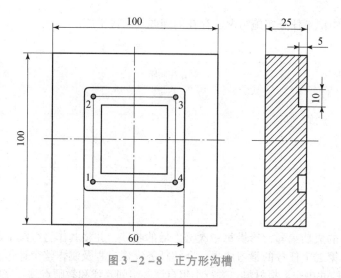

图 3 - 2 - 8　正方形沟槽

（2）如图 3 - 2 - 9 所示，用所学指令编写如图 3 - 2 - 9 所示的字母沟槽，沟槽深度为 0.5 mm，已知零件材料为铝，毛坯六面已加工。

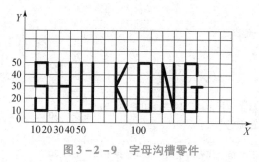

图 3 - 2 - 9　字母沟槽零件

学习任务 3　量具研磨台面的编程与加工

任务发放

任务编号	3 - 3	任务名称	量具研磨台面的编程与加工	建议学时	4 学时
任务安排					

（1）编写量具研磨台面的程序
（2）用仿真软件验证程序
（3）上机操作，加工量具研磨台面零件

任务导学

导学问题 1：编制加工程序时应该注意哪些事项？

导学问题2：如何把加工程序导入仿真软件？
导学问题3：加工平面零件的注意事项是什么？

知识链接

1. 工件坐标系建立

为方便加工，确定该工件编程原点在工件正上方的几何中心点上，分中对刀找到加工原点。

平面零件编程

2. 编制 NC 程序

编制参考程序，见表3-3-1。

表3-3-1 平面零件参考程序

粗加工程序	程序说明
O3001	程序名
N30 G54 G90 G49 G40 G69;	程序初始化
N40 M03 S2500;	主轴正转，转速为 2 500 r/min
N50 M08;	开冷却液
N60 G00 Z100.;	把刀具抬到离上表面100 mm处
N70 X385. Y155.;	XY轴快速定位至下刀点
N80 Z5.;	快速下刀至起始平面
N90 G01 Z-1.0 F400;	Z轴定位到加工深度 Z-1
N100 G91 G01 X-770. F200;	相对坐标编程方式，直线插补走刀
N110 Y-120.;	平面往复进给加工，往复5次
N120 X770.;	
N130 Y-120.;	
N140 X-770.;	
N150 Y-120.;	
N160 X770.;	
N170 Y-120.;	
N180 X-770.;	

粗加工程序	程序说明
N190 G90 G00 Z100. M09；	快速抬刀至安全位置，关闭冷却液
N200 M05；	主轴停止
N210 M30；	程序结束并返回程序头

注：粗、精加工的程序切削用量参照表 3 - 1 - 4。精加工程序只要在粗加工程序基础上相应地修改切削参数，加工深度 Z 改为 - 1.5 mm 即可，不必另写程序。

探讨交流1：平面质量的好坏主要指什么？影响平面度的因素有哪些？影响表面粗糙度的因素有哪些？

3. 仿真加工知识

熟悉南京斯沃的仿真操作，把程序导入仿真系统，如图 3 - 3 - 1 所示，然后进行验证。

仿真加工实例

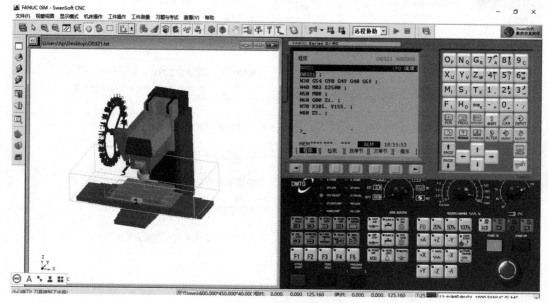

图 3 - 3 - 1 仿真界面

平面零件加工示例

1. 领用工具

加工量具研磨台面所需的工、刃、量具见表3－3－2。

表3－3－2　量具研磨台的工、刃、量具清单

序号	名称	规　　格	数量	备注
1	平面度测量仪		1个	
2	百分表	0~10 mm，0.01 mm	1个	
3	立铣刀	ϕ160 mm 可转位硬合金面铣刀	1把	
4	辅具	垫块 5 mm、10 mm、15 mm	各1块	
5	坯料	600×450×80（mm）的45钢板料	1块	
6	其他	棒槌、铜皮、毛刷、锉刀等常用工具；计算机、计算器、编程工具书等		选用

2. 加工准备

（1）阅读零件图，并检查坯料的尺寸。

（2）依照顺序打开车间的电源、机床主电源、操作箱上的电源开关，开机并回零。

（3）安装工件及刀具，安装时要用定位块定位，工件要凸出虎钳 10 mm 左右，以便于对刀和加工。

（4）清理工作台、夹具、工件，并正确装夹工件，确保工件定位、夹紧稳固可靠，通过手动方式将刀具装入主轴中。

3. 对刀，设定工件坐标系

（1）安装加工铣刀。

（2）通过分中对刀把工件坐标系设定在工件上表面正中心点上。

4. 输入并检验程序

先在仿真系统中输入编写的程序，并校验。仿真校验合格后，将平面铣削的 NC 输入数控系统中，检查程序，确保程序正确无误。

5. 空运行及仿真

把基础坐标系中 Z 方向值变为 +50 进行空运行或用机床锁住功能进行空运行，观察程序运行情况及加工轨迹；空运行结束后，取消空运行设置。通过机床锁住功能进行空运行后，机床应重回参考点。

6. 执行零件加工

将工件坐标系恢复至原位，取消空运行，对零件进行首次加工。加工时，应确保冷却充分和排屑顺利。应用量具直接在工作台上检测工件相关尺寸，根据测量结果调整 NC 程序，再次进行零件平面铣削。如此反复，最终将零件尺寸控制在规定的公差范围内。

7. 零件检测

零件加工后，进行尺寸检测，检测结果写入评分表。

8. 加工结束，清理机床

在确保零件加工完成及各尺寸在公差范围内之后，拆除工件，去毛刺，进一步清理工件。清

扫机床，擦净刀具、量具等用具，并按规定摆放整齐。严格按机床操作规程关闭机床。

在表3-3-3中记录任务实施情况、存在的问题及解决措施。

表3-3-3　任务实施情况表

任务实施情况	存在问题	解决措施

考核评价

请为自己小小的成功喝彩，珍惜每一次努力后的收获，并将其作为继续学习的动力。

各组展示自己的产品，介绍任务完成过程及制作整个运作过程的视频、零件检测结果、技术文档并提交汇报材料，进行小组自评、组间互评和教师点评，完成如表3-3-4所示的考核评价表。

表3-3-4　考核与评价表

姓名：　　　　　　　　班级：　　　　　　　　单位：						
序号	项目	考核内容	配分	自评（20%）	互评（30%）	师评（50%）
1	尺寸精度	各外形尺寸符合图纸要求，超差不得分	30			
2	表面粗糙度	要求达 $Ra3.2\,\mu m$，超差不得分	10			
3	程序编制	程序格式代码正确，能够对程序进行校验、修改等操作，刀具轨迹显示正确、程序完整	15			
4	加工操作	正确安装工件，回参考点，建立工件坐标系，自动加工	20			
5	职业素养	团队精神：分工合理、执行能力、服从意识	5			
		安全生产：安全着装，按规程操作	5			
		文明生产：文明用语，7S管理（整理、整顿、清扫、清洁、素养、安全、节约）	5			
6	创新意识	创新性思维和行动	10			
		总计				
组长签名：　　　　　　　　　　　教师签名：						

恭喜你完成学习任务，操千曲而后晓声，观千剑而后识器，接着通过下面的练习来拓展理论知识，提高实践水平。请根据前面学习任务的实施步骤完成下面的练习。

（1）在数控铣床上完成如图3-3-2所示圆柱支承零件上下表面的编程与加工，工件材料为45钢。

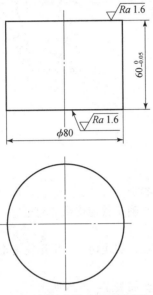

图3-3-2　圆柱支承上下面铣削加工图

（2）要求完成如图3-3-3所示凸台底座零件的编程，并在数控铣床上进行加工，台阶面已加工好，要求加工上表面，工件材料为45钢。

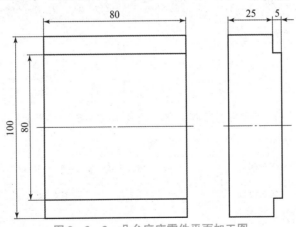

图3-3-3　凸台底座零件平面加工图

项目复盘

千淘万漉虽辛苦，千锤百炼始成金。复盘有助于我们找到规律，固化流程，升华知识。

　1. 项目完成的基本过程

通过前面的学习，梳理出平面零件的铣削加工过程。

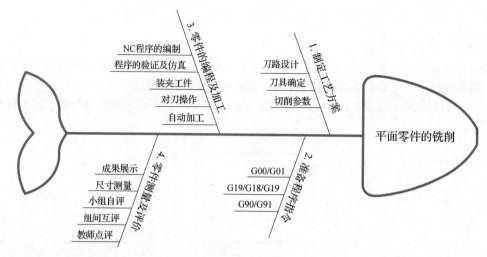

2. 制定工艺方案

（1）制定工艺方案的过程。

①确定加工内容：零件的表面。

②毛坯的选择：根据零件图纸确定。

③机床选择：根据零件结构大小确定数控铣床的型号。

④确定装夹方案和定位基准。

⑤确定加工工序：先确定下刀点，切线切入，采用往复走刀的方式提高生产效率。

⑥选择刀具及切削用量。

确定刀具几何参数及切削参数，如表3-3-5所示。

表3-3-5 刀具及切削用量表

工步	加工内容	刀具规格	刀号	切削深度/mm	主轴转速/(r·min^{-1})	进给速度/(mm·min^{-1})	刀具半径补偿/mm

⑦结合零件加工工序安排和切削参数，填写如表3-3-6的工艺卡片。

表3-3-6 零件加工工艺卡

材料		零件图号		零件名称			工序号	
程序名		机床设备			夹具名称			
工步号	工步内容（走刀路线）		G 功能	T 刀具	切削用量			
					转速 n/(r·min^{-1})	进给量 f/(mm·r^{-1})	背吃刀量 a_p/mm	

（2）查阅平面铣刀的相关资料，把平面铣刀的规格、型号、种类和表示方法等记录如下。

_____

_____

_____

_____

3. 程序编制

（1）下刀点的确定方法：_____

（2）确定下刀点后，刀具进行下刀，然后开始切削，往复切削每一行的坐标点如何计算？

_____

_____

4. 自动加工

自动加工零件的步骤：输入数控加工程序→验证加工程序→零件加工对刀操作→零件加工。

为了确保走刀安全，加工前要进行的操作是_____

机床在自动加工时，操作者应该_____

加工完成后，如何检测零件的平面？

_____

 项目总结

　　本项目主要学习平行面零件的工艺方案确定及相关指令的使用，掌握平行面零件的编程与加工。平面铣削质量的好坏主要是由平面度和表面粗糙度决定的，它不仅与铣削时所选用的机床、夹具和铣刀质量的好坏有关，而且还与铣削用量和切削液的合理选用等诸多因素有关。经验总结如下：

1. 影响平面度的因素

（1）圆柱形铣刀的圆柱度误差大。

（2）端铣刀铣削平面时铣床主轴轴线与进给方向不垂直。

（3）工件受夹紧力和切削力作用而产生变形。

（4）工件本身因内应力或因铣削而产生热变形。

（5）铣削时，因条件限制，所用的圆柱形铣刀的宽度或因面铣刀（面铣刀也称为端铣刀）的直径小于被加工面的宽度而产生接刀痕。

2. 影响表面粗糙度的因素

（1）铣刀磨损，其刃口变钝。

（2）铣削时，进给量太大。

（3）铣削时，机床有振动。

（4）铣削时有"积屑瘤"产生或有切削粘刀现象。

（5）铣削时有拖刀现象。

（6）在铣削过程中因进给停顿而产生"深啃"。

3. 平面加工常遇到的问题及解决措施

（1）刀具运动时与工件或夹具发生碰撞。

原因是编程时 G00 与 G01 三轴联动时刀具和其他零件间发生了干涉。

措施：不轻易三轴联动，一般先移动一个轴，再在其他两轴构成的面内联动。

例如：进刀时，先在安全高度 Z 上移动（联动）XY 轴，再下移 Z 轴到工件附近。退刀时，

先抬 Z 轴，再移动 XY 轴。

（2）铣削时加工表面出现接刀痕。

原因是铣削时因条件限制所用的圆柱形铣刀的宽度或面铣刀的直径小于被加工面的宽度而产生接刀痕。

措施：依据加工工件结构特点选择合适刀具，精加工时步距尺寸尽量小。

4. 归纳整理

通过完成量具研磨台面铣削项目的运作和实施，归纳、整理你的学习心得。

_____

_____

_____

_____

项目四　　　阶梯垫块的铣削

项目导入

某生产车间要求在数控铣床上完成一批如图 4-0-1 所示的阶梯垫块的铣削，材料为 45 钢。

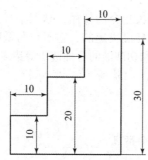
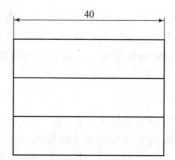

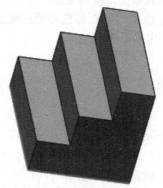

图 4-0-1　阶梯垫块零件图

项目分析

业精于勤，荒于嬉；行成于思，毁于随。我们先把项目分析透彻，才有助于更好地完成项目。

1. 加工对象

(1) 在零件进行铣削加工前, 先分析零件图纸, 确定加工对象。
本项目的加工对象是_____。
(2) 台阶零件要保证的尺寸是_____。

2. 加工工艺内容

(1) 根据零件图纸, 选择相应毛坯的材质为_____、毛坯尺寸为_____
_____。
(2) 根据零件图纸尺寸结构, 该项目选择数控铣床型号: _____。
(3) 根据零件图纸, 选择正确的夹具: _____。
(4) 根据零件图纸, 选择正确的刀具: _____。
(5) 根据零件图纸, 确定走刀路线: _____
_____。
(6) 根据零件图纸, 确定切削参数: _____
_____。

3. 程序编制

编制该项目的 NC 程序所需用的功能指令有哪些?
_____
加工深度 (Z 值) 分层设置_____

4. 零件加工

(1) 该台阶零件加工的工件原点确定在什么位置?
_____
(2) 零件的装夹定位方式是什么?
_____

5. 零件检测

(1) 零件检测使用的量具有哪些?
_____
(2) 零件检测的标准有哪些?
_____

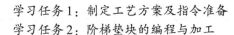

学习任务1: 制定工艺方案及指令准备
学习任务2: 阶梯垫块的编程与加工

分工协作, 各尽其责, 知人善任。将全班同学每 4 ~ 6 人分成一小组, 每个组员都有明确的分工, 并且每人在不同任务中轮流担任组长, 轮流不同的岗位, 做到每个人都有平等机会锻炼学习能力、管理能力和组织协调能力, 在实施任务的过程中充分体现团队合作精神, 培育工匠精神及提升职业素养。项目分工见表 4 - 0 - 1。

表 4 - 0 - 1　项目分工表

组　名		组　长		指导老师	
学　号	成员	岗位分工		岗位职责	
		项目经理		对整个项目总体进行统筹、规划，把握进度及各组之间协调沟通等工作	
		工艺工程师		负责制定工艺方案	
		程序工程师		负责编制加工程序	
		数控铣技师		负责数控铣床的操作	
		质量工程师		负责验收，把控质量	
		档案管理员		做好各个环节的记录，录像留档，便于项目的总结复盘	

学习任务1　制定工艺方案及指令准备

任务发放

任务编号	4 - 1	任务名称	制定工艺方案及指令准备	建议学时	2 学时
任务安排					

(1) 学习台阶面零件的技术要求
(2) 设计台阶零件的进刀路线
(3) 编程指令准备

任务导学

导学问题1：铣削加工台阶面要注意哪些方面？

导学问题2：平面铣削通常有哪些刀具？该如何选择刀具类型？

知识链接

1. 台阶面技术要求

(1) 在尺寸精度方面。大多数台阶面与其他零件相互配合，所以对它们的尺寸公差，特别是配合面的尺寸公差，要求都会相对较高。

台阶零件工艺

（2）在形状和位置精度方面。如各表面的平面度、台阶侧面与基准面等方面都有要求。

（3）在粗糙度方面。对与零件之间配合的两接触面的表面粗糙度要求较高，其表面粗糙度值一般不大于 $Ra6.3\ \mu m$。

2. 台阶面零件铣削加工工艺

台阶面铣削在刀具、切削用量选择等方面与平行面铣削基本相同，但由于台阶面铣削除了要保证其底面精度之外，还应控制侧面精度，如侧面的平面度、侧面与底面的垂直度等，因此，在铣削台阶面时，刀具进给路线的设计与平行面铣削有所不同。以下介绍的是台阶面铣削常用的进刀路线。

1）一次铣削台阶面

当台阶面深度不大时，在刀具及机床功率允许的前提下，可以一次完成台阶面铣削，如台阶底面及侧面加工精度要求高时，可在粗铣后留0.3~1 mm的余量进行精铣。

2）在宽度方向分层铣削台阶面

当深度较大，不能一次完成台阶面铣削时，在宽度方向分层铣削台阶面。但这种铣削方式存在"让刀"现象，将影响台阶侧面相对于底面的垂直度。

3）在深度方向分层铣削台阶面

当台阶面深度很大时，在深度方向分层铣削台阶面。这种铣削方式会使台阶侧面产生接刀痕。在生产中，通常采用高精度且耐磨性能好的刀片来消除侧面接刀痕或台阶的侧面留0.2~0.5 mm余量做一次精铣。

探讨交流1：什么是让刀现象？如何最大限度地消除让刀现象？

---

3. 程序指令

1）工件坐标系选择指令

工件坐标系选择指令：G54~G59。

指令格式：

G54/G55/G56/G57/G58/G59/…；

坐标系指令

该指令实质上就是工件坐标系的平移变换指令，有的数控系统可直接采用零点偏置指令（G54~G59）建立工件坐标系，如图4-1-1所示。G54~659坐标系的设置是将欲设置的工件原点在机床坐标系中的坐标值输到机床偏置页面中，在程序中直接调用即可。

2）工件坐标系设定指令

编程格式：

G92 X_Y_Z_；

该指令是规定工件坐标系坐标原点的指令，其中 X、Y、Z 的坐标值指当前刀位点在工件坐标系中的初始位置，是程序内绝对指令中的坐标数据，即起刀点在工件坐标系中的坐标值。执行G92指令时，机床不动作，即 X、Y、Z 轴均不移动。

例如：G92 X30.0 Y10.0 Z10.0；

如图4-1-2所示，等于是告诉数控系统，刀尖目前处于工件坐标系绝对坐标值（$X30.0\ Y10.0\ Z10.0$）的位置。数控系统执行这行程序后，会把工件原点设置在这个点的 X 负方向30 mm、Y 负方向10 mm及 Z 负方向10 mm的地方，即在 O_p 点上。后面的程序都用这个坐标系进行移动和加工。

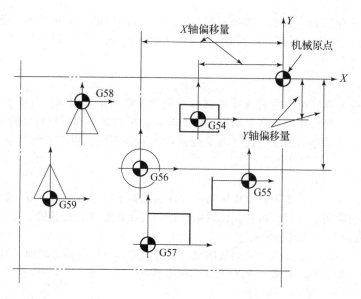

图 4 - 1 - 1　工件坐标系选择指令

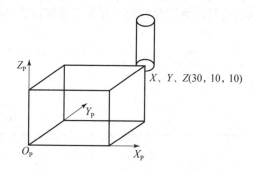

图 4 - 1 - 2　工件坐标系设定指令

注意：

（1）一旦使用了 G92 设定坐标系，再使用 G54 就不起作用，除非电源重新启动系统，或接着用 G92 设定所需新的工件坐标系。

（2）使用 G92 的程序结束后，若机床没有回到 G92 设定的起刀点就再次启动此程序，刀具当前所在位置就成为新的工件坐标系下的起刀点，这样易发生事故。

（3）G54～G59 是通过 MDI 在设置参数方式下设定工件加工坐标系的，一旦设定，加工原点在机床坐标系中的位置是不变的，它与刀具的当前位置无关，G92 通过程序来设定加工坐标系，它所设定的加工坐标系原点与当前刀具所在的位置有关，这一加工原点在机床坐标系中的位置是随当前刀具位置的不同而改变的。

探讨交流 2：G92 与 G54 有何区别？编程时如何做选择？

（4）局部坐标系指令

格式：

G52 X_Y_Z_；

程序中：$X\_\ Y\_\ Z\_$——局部坐标系原点在当前工件坐标系中的坐标值。

G52 指令能在所有的工件坐标系（G92、G54~G59）内形成子坐标系，即局部坐标系，含有 G52 指令的程序段中，绝对值编程方式的指令值即为该局部坐标系中的坐标值。设定局部坐标系后，工件坐标系和机床坐标系保持不变。

取消局部坐标系指令：

G52 X0 Y0 Z0;

任务实施

1. 制定工艺路线

编程时取工件上表面的右下角点为程序原点，所以要掌握单边对刀的方法。因本工件每个台阶的高度都是 10 mm，故基本上不允许铣刀一刀加工到位。本案例使用的是强力铣刀柄、硬质合金铣刀，且安装时铣刀伸出的长度较短，刚性较好，加工时可承受较大的切削力，所以考虑每次切削时的背吃刀量为 2.5 mm，分层切削。设计走刀路线如图 4-1-3 所示。

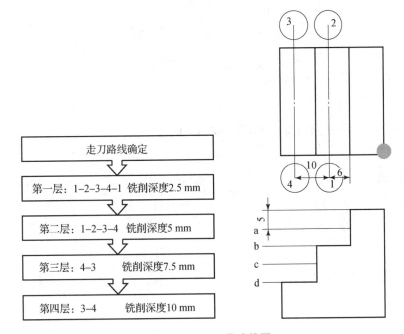

图 4-1-3　工艺路线图

2. 制定切削用量表

制定切削用量见表 4-1-1。

表 4-1-1　切削用量表

工步	加工内容	刀具规格/mm	刀号	刀具半径补偿/mm	主轴转速/(r·min⁻¹)	进给速度/(mm·min⁻¹)
1	外形铣削	φ12	T01	无	2 500	500

3. 应用坐标系指令编程示例

如图 4-1-4 所示，刀具从 A→B→C 路线进行，刀具起点在（20，20，0）处，编程如下：

N02 G92 X20 Y20 Z0;	设定 G92 为当前工作坐标系
N04 G90 G00 X10 Y10;	快速定位到 G92 工作坐标系中的 A 点
N06 G54;	将 G54 置为当前坐标系
N08 G90 G00 X10 Y10;	快速定位到 G54 工作坐标系中的 B 点
N10 G52 X20 Y20;	在当前工作坐标系 G54 中建立局部坐标系 G52
N12 G90 G00 X10 Y10;	定位到 G52 中的 C 点

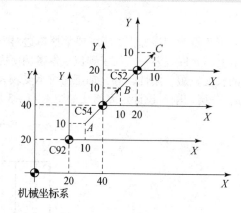

图 4-1-4 坐标系编程

任务实施情况、存在的问题及解决措施见表 4-1-2。

表 4-1-2 任务实施情况表

任务实施情况	存在问题	解决措施

 考核评价

第一个学习任务已完成，接下来填写表 4-1-3 进行考核与评价。

表 4-1-3 考核与评价表

姓名：		班级：		单位：			
序号	项目	考核内容		配分	自评 （20%）	互评 （30%）	师评 （50%）
1	工艺路线	工艺路线制定的合理性		20			
2	刀具选择	刀具类型及刀具直径的选择		20			
3	切削用量	切削用量的合理确定		35			

姓名：		班级：		单位：			
序号	项目	考核内容	配分	自评 （20%）	互评 （30%）	师评 （50%）
4	职业素养	团队精神：分工合理、执行能力、服从意识	5			
		安全生产：安全着装，按规程操作	5			
		文明生产：文明用语，7S 管理（整理、整顿、清扫、清洁、素养、安全、节约）	5			
5	创新意识	创新性思维和行动	10			
		总计				
	组长签名：			教师签名：		

 检测巩固

恭喜你已经完成学习任务 1，现通过以下测试题来检验我们前面所学，以便自查和巩固知识点。

（1）一个程序中可以同时出现 G54，G55 吗？请用程序举例说明。

（2）G52 指令一般用在什么情况下？举具体例子说明。

学习任务 2　阶梯垫块的编程与加工

 **任务发放**

任务编号	4 – 2	任务名称	阶梯垫块的编程与加工	建议学时	2 学时
任务安排					

（1）编制阶梯垫块的加工程序

（2）用仿真软件验证程序

（3）上机操作，加工零件

 **任务导学**

导学问题 1：单边对刀与分中对刀有何区别？

导学问题 2：加工台阶面时，如何消除侧面的接刀痕？

知识链接

1. 工件坐标系建立

为方便编程，确定该工件的编程原点在工件右下角点上，如图4-2-1所示，单边对刀找到加工原点。单边对刀是以直接或间接的方法测出刀具当前的刀位点与工件原点之间的距离，然后设定到 G54 工件坐标系下面，简便、易操作，效率高。

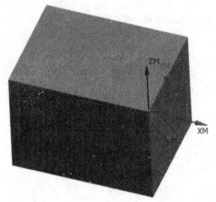

图 4-2-1　工件坐标系原点

2. 编制 NC 程序

垫铁编程讲解

参考图 4-2-2，编制参考程序，见表 4-2-1。

表 4-2-1　台阶零件参考程序

加工程序	程序说明
O4001	主程序名
N10 G54 G90 G40 G17	程序初始化
N20 G00 Z100.	快速定位 Z100
N30 M03 S2500	设定主轴转速
N40 G00 X - 16. Y - 10.	快速定位到 1 点
N50 Z5.	快速下刀
N60 G01 Z - 2.5 F200	Z 轴定位到加工深度 - 2.5 mm
N70 G91 Y60.	采用相对坐标值编程，切削至 2 点
N80 X - 10.	切削至 3 点
N90 Y - 60.	切削至 4 点

加工程序	程序说明
N100 X10.	回到 1 点
N110 Z − 2.5	下刀至 Z 轴深度为 − 5 mm
N120 Y60.	切削至 2 点
N130 X − 10	切削至 3 点
N140 Y − 60.	切削至 4 点
N150 Z − 2.5	下刀至 Z 轴深度为 − 7.5 mm
N160 Y60.	切削至 3 点
N170 Z − 2.5	下刀至 Z 轴深度为 − 10 mm
N180 Y − 60.	切削至 4 点
N190 G00 G90 Z100.	快速定位 Z 到 100 mm
N200 M05	主轴停止
N210 M30	程序结束

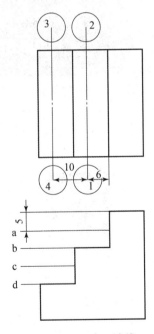

图 4 − 2 − 2 走刀路线

注意：该程序分了四次走刀，分层铣削，每次都是相对下刀，所以一定要在材料外面下刀，确认走刀安全，并且走了四个循环才能铣削完整两个台阶面。该任务要注意选择合理的下刀点及编程原点，便于安全下刀及简化编程计算。

3. 仿真软件验证程序

把程序导入仿真软件进行仿真加工，结果如图4-2-3所示，通过观察发现加工后零件符合图纸要求，程序正确，可以上机加工。

图4-2-3 仿真结果图

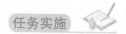

垫铁仿真加工

1. 领用工具

加工垫块所需的工、刃、量具见表4-2-2。

表4-2-2 垫块零件的工、刃、量具清单

序号	名称	规格	数量	备注
1	游标卡尺	0～150 mm，0.02 mm	1把	
2	百分表	0～10 mm，0.01 mm	1个	
3	立铣刀	φ12 mm	1把	

序号	名称	规　　格	数量	备注
4	辅具	垫块 5 mm、10 mm、15 mm	各 1 块	
5	坯料	40×30×30（mm）的 45 钢板料	1 块	
6	其他	棒槌、铜皮、毛刷、锉刀等常用工具； 计算机、计算器、编程工具书等	选用

2. 加工准备

（1）阅读零件图，并检查坯料的尺寸。

（2）开机并回零。

（3）安装工件及刀具，安装时要用定位块定位，工件要凸出虎钳 10 mm 以上，便于对刀和加工。

（4）清理工作台、夹具、工件，并正确装夹工件，确保工件定位夹紧稳固、可靠，通过手动方式将刀具装入主轴中。

3. 对刀，设定工件坐标系

（1）安装加工铣刀。

（2）通过单边对刀把工件坐标系设定在工件右角点上。

4. 输入并检验程序

（1）先在仿真系统中输入编写的程序，并校验。

（2）仿真校验合格后，将程序输入数控系统中校验程序，确保程序正确无误。

5. 空运行及仿真

机床锁住功能进行空运行，观察程序运行情况及加工轨迹；空运行结束后，取消空运行设置，机床重回参考点。

6. 执行零件加工

将工件坐标系恢复至原位，取消空运行，对零件进行首次加工。加工时，应确保冷却充分和排屑顺利，并用量具直接在工作台上检测工件相关尺寸，根据测量结果调整 NC 程序，再次进行铣削。如此反复，最终将零件尺寸控制在规定的公差范围内。

7. 零件检测

零件加工后，进行尺寸检测，检测结果写入评分表。

8. 加工结束，清理机床

在确保零件加工完成及各尺寸在公差范围内之后，拆除工件，去毛刺，进一步清理工件。清扫机床，擦净刀具、量具等用具，并按规定摆放整齐。严格按机床操作规程关闭机床。

在表 4－2－3 中记录任务实施情况、出现的问题及解决措施。

表 4－2－3　任务实施情况表

任务实施情况	存在问题	解决措施

请为自己小小的成功喝彩，珍惜每一次努力后的收获，并将其作为继续学习的动力。

各组展示自己的产品，介绍任务完成过程及制作整个运作过程的视频、零件检测结果、技术文档并提交汇报材料，进行小组自评、组间互评和教师点评，完成如表4-2-4所示的考核与评价表。

表4-2-4 考核与评价表

姓名：		班级：	单位：			
序号	项目	考核内容	配分	自评 （20%）	互评 （30%）	师评 （50%）
1	尺寸精度	台阶深度和宽度都在要求的尺寸范围内	10			
2	形状精度	平面度为0.05 mm、平行度为0.05 mm，超0.01 mm扣3分	10			
3	表面粗糙度	要求达 $Ra6.3$ μm，超差不得分	10			
4	程序编制	程序格式代码正确，能够对程序进行校验、修改等操作，刀具轨迹显示正确、程序完整	25			
5	加工操作	正确安装工件，回参考点，建立工件坐标系，自动加工	20			
6	职业素养	团队精神：分工合理、执行能力、服从意识	5			
		安全生产：安全着装，按规程操作	5			
		文明生产：文明用语，7S管理（整理、整顿、清扫、清洁、素养、安全、节约)	5			
7	创新意识	创新性思维和行动	10			
总计						
组长签名：			教师签名：			

拓展提高

恭喜你学习任务全部完成，操千曲而后晓声，观千剑而后识器，接着通过下面的练习来拓展理论知识，提高实践水平。实施步骤参照前面所学任务进行。

（1）利用数控铣床在110 mm×110 mm×30 mm的毛坯上加工如图4-2-4所示的阶梯座，工件材料为45钢，编写加工程序。

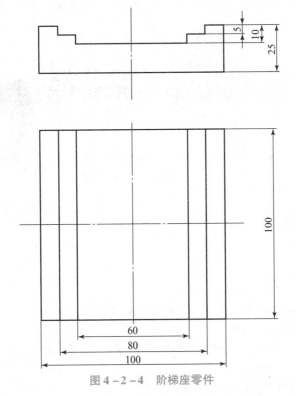

图 4 - 2 - 4　阶梯座零件

（2）要求完成如图 4 - 2 - 5 所示台阶托板零件的编程，并在数控铣床上进行加工，工件材料为 45 钢。

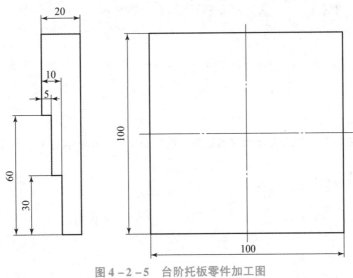

图 4 - 2 - 5　台阶托板零件加工图

 项目复盘

千淘万漉虽辛苦，千锤百炼始成金。复盘有助于我们找到规律，固化流程，升华知识。

1. 项目完成的基本过程

通过前面的学习，我们进一步来了解阶梯零件的铣削加工过程。

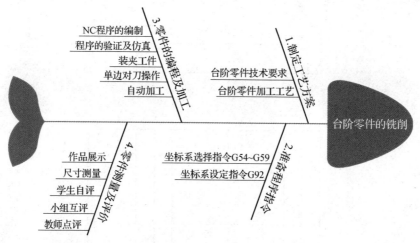

2. 制定工艺方案

（1）确定加工内容：台阶面的底面和侧面。

（2）毛坯的选择：根据零件图纸确定。

（3）机床选择：根据零件结构大小确定数控铣床的型号。

（4）确定装夹方案和定位基准。

（5）确定加工工序：先确定下刀点，切线切入，分层下刀，采用往复走刀的方式提高生产效率。

（6）选择刀具及切削用量。

确定刀具几何参数及切削参数，见表 4 − 2 − 5。

表 4 − 2 − 5　刀具及切削用量表

工步	加工内容	刀具规格	刀号	切削深度 /mm	主轴转速 /(r·min⁻¹)	进给速度 /(mm·min⁻¹)	刀具半径补偿 /mm

（7）结合零件加工工序的安排和切削参数，填写表 4 − 2 − 6 所示的工艺卡片。

表 4 − 2 − 6　零件加工工艺卡

材料		零件图号		零件名称		工序号	
程序名		机床设备			夹具名称		
工步号	工步内容 （走刀路线）	G 功能	T 刀具	切削用量		
				转速 n /(r·min⁻¹)	进给量 f /(mm·r⁻¹)	背吃刀量 a_{p} /mm

3. 程序编制

(1) 往复走刀和分层下刀的注意事项：_____

(2) 简述 G54 和 G92 的区别。

_____

_____

4. 自动加工

自动加工零件的步骤：输入数控加工程序→验证加工程序→零件加工对刀操作→零件加工。简述单边对刀的操作步骤。

_____

_____

加工完成后，如何检测台阶面的平面度和垂直度？

_____

_____

 项目总结

通过本项目的学习，掌握台阶面铣削的工艺，熟悉工件坐标系选择指令 G54 ~ G59、工件坐标系设定指令 G92 和局部坐标指令 G52 的用法。能够根据零件结构采用不同的方法编制加工程序，并加工出台阶零件。

1. 通过该对项目的学习，累积经验

(1) 在进行单边对刀时，在 G54 坐标系下面输入测量值，容易使正负号判断错误，造成刀具位置不对。

(2) 从成本考虑，可以将一块料两边分别加工一块垫铁，最后中间铣削断开。这种方式还能节省对刀时间，铣另一边时，只要重新对 X 轴即可。

2. 归纳整理

通过完成阶梯垫铁的铣削项目的运作和实施，归纳整理你的学习心得。

_____

_____

_____

_____

模块三 轮廓与型腔零件的铣削技术

素养拓展

 模块简介

在机械加工中经常遇到轮廓类零件，如下图所示。轮廓分为外轮廓及内轮廓（型腔结构）。外形轮廓可以描述成由一系列直线、圆弧或曲线拉伸形成的凸形结构，而型腔主要是由一系列直线、圆弧或曲线相连，并对实体挖切形成的凹形内轮廓结构。内外轮廓及型腔加工是数控铣床最基本、常见的加工任务之一，零件的侧面是加工的主要内容，其对加工精度、表面质量均有较高的要求，所以合理设计刀路、选择合适的刀具以及切削用量显得非常重要。

学习导航

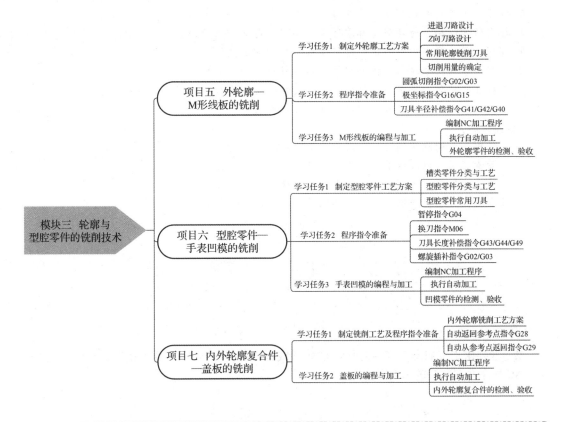

利用"典型铣削零件数控编程与加工"省级精品在线开放课程平台进行预习、讨论、测试、互动、答疑等学习活动。

学习目标

【知识目标】

1. 掌握外形轮廓、型腔零件及内外轮廓复合件的铣削加工工艺知识
2. 掌握 G02/G03 圆弧指令及螺旋插补指令的编程应用
3. 掌握 G16/G15 极坐标指令的编程应用
4. 掌握 G41/G42/G40 刀具半径补偿指令的编程应用
5. 掌握 G43/G44/G49 长度补偿指令的编程应用
6. 掌握 G04 暂停指令及 M06 换刀指令的编程应用
7. 掌握 G28 自动返回参考点及 G29 自动从参考点返回指令的编程应用
8. 掌握轮廓类零件的刀具理论知识
9. 掌握轮廓类零件的尺寸及形状精度控制方法

【技能目标】
1. 熟练分中对刀的操作方法及多把刀对刀的刀补设置
2. 能根据零件加工要求，查阅相关资料，正确并合理选用刀具、量具、工具和夹具
3. 能根据工件的结构形状选择正确的装夹、定位方法
4. 能用所学的指令对外形轮廓零件进行编程与自动加工操作
5. 能用所学的指令对型腔零件进行编程与自动加工操作
6. 能用所学的指令对内外轮廓零件进行编程与自动加工操作
7. 能独立操作数控铣床，并能校验、修改程序及解决加工过程中遇到的问题
8. 能控制轮廓类零件的加工质量，并完成零件的检测

【素养目标】
1. 工作中养成树立明确目标、规划正确路线的职业素养
2. 培养责任感，以及以责人之责己、德业兼修、锐意进取的职业素养
3. 培养爱岗敬业、敢于创新、寻求突破、精益求精的工匠精神
4. 养成提高效率、降低成本、节约能源、树立环保的意识

项目五 外形轮廓-M形线板的铣削

项目导入

某企业要求加工如图 5-0-1 所示的 M 形线板零件，材料为 45 钢，请对其进行工艺分析，编制 NC 程序并在数控铣床上完成加工。

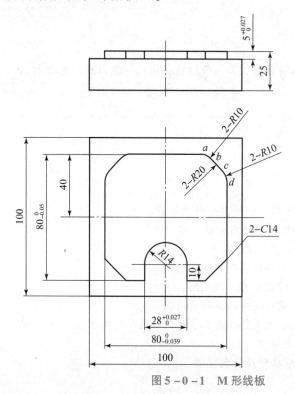

a点坐标($X=23$，$Y=40$)
b点坐标($X=31$，$Y=35$)
c点坐标($X=35$，$Y=31$)
d点坐标($X=40$，$Y=23$)

图 5-0-1 M形线板

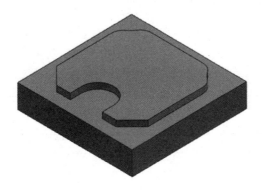

图 5 – 0 – 1 M 形线板（续）

 项目分析

工欲善其事，必先利其器。我们先把项目分析透彻，才有助于更好地完成项目。

1. 加工对象

（1）在零件进行铣削加工前，先分析零件图纸，确定加工对象。

本项目的加工对象是＿＿＿＿＿＿＿＿＿＿＿＿＿＿＿＿＿＿＿＿＿＿＿＿＿

（2）分析零件图纸的内容包括＿＿＿＿＿＿＿＿＿＿＿＿＿＿＿＿＿＿＿＿

2. 加工工艺内容

（1）根据零件图纸，选择相应毛坯的材质为＿＿＿＿＿＿＿＿＿＿＿＿、毛坯尺寸

为＿＿＿＿＿＿＿＿。

（2）根据零件图纸，选择数控铣床型号：＿＿＿＿＿＿＿＿＿＿＿＿＿＿＿＿

（3）根据零件图纸，选择正确的夹具：＿＿＿＿＿＿＿＿＿＿＿＿＿＿＿＿＿

（4）根据零件图纸，选择正确的刀具：＿＿＿＿＿＿＿＿＿＿＿＿＿＿＿＿＿

（5）根据零件图纸，确定加工工艺顺序：＿＿＿＿＿＿＿＿＿＿＿＿＿＿＿＿

＿＿＿＿＿＿＿＿＿＿＿＿＿＿＿＿＿＿＿＿＿＿＿＿＿＿＿＿＿＿＿＿＿＿

（6）根据零件图纸，确定走刀路线：＿＿＿＿＿＿＿＿＿＿＿＿＿＿＿＿＿＿

＿＿＿＿＿＿＿＿＿＿＿＿＿＿＿＿＿＿＿＿＿＿＿＿＿＿＿＿＿＿＿＿＿＿

（7）根据零件图纸，确定切削参数：＿＿＿＿＿＿＿＿＿＿＿＿＿＿＿＿＿＿

＿＿＿＿＿＿＿＿＿＿＿＿＿＿＿＿＿＿＿＿＿＿＿＿＿＿＿＿＿＿＿＿＿＿

3. 程序编制

外轮廓加工需要的功能指令：＿＿＿＿＿＿＿＿＿＿＿＿＿＿＿＿＿＿＿＿＿

零件加工程序的编制格式：＿＿＿＿＿＿＿＿＿＿＿＿＿＿＿＿＿＿＿＿＿＿

4. 零件加工

（1）零件加工的工件原点确定在什么位置？

＿＿＿＿＿＿＿＿＿＿＿＿＿＿＿＿＿＿＿＿＿＿＿＿＿＿＿＿＿＿＿＿＿＿

（2）零件的装夹方式有哪些？

＿＿＿＿＿＿＿＿＿＿＿＿＿＿＿＿＿＿＿＿＿＿＿＿＿＿＿＿＿＿＿＿＿＿

（3）加工程序的调试操作步骤是什么？

＿＿＿＿＿＿＿＿＿＿＿＿＿＿＿＿＿＿＿＿＿＿＿＿＿＿＿＿＿＿＿＿＿＿

5. 零件检测

（1）零件检测使用的量具有哪些？

_____

_____

（2）零件检测的标准有哪些？

_____

_____

_____

_____

项目分解

记事者必提其要，纂言者必钩其玄，通过前面对项目的分析，我们把该项目分解成三个学习任务：

学习任务1：制定外形轮廓工艺方案

学习任务2：程序指令准备（G02/G03、G16/G15、G41/G42/G40）

学习任务3：M形线板的铣削

项目分工

分工协作，各尽其责，知人善任。将全班同学每4~6人分成一小组，每个组员都有明确的分工，并且每人在不同任务中轮流担任组长，轮流不同的岗位，做到每个人都有平等机会锻炼学习能力、管理能力和组织协调能力，在实施任务的过程中充分体现团队合作精神，培育工匠精神及提升职业素养。项目分工见表5-0-1。

表5-0-1　项目分工表

组名		组长		指导老师	
学号	成员	岗位分工		岗位职责	
		项目经理		对整个项目总体进行统筹、规划，把握进度及各组之间的协调沟通等工作	
		工艺工程师		负责制定工艺方案	
		程序工程师		负责编制加工程序	
		数控铣技师		负责数控铣床的操作	
		质量工程师		负责验收，把控质量	
		档案管理员		做好各个环节的记录，录像留档，便于项目的总结复盘	

学习任务1　制定外形轮廓工艺方案

任务发放

任务编号	5-1	任务名称	制定外形轮廓工艺方案	建议学时	2学时
任务安排					

(1) 设计外形轮廓零件走刀路径及选择加工的刀具
(2) 学习外形轮廓零件铣削常用刀具类型
(3) 确定外形轮廓零件切削参数

任务导学

导学问题1：外形轮廓进退刀路应遵循什么原则？有哪些注意事项？

导学问题2：该如何选择外形轮廓的刀具？

导学问题3：如何确定外形轮廓零件的切削参数？

知识链接

1. 外形轮廓零件铣削加工工艺

1) 进、退刀路线设计

外轮廓零件的
加工工艺

刀具进、退刀路线设计得合理与否，对保证所加工的轮廓表面质量非常重要。一般来说，刀具进、退刀线的设计应尽可能遵循切向切入、切向切出工件的原则。根据这一原则，轮廓铣削中刀具进、退刀路线通常有三种设计方式，即直线—直线方式，如图5-1-1 (a) 所示；直线—圆弧方式，如图5-1-1 (b) 所示；圆弧—圆弧方式，如图5-1-1 (c) 所示。

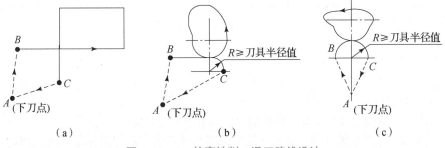

图5-1-1　轮廓铣削、退刀路线设计
(a) 直线—直线方式；(b) 直线—圆弧方式；(c) 圆弧—圆弧方式

进、退刀路设计注意事项：

（1）沿直线切削时，应在轮廓直线的延长线上进刀。

（2）切削圆弧或整圆时，刀具应以圆弧切入、切出，使工件表面光滑过渡。

（3）下刀点应尽量避免在工件轮廓面上垂直下刀，以免划伤工件表面及损伤刀具，应在没有材料的空间点下刀。

（4）尽量减少在轮廓切削过程中的暂停，这样会造成切削力突然变化而产生弹性变形，进而在工件轮廓上留下刀痕。

2）铣削方向的选择

进行零件轮廓铣削时有两种铣削方向，即顺铣与逆铣，如图5-1-2所示。在刀具正转的情况下，刀具的切削速度方向与工件的移动方向相同为顺铣，刀具的切削速度方向与工件的移动方向相反则为逆铣。采用顺铣时，加工厚度从最大到零，其切削力及切削变形小，因此通常采用顺铣的加工方法进行加工。而采用逆铣则可以提高加工效率，但逆铣加工厚度从零到最厚，切削力大，导致切削变形增加、刀具磨损加快。通常只在粗加工时采用逆铣的加工方法。

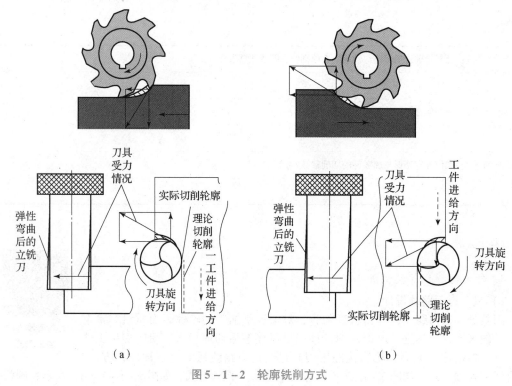

图5-1-2　轮廓铣削方式

（a）顺铣；（b）逆铣

探讨交流1：开动脑筋，用生活中常见的动作举例说明顺、逆铣的特点。

3）Z向刀路设计

轮廓铣削Z向的刀路设计根据工件轮廓深度与刀具尺寸确定。

（1）一次铣至工件轮廓深度。当工件轮廓深度尺寸不大，在刀具铣削深度范围之内时，可以采用一次下刀至工件轮廓深度完成工件铣削，刀路设计如图5-1-3所示。

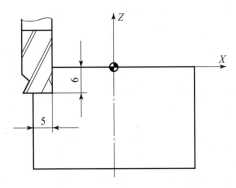

图 5 - 1 - 3　一次铣至工件轮廓深度的铣削方式

立铣刀在粗铣时一次铣削工件的最大深度即背吃刀量 a_p（见图 5 - 1 - 4），通常根据下列几种情况选择。

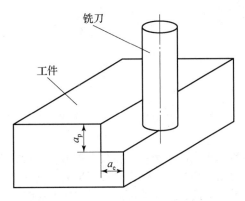

图 5 - 1 - 4　背、侧吃刀量示意图

当侧吃刀量 $a_e < d/2$（d 为铣刀直径）时，取 $a_p = (1/3 \sim 1/2)d$；

当侧吃刀量 $d/2 \leqslant a_e < d$ 时，取 $a_p = (1/4 \sim 1/3)d$；

当侧吃刀量 $a_e = d$（即满刀切削）时，取 $a_p = (1/5 \sim 1/4)d$。

（2）分层铣至工件轮廓深度。当工件轮廓深度尺寸较大，刀具不能一次铣至工件轮廓深度时，则需采用在 Z 向分多层依次铣削工件，最后铣至工件轮廓深度，刀路设计如图 5 - 1 - 5 所示。在 Z 向分层铣削工件，有效地解决了工件轮廓侧壁相对底面的垂直度问题，因而在生产中得到了广泛的应用。

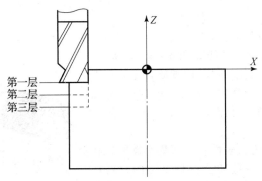

图 5 - 1 - 5　Z 向分层铣削示意图

探讨交流2：如果选用一把ϕ12 mm的三刃立铣刀铣削钢件，侧吃刀量为7 mm，铣削深度为5 mm，请问是否需要分层铣削？

2. 常用的轮廓铣削刀具

一般情况下，常用立铣刀来执行零件的二维外形轮廓铣削。立铣刀的结构形状如图5-1-6所示，其圆柱表面和端面上都有切削刃，圆柱表面的切削刃为主切削刃，端面上的切削刃为副切削刃，它们可以同时进行切削，也可以单独进行切削，主要用来加工与侧面相垂直的底平面。由于普通立铣刀端面中心处无切削刃，所以立铣刀通常不能做轴向大深度进给。

（a）　　　　　　　　　　　　　　（b）

图5-1-6　立铣刀
（a）削平型直柄硬质合金螺旋立铣刀；（b）莫氏锥柄硬质合金立铣刀

根据刀具材料及结构形式分类，立铣刀通常有以下三种类型。

1）整体式立铣刀

整体式立铣刀主要有粗齿和细齿两种类型，粗齿立铣刀具有齿数少（一般为3~4）、刀齿强度高、容屑空间大等特点，常用于粗加工；细齿立铣刀齿数多（一般为5~8），切削平稳，适用于精加工，如图5-1-7所示。因此，应根据不同工序的加工要求，选择合理的、不同齿数的立铣刀。

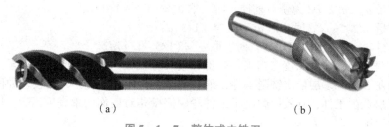

（a）　　　　　　　　　　　　　　（b）

图5-1-7　整体式立铣刀
（a）粗齿立铣刀；（b）细齿立铣刀

2）可转位硬质合金立铣刀

可转位硬质合金立铣刀的结构如图5-1-8所示，与整体式硬质合金立铣刀相比，可转位硬质合金立铣刀的尺寸形状误差相对较差，直径一般大于10 mm，因而通常作为粗铣刀具或半精铣刀具使用。

3）玉米铣刀

玉米铣刀又叫鳞状铣刀，表面看是密集螺旋网纹状的，槽比较浅，一般用于一些功能材料之类的材料加工。玉米铣刀可分为如图5-1-9所示的整体式及镶硬质合金刀片式两种类型，其切削刃是由许多切削单元组成的，切削刃锋利，从而极大地降低了切削阻力。这种铣刀具有高速、大切深和表

图5-1-8　可转位硬质合金立铣刀

面质量好等特点，一般用于粗加工及半精加工。

（a）　　　　　　　　　　　　（b）

图 5 - 1 - 9　玉米铣刀

（a）整体式玉米铣刀；（b）镶硬质合金刀片式玉米铣刀

3. 刀具直径的确定

为保证轮廓的加工精度和生产效率，合理确定立铣刀的直径非常重要。一般情况下，在机床功率允许的前提下，工件粗加工时应尽量选择直径较大的立铣刀进行铣削，以便快速去除多余材料，提高生产效率；工件精加工则选择直径相对较小的立铣刀，从而保证轮廓的尺寸精度和表面粗糙度值。

4. 切削用量的选择

与平面铣削相似，进行零件二维轮廓铣削时也应确定刀具切削用量，即背吃刀量 a_p、铣削速度 v_c、进给速度 F。这些参数的选择可查阅《切削用量手册》，再根据实际经验进行调整。

1. 制定工艺路线

XY 向刀路设计：如图 5 - 1 - 10 （a）所示，采用顺铣方式铣削工件。0 为刀具的下刀点位置，0 - 1 段轨迹为刀具半径左补偿的建立阶段，1 - 2 - 3 - 4 - 5 - 6 - 7 - 8 - 9 - 10 - 11 - 12 - 13 - 14 - 15 - 16 - 1 封闭段为走轮廓，回到 1 点后边抬刀边取消刀具半径补偿。Z 向设计：因零件轮廓深度为 5 mm，刀具不能一次铣到底，故 Z 向刀路采用分层铣的方式铣削工件，每层铣削 1 mm，共 5 层铣完，如图 5 - 1 - 10 （b）所示。

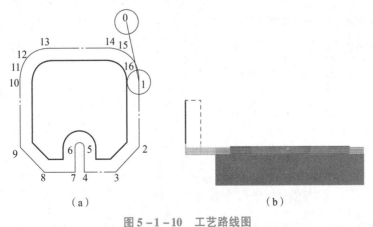

（a）　　　　　　　　　　　　（b）

图 5 - 1 - 10　工艺路线图

（a）XY 向刀路设计；（b）Z 向分层铣削

2. 切削用量表

制定切削用量见表 5 - 1 - 1。

表 5 - 1 - 1　切削用量表

工步	加工内容	刀具规格	刀号	切削深度 /mm	主轴转速 /(r·min⁻¹)	进给速度 /(mm·min⁻¹)	刀具半径补偿 /mm
1	粗铣外轮廓	ϕ20 铣刀	T01	1 mm	2 500	1 500	10.5
2	精铣外轮廓	ϕ8 铣刀	T02	轮廓深度	3 500	1 200	4.0

在表 5 - 1 - 2 中记录任务实施情况、存在的问题及解决措施。

表 5 - 1 - 2　任务实施情况表

任务实施情况	存在问题	解决措施

 考核评价

请为自己小小的成功喝彩，珍惜每一次努力后的收获，并将其作为继续学习的动力。

各组展示自己第一个任务的成果，介绍任务完成过程及制作整个运作过程的视频、零件检测结果、技术文档并提交汇报材料，进行小组自评、组间互评和教师点评，完成如表 5 - 1 - 3 所示的考核与评价表。

表 5 - 1 - 3　考核与评价表

姓名：		班级：		单位：			
序号	项目		考核内容	配分	自评 (20%)	互评 (30%)	师评 (50%)
1	工艺路线		工艺路线制定的合理性	20			
2	刀具选择		刀具类型及刀具直径的选择	20			
3	切削用量		切削用量的合理确定	35			
4	职业素养		团队精神：分工合理、执行能力、服从意识	5			
			安全生产：安全着装，按规程操作	5			
			文明生产：文明用语，7S 管理（整理、整顿、清扫、清洁、素养、安全、节约）	5			
5	创新意识		创新性思维和行动	10			
总计							
组长签名：			教师签名：				

检测巩固

恭喜你已经完成学习任务 1，现通过以下测试题来检验我们前面所学，以便自查和巩固知识点。

（1）在加工圆弧时，切削的实际进给速度并不等于编程设定的刀具中心点进给速度，在进行凹圆弧和凸圆弧加工时该如何进行进给速度的修调？

（2）玉米铣刀刀齿的结构特点和普通铣刀有什么区别？玉米铣刀适合精加工吗？为什么？

学习任务 2　程序指令准备

任务发放

任务编号	5 - 2	任务名称	程序指令准备	建议学时	2 学时
任务安排					
（1）掌握 G02/G03 圆弧插补指令 （2）掌握 G16/G15 极坐标编程指令 （3）掌握 G41/G42/G40 刀具半径补偿指令					

任务导学

导学问题 1：G02 与 G03 指令的哪种格式才可以描述整圆？
导学问题 2：极坐标指令的意义。
导学问题 3：刀具半径左、右补偿指令可以互相转化吗？

知识链接

1. G02/G03——圆弧切削指令

圆弧插补指令有两种编程格式：

格式一：

G17/G18/G19 G02/G03 X_Y_Z_R_F_;

格式二：

G17/G18/G19 G02/G03 X_Y_Z_I_J_K_F_;

G02/G03 及 G15/G16 指令

指令说明如下：

（1）平面选择：指令 G17、G18、G19 分别指定 XY、XZ、YZ 不同平面上的圆弧。

（2）圆弧顺、逆的判断：G02 为按指定进给速度以顺时针圆弧插补，如图 5 - 2 - 1（a）所示；G03 为逆时针圆弧插补，如图 5 - 2 - 1（b）所示。圆弧顺、逆方向的判别：沿垂直于圆弧所在平面（如 XY 平面）的坐标轴（如 Z 轴）正方向往负方向看，顺时针方向为 G02，逆时针方向为 G03。如图 5 - 2 - 1（c）所示。

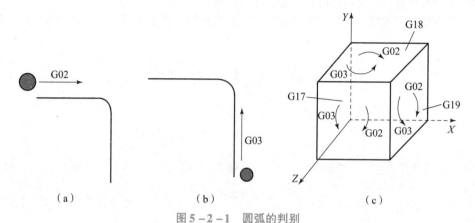

图 5 - 2 - 1　圆弧的判别

（a）顺时针圆弧；（b）逆时针圆弧；（c）顺、逆方向判别

（3）当采用绝对坐标编程时，X_、Y_、Z_为圆弧终点在工作坐标系中的坐标值；当采用增量坐标编程时，圆弧终点坐标为圆弧终点相对于圆弧起点的增量坐标值。

（4）第二种格式中 I、J、K 分别为圆心在 X、Y、Z 轴上相对圆弧起点的增量坐标（即为相应坐标轴圆弧圆心点的坐标减去圆弧起始点的坐标），如图 5 - 2 - 2 所示，与 G90、G91 无关。

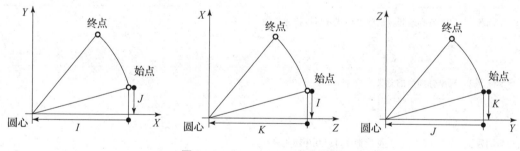

图 5 - 2 - 2　X、Y、Z 方向增量

（5）R_为圆弧半径。当用半径指定圆心位置时，由于在同一半径 R 的情况下，从圆弧的起点到终点有两个圆弧的可能性，为区别二者，规定圆心角 $\alpha \leqslant 180°$ 时，用"＋R"表示；$\alpha > 180°$ 时，用"－R"表示。如图 5 - 2 - 3 所示。

（6）用半径 R 指定圆心位置时，不能描述整圆，也就是说第一种格式不能用于编制整圆的程序。

探讨交流 1：圆弧插补指令两种格式的使用场合。

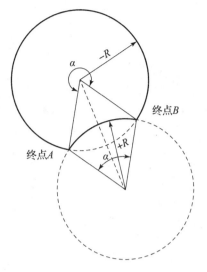

图 5-2-3   用 R 编程时正负 R 的判别

2. G16/G15——极坐标指令

（1）指令编程格式
指令编程格式：

```
G16 G00 X_Y_；极坐标系建立
……
G15；极坐标系指令取消
```

说明如下：

①G00 后第一轴 X 轴是极坐标半径，第二轴 Y 轴是极角，所以坐标值是用极坐标半径和角度输入，角度的正向是所选平面第一轴正向的逆时针转向，而负向是顺时针转向。

②半径和角度两者可以用绝对值指令或增量指令 G90/G91 指定，G90 指定工件坐标系的原点作为极坐标系的原点，从该点测量半径，如图 5-2-4 所示；G91 指定当前位置作为极坐标系的原点，从该点测量半径，如图 5-2-5 所示。

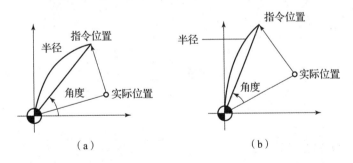

图 5-2-4   G90 指令指定半径

（a）当角度用绝对值指令指定时；（b）当角度用增量值指令指定时

③选择极坐标系指令时，后面可以跟 G00、G01、G02、G03 指令，当指定圆弧插补或螺旋线切削（G02、G03）时，用半径指定。

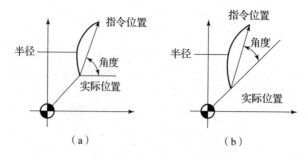

图 5 - 2 - 5　G91 指令指定半径

（a）当角度用绝对值指令指定时；（b）当角度用增量值指令指定时

探讨交流 2：极坐标适用的零件结构特点及使用极坐标的意义。

3. G41/G42/G40——刀具半径补偿指令

刀具半径补偿指令

1）刀具半径补偿定义

用铣刀铣削工件轮廓时，由于刀具总有一定的半径，所以刀具中心的运动轨迹与所需加工零件的实际轮廓不重合。如图 5 - 2 - 6 所示，粗实线为所需加工的零件轮廓，点画线为刀具中心轨迹。由图 5 - 2 - 6 可见，在进行内轮廓加工时，刀具中心偏离零件内轮廓表面一个刀具半径值，在进行外轮廓加工时，刀具中心又偏离零件外轮廓表面一个刀具半径值。这种偏移，称为刀具半径补偿。

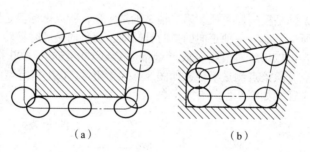

图 5 - 2 - 6　刀具半径补偿

（a）外轮廓补偿；（b）内轮廓补偿

2）编程格式

执行刀补：

$$\begin{Bmatrix} G17 \\ G18 \\ G19 \end{Bmatrix} \begin{Bmatrix} G41 \\ G42 \end{Bmatrix} \begin{Bmatrix} G00 \\ G01 \end{Bmatrix} \begin{Bmatrix} X\_Y\_ \\ X\_Z\_ \\ Y\_Z\_ \end{Bmatrix} D\_$$

取消刀补：

$$G40 \begin{Bmatrix} G00 \\ G01 \end{Bmatrix} \begin{Bmatrix} X\_Y\_ \\ X\_Z\_ \\ Y\_Z\_ \end{Bmatrix}$$

说明如下：

（1）G17、G18、G19 为补偿平面选择指令。平面选择指令的切换必须在补偿取消的方式下进行，若在补偿方式进行，则会产生报警。

（2）G41 为刀具半径左补偿，即沿着刀具前进方向看，刀具位于零件左侧进行补偿，如图 5 - 2 - 7（a）所示；G42 所示为刀具半径右补偿，即沿着刀具前进方向看，刀具位于零件右侧进行补偿，如图 5 - 2 - 7（b）所示；G40 为取消刀具半径补偿，用于取消 G41、G42 指令。G40、G41、G42 是模态代码，可相互注销。

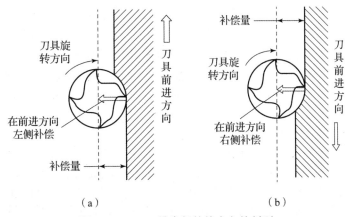

图 5 - 2 - 7　刀具半径补偿方向的判别

（3）刀具半径补偿的建立和取消必须与 G01 或 G00 指令组合完成，不能使用圆弧插补指令 G02 或 G03。

（4）X，Y（或 X，Z；Y，Z）是 G01、G00 运动的目标点坐标，即刀补建立或取消的终点。

（5）D 为刀补具偿号也称刀具偏置代号地址字，后面常用两位数字表示，一般有 D00 ~ D99。D 代码中存放刀具半径值作为偏置量，用于数控系统计算刀具中心的运动轨迹。偏置量可在手动（MDI）模式下进入刀具补偿界面，设定半径补偿量。

（6）在调用新的刀具前，必须取消刀具补偿，否则会产生报警。

探讨交流 3：外轮廓顺时针走刀，是采用 G41 还是 G42 指令？试总结内外轮廓顺、逆时针走刀 G41 与 G42 的判定情况。

3）刀具半径补偿过程

刀具补偿过程分为刀补的建立、刀补的运行和刀补的取消三个阶段。

（1）刀补的建立。刀补的建立是刀具中心从起点到与编程轨迹重合的移动过程中逐渐加上偏置值（即刀具半径值），当建立后，刀具中心停留在程序设定坐标点的垂线上。如图 5 - 2 - 8 所示，图 5 - 2 - 8 中 *OB* 段为刀补建立段。

（2）刀补的运行。在刀补运行状态，G01、G00、G02、G03 都可使用。如图 5 - 2 - 8 所示，*BC* 段为刀补进行阶段，系统根据读入的相邻两段程序，自动计算刀具中心的轨迹。在刀补进行状态下，刀具中心轨迹与编程轨迹始终偏离一个偏置量，直到用 G40 指令取消刀具半径补偿。

（3）刀补的取消。完成零件轮廓加工后，刀具中心轨迹需要从补偿状态过渡到与刀具起点重合的状态，如图 5 - 2 - 8 所示，*CO* 段即为刀补取消段。

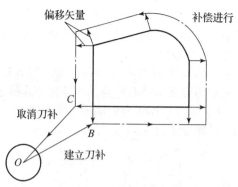

图 5 - 2 - 8　刀具半径补偿的建立与取消

注：在建立刀具半径补偿之前，刀具应远离零件轮廓适当的距离（一般要大于刀具的半径补偿值），且应与选定好的切入点和进刀方式协调，以保证刀具半径补偿有效。刀具半径补偿取消的终点应放在刀具切出工件以后，否则会发生碰撞。

4）使用刀具半径补偿注意事项

（1）使用刀具半径补偿时应避免过切削现象。启用刀具半径补偿和取消刀具半径补偿时，刀具必须在所补偿的平面内移动，移动距离应大于刀具补偿值。当加工半径小于刀具半径的内圆弧时，进行半径补偿将产生过切削，如图 5 - 2 - 9（a）所示。只有过渡圆角尺寸 > 刀具半径 + 精加工余量的情况下才能正常进行切削。当被铣削槽底宽小于刀具直径时将产生过切削，如图 5 - 2 - 9（b）所示。

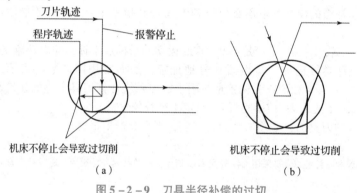

图 5 - 2 - 9　刀具半径补偿的过切
（a）过切现象一；（b）过切现象二

（2）D00 ~ D99 为刀具补偿号，D00 意味着取消刀具补偿。刀具补偿值在加工或试运行之前须设定在补偿存储器中。

5）刀具半径补偿的其他应用

（1）刀具半径补偿除方便编程外，还可灵活运用。在实际加工中，如果工件的加工余量比较大，则利用刀具半径补偿可以实现利用同一程序进行粗、精加工，即：

粗加工刀具半径补偿 = 刀具半径 + 精加工余量

精加工刀具半径补偿 = 刀具半径 + 修正量

例：如图 5 - 2 - 10 所示，刀具为 $\phi20$ 立铣刀，现零件进行粗加工后需给精加工留余量（单边 1.0 mm），则粗加工刀具半径补偿 D01 的值为

$$R_补 = R_刀 + 1.0 = 10.0 + 1.0 = 11.0（mm）$$

粗加工后实测 L 尺寸为 $L + 1.98$，则精加工刀具半径补偿 D11 值应为

$$R_补 = 10.0 - (1.98 + 0.03)/2 = 8.995（mm）$$

则加工后工件实际 L 值为 $L - 0.03$。

（2）刀具因磨损、重磨、换新刀而引起刀具直径改变后，不必修改程序，只需在刀具参数设置中输入变化后的刀具半径即可。

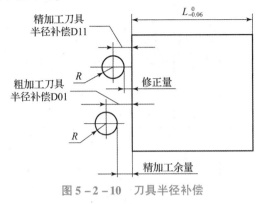

图 5 - 2 - 10　刀具半径补偿

 任务实施

（1）用所学的圆弧指令编写 [如图 5 - 2 - 11 所示：$A - B$，$D - C$，$O - O$（顺时针走刀）] 各图形的程序段。

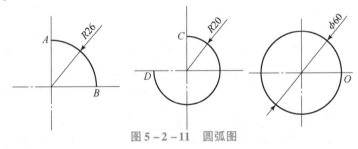

图 5 - 2 - 11　圆弧图

（2）利用极坐标指令写出如图 5 - 2 - 12 所示五角星底板每个点的坐标值。

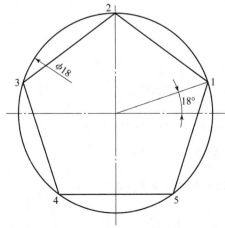

图 5 - 2 - 12　五角星底板

(3) 如图5-2-13所示，要求写出建立、进行及撤销刀补整个过程的程序。

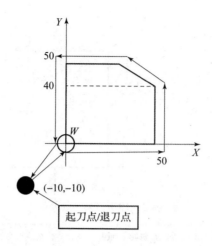

图5-2-13 刀补过程图

在表5-2-1中记录任务实施情况、存在的问题及解决措施。

表5-2-1 任务实施情况表

任务实施情况	存在问题	解决措施

 考核评价

请为自己小小的成功喝彩，珍惜每一次努力后的收获，并将其作为继续学习的动力。

各组展示自己第二个任务的学习成果，介绍任务完成过程及制作整个运作过程的视频、零件检测结果、技术文档并提交汇报材料，进行小组自评、组间互评和教师点评，完成如表5-2-2所示的考核与评价表。

表5-2-2 考核与评价表

姓名：		班级：		单位：			
序号	项目	考核内容		配分	自评 (20%)	互评 (30%)	师评 (50%)
1	圆弧指令	编程格式正确，顺、逆圆弧判断合理		20			
2	极坐标指令	每个点的极坐标值计算准确		20			
3	刀具半径补偿	根据提供的图形，编写出整个刀补的过程		35			

续表

序号	项目	考核内容	配分	自评 (20%)	互评 (30%)	师评 (50%)
4	职业素养	团队精神：分工合理、执行能力、服从意识	5			
		安全生产：安全着装，按规程操作	5			
		文明生产：文明用语，7S 管理（整理、整顿、清扫、清洁、素养、安全、节约）	5			
5	创新意识	创新性思维和行动	10			
总计						
组长签名：		教师签名：				

检测巩固

恭喜你已经完成学习任务 2，现通过以下测试题来检验我们前面所学，以便自查和巩固知识点。
用圆弧指令编写如图 5 - 2 - 14 所示从 O 走一整圆再运动到 A 点、再到 B 点的程序段。

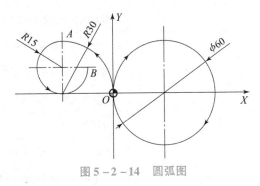

图 5 - 2 - 14　圆弧图

学习任务 3　M 形线板的编程与加工

任务编号	5 - 3	任务名称	M 形线板的编程与加工	建议学时	4 学时
任务安排					

（1）编写 M 形线板的程序
（2）用仿真软件验证程序并进行仿真加工
（3）上机操作，加工外形轮廓零件

模块三　轮廓与型腔零件的铣削技术　■　121

导学问题1：编制外轮廓加工程序应该注意哪些事项？
导学问题2：建立刀补的位置应该在切出之前还是之后？
导学问题3：加工外轮廓后的余料该如何去除？

外轮廓零件编程

1. 编制 NC 程序

参考任务1制定的工艺路线图5-1-10，编制参考程序，见表5-3-1。

表5-3-1 外轮廓零件的参考程序

加工程序	程序说明
O5001	程序名
N10 G54 G90 G17 G40	确定工作坐标系及加工平面，程序初始化
N20 M03 S2500	主轴正转，转速2 500 r/min
N25 G00 X40. Y65.	定位到下刀点0，没材料空间点下刀
N30 G0 Z5.	刀具到起始安全高度
N40 G01 Z-1. F1500	分层下刀
N50 G41 G01 X40. Y23 D01	到达第1点，建立刀具半径补偿
N60 Y-26.	以下是沿轮廓进行走刀加工过程（从第2点开始）
N70 X26. Y-40.	到达3点
N80 X14.	到达4点
N90 Y-30.	到达5点
N100 G03 X-14. R14.	到达6点，逆时针圆弧
N110 G01 Y-40.	到达7点
N120 G1 X-26.	到达8点
N130 G1 X-40. Y-26.	到达9点
N140 G1 Y23.	到达10点
N150 G02 X-35. Y31. R10.	到达11点，顺时针圆弧

加工程序	程序说明
N160 G03 X – 31. Y35. R20.	到达 12 点，逆时针圆弧
N170 G02 X – 23. Y40. R10.	到达 13 点，顺时针圆弧
N180 G1 X23. Y40.	到达 14 点
N190 G02 X31. Y35. R10.	到达 15 点，顺时针圆弧
N200 G03 X35. Y31. R20.	到达 16 点，逆时针圆弧
N210 G02 X40. Y23. R10.	回到 1 点，顺时针圆弧轮廓结束
N220 G1 G40 Z5.	一边抬刀、一边取消刀具半径补偿
N230 G00 Z100.	主轴抬到离工件上表面 100 mm 处
N240 M05	主轴停止
N250 M30	程序结束

注：精加工的程序参照切削用量表，在粗加工程序的基础上修改切削参数及刀具半径补偿值即可，不必另外编写程序。分层下刀，每次修改程序段 N40 中的 "Z" 值，直至 – 5 为止。余量手动清除。

探讨交流 1：在手动去除余料时，如何精确控制加工深度（"Z"值）？

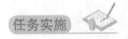

1. 领用工具

加工 M 形线板零件所需的工、刃、量具见表 5 – 3 – 2。

外轮廓零件加工

表 5 – 3 – 2   加工 M 形线板零件的工、刃、量具清单

序号	名称	规格	数量	备注
1	游标卡尺	0 ~ 150 mm，0. 02 mm	1 把	
2	百分表	0 ~ 10 mm，0. 01 mm	1 个	
3	立铣刀	$\phi20$ mm，$\phi8$ mm	各 1 把	
4	辅具	垫块 5 mm、10 mm、15 mm	各 1 块	
5	坯料	110 × 110 × 30（mm）的 45 钢板料	1 块	
6	其他	棒槌、铜皮、毛刷、锉刀等常用工具； 计算机、计算器、编程工具书等		选用

2. 加工准备

（1）阅读零件图，并检查坯料的尺寸。

（2）开机并回零。

（3）安装工件及刀具，安装时要用定位块定位，工件要凸出虎钳 10 mm 左右，便于对刀和加工。

（4）清理工作台、夹具、工件，并正确装夹工件，确保工件定位夹紧稳固、可靠，通过手动方式将刀具装入主轴中。

3. 对刀，设定工件坐标系

（1）安装加工铣刀。

（2）通过分中对刀把工件坐标系设定在工件上表面正中心点上。

4. 输入并检验程序

（1）先在仿真系统中输入编写的程序，并校验。

（2）仿真校验合格后，将平面铣削的 NC 输入数控系统中，检查程序，确保程序正确无误。

5. 空运行及仿真

在机床上进行图形模拟，如有问题要返回编辑界面修改程序，直至图形与图纸一致，如图 5 - 3 - 1 所示。

图 5 - 3 - 1　空运行及仿真

6. 执行零件加工

将工件坐标系恢复至原位，取消空运行，回参考点操作。对零件进行首次加工，加工时，应确保冷却充分和排屑顺利；应用量具直接在工作台上检测工件相关尺寸，根据测量结果调整 NC 程序，再次进行零件平面铣削。如此反复，最终将零件尺寸控制在规定的公差范围内。

7. 零件检测

零件加工后，进行尺寸检测，检测结果写入评分表。

8. 加工结束，清理机床

在确保零件加工完成及各尺寸在公差范围内之后，拆除工件，去毛刺，进一步清理工件。清扫机床，擦净刀具、量具等用具，并按规定摆放整齐。严格按机床操作规程关闭机床。

在表5-3-3中记录任务实施情况、存在的问题及解决措施。

表5-3-3 任务实施情况表

任务实施情况	存在问题	解决措施

考核评价

请为自己小小的成功喝彩，珍惜每一次努力后的收获，并将其作为继续学习的动力。

各组展示自己的作品，介绍任务完成过程及制作整个运作过程的视频、零件检测结果、技术文档并提交汇报材料，进行小组自评、组间互评和教师点评，完成表5-3-4所示的考核与评价表。

表5-3-4 考核与评价表

姓名：		班级：		单位：			
序号	项目	考核内容	配分	自评 (20%)	互评 (30%)	师评 (50%)	
1	尺寸精度	各外形尺寸符合图纸要求，超差不得分	30				
2	表面粗糙度	要求达 $Ra3.2\ \mu m$，超差不得分	10				
3	程序编制	程序格式代码正确，能够对程序进行校验、修改等操作，刀具轨迹显示正确、程序完整	15				
4	加工操作	正确安装工件，回参考点，建立工件坐标系，自动加工	20				
5	职业素养	团队精神：分工合理、执行能力、服从意思	5				
		安全生产：安全着装，按规程操作	5				
		文明生产：文明用语，7S管理（整理、整顿、清扫、清洁、素养、安全、节约）	5				
6	创新意识	创新性思维和行动	10				
总计							
组长签名：			教师签名：				

恭喜你学习任务全部完成，操千曲而后晓声，观千剑而后识器，接着通过下面的练习来拓展理论知识，提高实践水平。按前面任务实施步骤完成下面的练习。

（1）编写如图 5-3-2 所示凸轮零件的数控铣削加工程序，已知毛坯尺寸为 105 mm × 105 mm × 25 mm，材料 45 钢。

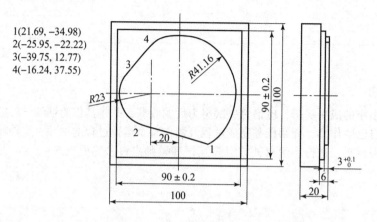

1(21.69, -34.98)
2(-25.95, -22.22)
3(-39.75, 12.77)
4(-16.24, 37.55)

图 5-3-2　凸轮零件编程图

（2）编写如图 5-3-3 所示正六边形零件的数控铣削加工程序，已知毛坯 105 mm × 105 mm × 25 mm，材料 45 钢。

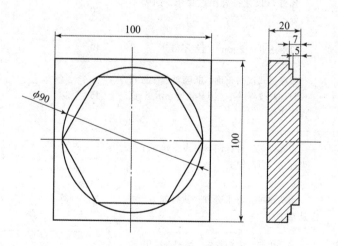

图 5-3-3　正六边形盖板零件编程图

（3）分析如图 5-3-4 所示太极零件的数控铣削加工工艺，填写工序卡，编制加工程序。毛坯为 105 mm × 105 mm × 30 mm，材料 45 钢。

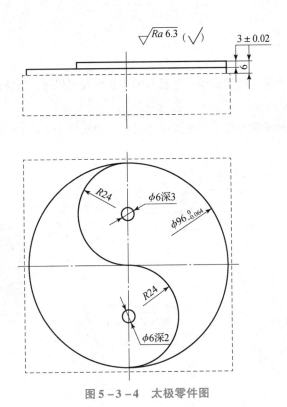

图 5 – 3 – 4　太极零件图

（4）分析如图 5 – 3 – 5 所示三角形花瓣零件的数控铣削加工工艺，填写工序卡，编制加工程序。毛坯为 105 mm × 105 mm × 30 mm，材料 45 钢。

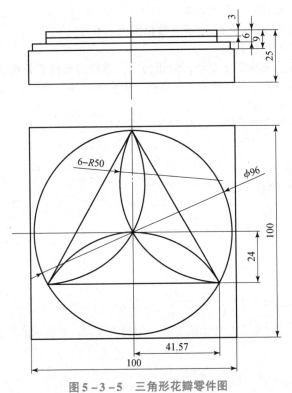

图 5 – 3 – 5　三角形花瓣零件图

项目复盘

千淘万漉虽辛苦，千锤百炼始成金。复盘有助于我们找到规律，固化流程，升华知识。

1. 项目完成的基本过程

通过前面的学习，外轮廓零件不管是简单还是复杂的结构，零件的铣削加工过程基本一致。

2. 制定工艺方案

（1）确定加工内容：零件轮廓的侧面和底面。

（2）毛坯的选择：根据零件图纸确定。

（3）机床选择：根据零件结构大小确定数控铣床的型号。

（4）确定装夹方案和定位基准。

（5）确定加工工序：先确定下刀点，切线切入，然后刀具绕着轮廓进行铣削，粗铣之后再进行精铣，精铣时，侧面和底面分开加工，遵循"光底不光侧，光侧不光底"的原则。

（6）选择刀具及切削用量。

确定刀具几何参数及切削参数，如表 5-3-5 所示。

表 5-3-5　刀具及切削用量表

工步	加工内容	刀具规格	刀号	切削深度/mm	主轴转速/(r·min⁻¹)	进给速度/(mm·min⁻¹)	刀具半径补偿/mm

（7）结合零件加工工序的安排和切削参数，填写表 5-3-6 所示的工艺卡片。

表 5 – 3 – 6   零件加工工艺卡

材料		零件图号		零件名称			工序号		
程序名		机床设备		夹具名称					
工步号	工步内容 (走刀路线)	G功能	T刀具	切削用量					
				转速 n /(r · min⁻¹)		进给量 f /(mm · r⁻¹)		背吃刀量 a_p /mm	

（8）请分不同的情况（如带有直线的轮廓、都是圆弧的轮廓等）举例说明外轮廓零件切入、切出的方式，以及下刀点选取的注意事项。

_____

_____

_____

_____

3. 数控加工程序编制

1）工件轮廓各坐标点的确定

各坐标的计算依据：_____

2）确定编程内容

根据轮廓上各连接圆弧，确定顺时针圆弧插补指令_____、逆时针圆弧插补指令_____

_____以及整圆切削指令_____。

如果有内接或外切正多边形，为了简化编程可以采用极坐标指令_____编程，极坐标指令角度的判别方法是_____，极坐标取消指令是_____。

建立刀具半径补偿时，左补偿指令是_____，右补偿指令是_____，刀具半径取消指令是_____。

4. 自动加工

自动加工零件的步骤：输入数控加工程序→验证加工程序→零件加工对刀操作→零件加工。

程序输入的模式：_____

程序验证的模式：_____

分中对刀步骤：_____

_____

_____

零件加工的模式：_____

5. 零件检测（工、量、检具的选择和使用）

_____

项目总结

本项目主要学习外轮廓零件的编程与加工，重点掌握外轮廓零件的进、退刀设计方案及圆弧指令、极坐标指令和刀具半径补偿指令在程序中的运用。

1. 铣削外轮廓注意事项：

（1）进行零件轮廓铣削，粗铣时尽量预留较大的加工余量（如粗铣后留单边余量 0.5 mm），这将使后续的半精、精加工工序易于控制零件的轮廓度精度。

（2）当用高速钢铣刀铣削零件轮廓时，应采用大流量冷却液冷却，确保刀具冷却充分，以提高刀具使用寿命。

（3）理论上讲，在进行零件轮廓铣削时，在 X 向的零件尺寸误差与 Y 向的基本相同，假如因机床存在传动误差（如丝杆反向间隙）造成 X 向、Y 向各尺寸偏差不一致，则可采取刀补调整尺寸精度与程序调整精度相结合的办法来综合控制零件尺寸精度。

2. 归纳整理

通过完成外轮廓零件编程与加工项目的运作和实施，归纳整理你的学习心得。

_____

_____

_____

_____

 型腔零件-手表凹模的铣削

 项目导入

某生产企业要求生产一批如图 6 - 0 - 1 所示的手表凹模零件，材料为 45 钢，试编制 NC 程序并在数控铣床上完成该凹模零件的加工。

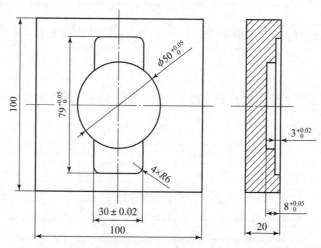

图 6 - 0 - 1 手表凹模零件图

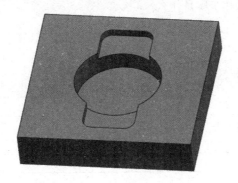

图 6 - 0 - 1　手表凹模零件图（续）

 项目分析

工欲善其事，必先利其器。我们先把项目分析透彻，才有助于更好地完成项目。

1. 加工对象

（1）在零件进行铣削加工前，先分析零件图纸，确定加工对象。

本项目的加工对象是＿＿＿＿＿＿＿＿＿＿＿＿＿＿＿＿＿＿＿＿＿＿＿＿＿＿＿

（2）分析零件图纸的内容包括＿＿＿＿＿＿＿＿＿＿＿＿＿＿＿＿＿＿＿＿＿＿

2. 加工工艺内容

（1）根据零件图纸，选择相应的毛坯材质为＿＿＿＿＿＿＿＿＿＿＿＿＿、毛坯尺寸

为＿＿＿＿＿＿＿＿＿＿＿。

（2）根据零件图纸，选择数控铣床型号：＿＿＿＿＿＿＿＿＿＿＿＿＿＿＿＿＿

（3）根据零件图纸，选择正确的夹具：＿＿＿＿＿＿＿＿＿＿＿＿＿＿＿＿＿＿

（4）根据零件图纸，选择正确的刀具：＿＿＿＿＿＿＿＿＿＿＿＿＿＿＿＿＿＿

（5）根据零件图纸，确定加工工艺顺序：＿＿＿＿＿＿＿＿＿＿＿＿＿＿＿＿＿

＿＿＿＿＿＿＿＿＿＿＿＿＿＿＿＿＿＿＿＿＿＿＿＿＿＿＿＿＿＿＿＿＿＿＿＿＿＿

（6）根据零件图纸，确定走刀路线：＿＿＿＿＿＿＿＿＿＿＿＿＿＿＿＿＿＿＿

＿＿＿＿＿＿＿＿＿＿＿＿＿＿＿＿＿＿＿＿＿＿＿＿＿＿＿＿＿＿＿＿＿＿＿＿＿＿

（7）根据零件图纸，确定切削参数：＿＿＿＿＿＿＿＿＿＿＿＿＿＿＿＿＿＿＿

＿＿＿＿＿＿＿＿＿＿＿＿＿＿＿＿＿＿＿＿＿＿＿＿＿＿＿＿＿＿＿＿＿＿＿＿＿＿

3. 程序编制

（1）外轮廓加工需要的功能指令有哪些？

＿＿＿＿＿＿＿＿＿＿＿＿＿＿＿＿＿＿＿＿＿＿＿＿＿＿＿＿＿＿＿＿＿＿＿＿＿＿

（2）零件加工程序的编制格式有哪些？

＿＿＿＿＿＿＿＿＿＿＿＿＿＿＿＿＿＿＿＿＿＿＿＿＿＿＿＿＿＿＿＿＿＿＿＿＿＿

4. 零件加工

（1）零件加工的工件原点确定在什么位置？

＿＿＿＿＿＿＿＿＿＿＿＿＿＿＿＿＿＿＿＿＿＿＿＿＿＿＿＿＿＿＿＿＿＿＿＿＿＿

（2）零件的装夹方式是什么？

＿＿＿＿＿＿＿＿＿＿＿＿＿＿＿＿＿＿＿＿＿＿＿＿＿＿＿＿＿＿＿＿＿＿＿＿＿＿

（3）加工程序的调试操作步骤是什么？

_____

5. 零件检测

（1）零件检测使用的量具有哪些？

_____

（2）零件检测的标准有哪些？

_____

项目分解

记事者必提其要，纂言者必钩其玄，通过前面对项目的分析，我们把该项目分解成三个学习任务：

学习任务1：制定型腔零件工艺方案
学习任务2：程序指令准备
学习任务3：手表凹模的编程与加工

项目分工

分工协作，各尽其责，知人善任。将全班同学每4~6人分成一小组，每个组员都有明确的分工，并且每人在不同任务中轮流担任组长，轮流不同的岗位，做到每个人都有平等机会锻炼学习能力、管理能力和组织协调能力，在实施任务的过程中充分体现团队合作精神，培育工匠精神及提升职业素养。项目分工见表6-0-1。

表6-0-1 项目分工表

组名		组长		指导老师	
学号	成员	岗位分工		岗位职责	
		项目经理		对整个项目总体进行统筹、规划，把握进度及各组之间的协调沟通等工作	
		工艺工程师		负责制定工艺方案	
		程序工程师		负责编制加工程序	
		数控铣技师		负责数控铣床的操作	
		质量工程师		负责验收，把控质量	
		档案管理员		做好各个环节的记录，录像留档，便于项目的总结复盘	

学习任务 1 制定型腔零件工艺方案

任务发放

任务编号	6-1	任务名称	制订型腔零件工艺方案	建议学时	2 学时
任务安排					

(1) 掌握型腔零件的种类
(2) 设计型腔零件走刀路径设计
(3) 了解型腔零件铣削常用刀具类型

任务导学

导学问题 1：型腔零件一般采用什么样的进、退刀方式？
导学问题 2：型腔有哪些下刀方法？
导学问题 3：型腔零件按组合方式分为哪几种？

知识链接

型腔零件包含有槽类和型腔两种，下面分别进行介绍。

1. 槽类零件分类及工艺

1）槽类零件分类

常见的槽类零件包括如图 6-1-1 所示的直角通槽、腰形槽及封闭键槽。

槽类零件工艺

型腔零件工艺

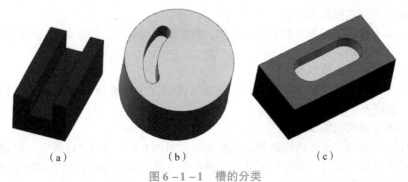

图 6-1-1 槽的分类
(a) 直角通槽；(b) 腰形槽；(c) 封闭键槽

2）槽类零件工艺路线

槽类零件一般不宜直接采用定尺寸刀具法控制槽侧尺寸，应该沿着轮廓加工。

（1）加工半通槽或通槽时，为保证槽形侧面的完整，在开口端侧面延伸一段，长度必须大于刀具半径，如图6-1-2所示。

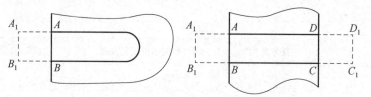

图6-1-2　通槽类结构编程的侧壁延伸示意图

探讨交流1：如果选用一把ϕ12的三刃立铣刀铣削如图6-1-2所示的槽，槽宽为20 mm，那么A_1到A及B_1到B的距离取多少合适？

（2）腰形槽通常采用圆弧切入、切出的进、退刀方式，如图6-1-3所示。在A点下刀，$A-P$段建刀补，$P-B$段圆弧切入，$B-C-D-E-F-B$段走轮廓，$B-Q$段圆弧切出，$Q-A$段取消刀补，回到下刀点，构成封闭的走刀路线图。

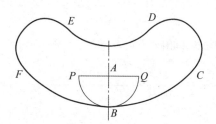

图6-1-3　腰形槽走刀路线图

（3）对于封闭的键槽，通常有以下几种工艺方法：

①经预钻孔下刀方式粗铣型腔。

事先在下刀位置预钻一个孔，然后立铣刀从预钻孔处下刀，将余量去除，如图6-1-4（a）所示。这种工艺方法能简化编程，对于深度较大的型腔，立铣刀通常为长刃玉米铣刀，此时要求机床功率较大，且工艺系统刚度好。

②以啄钻下刀方式粗铣型腔。

铣刀像钻头一样沿轴向垂直切入一定深度，然后使用周刃进行径向切削，如此反复，直至型腔加工完成，如图6-1-4（b）所示。

③以坡走下刀方式粗铣型腔。

以坡走下刀方式粗铣型腔，就是刀具以斜线方式切入工件来达到Z向进刀的目的，也称斜线下刀方式，如图6-1-4（c）所示。

④以螺旋下刀方式粗铣型腔。

在主轴的轴向采用三轴联动螺旋圆弧插补开孔，如图6-1-4（d）所示。以螺旋下刀铣削型腔时，可使切削过程稳定，能有效避免轴向垂直受力所造成的振动，且下刀时空间小，非常适合小功率机床和窄深型腔的加工。

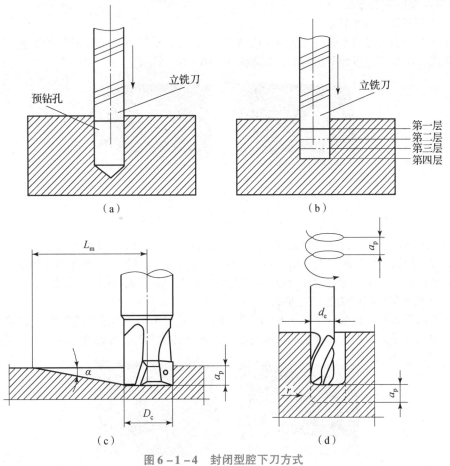

图 6 – 1 – 4　封闭型腔下刀方式

（a）预钻孔；（b）啄钻下刀；（c）坡走下刀；（d）螺旋下刀

探讨交流 2：上面四种下刀方式分别用于什么场合？

2. 型腔零件分类及工艺

1）复合型腔类型

复合型腔是指由多个型腔按一定形式组合而成的。按型腔的组合方式可分为串联分布型、并联分布型及带孤岛型，如图 6 – 1 – 5 所示。

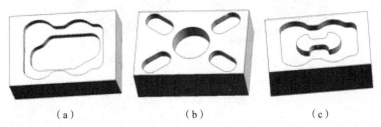

图 6 – 1 – 5　复合型腔的结构类型

（a）串联分布型；（b）并联分布型；（c）带孤岛型

2）复合型腔工艺方案

（1）串联型复合型腔铣削工艺方案。

对于串联分布的复合型腔［见图6-1-6（a）］，通常采用"从上到下"的工艺方案进行铣削，即先铣上层型腔，再铣下层型腔，如图6-1-6（b）所示。

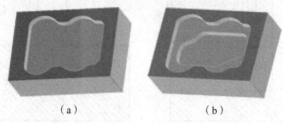

（a） （b）

图6-1-6 "从上到下"工艺方案

(a) 加工上层型腔；(b) 加工下层型腔

在粗加工阶段，为了提高材料去除效率，常采用较大直径的刀具粗铣上层腔型，然后再用较小直径的刀具粗铣下层型腔；在半精、精加工阶段，为保证各型腔尺寸精度的一致性，常用一把耐磨性好的精铣刀（如整体式硬质合金立铣刀）完成零件所有型腔轮廓的精加工。

（2）并联型复合型腔铣削工艺方案。

对于并联分布的复合型腔［见图6-1-7（b）］，通常采用"基准优先"的工艺原则决定各个型腔的加工顺序，即先铣具有基准功能的型腔，再铣其他型腔，如图6-1-7（a）所示。

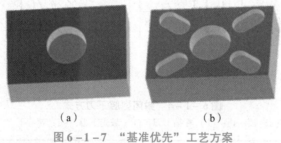

（a） （b）

图6-1-7 "基准优先"工艺方案

(a) 加工基准型腔；(b) 加工其他型腔

（3）带孤岛的复合型腔铣削工艺方案。

对于带孤岛的复合型腔［见图6-1-8（a）］，铣削时不仅要考虑型腔的轮廓精度，还要兼顾孤岛的轮廓精度，因而通常采用"先腔后岛"的工艺方案，即先加工型腔轮廓，再加工孤岛轮廓，如图6-1-8所示。

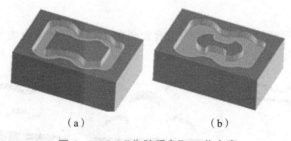

（a） （b）

图6-1-8 "先腔后岛"工艺方案

(a) 先铣型腔轮廓；(b) 再铣孤岛轮廓

3. 型腔零件常用刀具

铣削型腔零件常用刀具为指状铣刀、立铣刀和键槽铣刀。

当铣槽时，指状铣刀的圆周刃长度应尽可能大于槽的深度，刀具直径约为槽宽的 0.8 倍。

同时在选刀具时，若有凹圆角，则不管哪种内轮廓，所选刀具的半径都应比凹角半径小，以免产生欠切现象。

探讨交流3：键槽铣刀和立铣刀铣削型腔时下刀的方式及注意事项。

 任务实施

1. 制定工艺路线

从图 6 - 0 - 1 所示凹模零件图中可以看出，该零件属于串联分布的型腔，所以采用从上到下的加工工艺方案。先加工上面的长方形型腔，走刀路径如图 6 - 1 - 9（a）所示，在 0 点下刀，0 - 1 段建刀补值，1 - 2 - 3 - 4 - 5 - 6 - 7 - 8 - 9 - 1 段走一圈型腔轮廓，1 - 0 段取消刀具半径补偿值。这样一层层往下铣，Z 方向分层（每层下 0.5）铣至 5 mm 深度。然后再铣圆形型腔部分，其走刀路径如图 6 - 1 - 9（b）所示，在圆的中心点 0 点下刀，0 - 1 段建立刀补，1 - 2 段圆弧切入，2 - 2 段走一个顺时针整圆，2 - 1′段圆弧切出，1′ - 0 段取消刀补回到下刀点，再层层下刀（每层下 0.5 mm），直至加工到图纸要求的深度 10 mm，刀具再抬离工件。

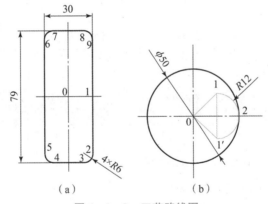

图 6 - 1 - 9　工艺路线图

（a）长方形型腔刀路设计；（b）圆形型腔刀路设计

2. 切削用量表

根据任务图的形状结构制定切削用量，如表 6 - 1 - 1 所示。

表 6 - 1 - 1　切削用量表

工步	加工内容	刀具规格/mm	刀号	切削深度/mm	主轴转速/(r·min^{-1})	进给速度/(mm·min^{-1})	刀具半径补偿/mm
1	粗铣方形轮廓	φ10 铣刀	T01	0.5	2 500	1 500	5.5
2	粗铣圆形轮廓	φ20 铣刀	T02	0.5	2 300	1 200	10.5

工步	加工内容	刀具规格/mm	刀号	切削深度 /mm	主轴转速 /(r·min⁻¹)	进给速度 /(mm·min⁻¹)	刀具半径补偿 /mm
3	精铣所有轮廓	φ8 铣刀	T03	轮廓深度	3 500	2 000	4.0

在表 6 – 1 – 2 中记录任务实施情况、存在的问题及解决措施。

表 6 – 1 – 2　任务实施情况表

任务实施情况	存在问题	解决措施

 考核评价

请为自己小小的成功喝彩，珍惜每一次努力后的收获，并将其作为继续学习的动力。

各组展示自己第一个任务的成果，介绍任务完成过程及制作整个运作过程的视频、零件检测结果、技术文档并提交汇报材料，进行小组自评、组间互评和教师点评，完成如表 6 – 1 – 3 所示的考核与评价表。

表 6 – 1 – 3　考核与评价表

姓名：		班级：		单位：			
序号	项目	考核内容	配分	自评 (20%)	互评 (30%)	师评 (50%)
1	工艺路线	工艺路线制定的合理性	20			
2	刀具选择	刀具类型及刀具直径的选择	20			
3	切削用量	切削用量的合理确定	35			
4	职业素养	团队精神：分工合理、执行能力、服从意识	5			
		安全生产：安全着装，按规程操作	5			
		文明生产：文明用语，6S 管理（整理、整顿、清扫、清洁、素养、安全、节约）	5			
5	创新意识	创新性思维和行动	10			
总计						
组长签名：			教师签名：			

检测巩固

恭喜你已经完成学习任务1，现通过以下测试题来检验我们前面所学，以便自查和巩固知识点。

如图6-1-10所示，要求$\phi 40$ mm的型腔采用圆弧切入、切出的进、退刀方式，圆弧的大小如何确定及其他切入、切出点的坐标值如何计算，试画图说明。

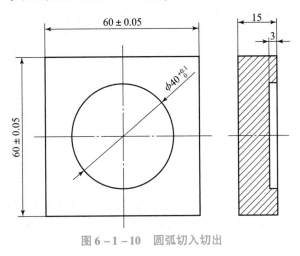

图6-1-10 圆弧切入切出

学习任务2 程序指令准备

任务发放

任务编号	6-2	任务名称	程序指令准备	建议学时	2学时
任务安排					

（1）掌握暂停指令G04的用法
（2）掌握换刀指令的M06格式和用法
（3）掌握长度补偿指令G43/G44/G49
（4）掌握螺旋插补指令G02/G03

任务导学

导学问题1：在使用换刀指令前应该进行什么操作？

导学问题2：如何建立刀具的长度补偿？有什么意义？

导学问题3：螺旋插补指令与圆弧插补指令有什么不同？

知识链接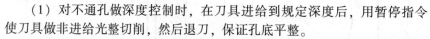

1. 暂停指令 G04

编程格式：

G04 X(P)_;

说明：地址码 X 或 P 为暂停时间。其中：X 后面可用带小数点的数，单位为 s，如"G04 X5;"表示前面的程序执行完后，要经过 5 s 的暂停，下面的程序段才执行；地址 P 后面不允许用小数点，单位为 ms。如"G04 P1000;"表示暂停 1 s。

G04，G02/G03 指令

功能及应用：该指令可使刀具做短时间的停顿，以获得圆整而光滑的表面。其主要用于以下几种情况。

G43/G44/G49 及 螺旋插补指令

（1）对不通孔做深度控制时，在刀具进给到规定深度后，用暂停指令使刀具做非进给光整切削，然后退刀，保证孔底平整。

（2）镗孔完毕后要退刀时，为避免留下螺旋划痕而影响表面粗糙度，应使主轴停止转动，并暂停几秒钟，待主轴完全停止后再退刀。

（3）用丝锥攻螺纹时，如果刀具夹头带有正反转机构，则可用暂停指令，以暂停时间代替指定的进给距离。待攻丝完毕，丝锥退出上件后，再恢复机床的动作指令。

探讨交流 1：暂停指令 G04 和 M00 有什么联系和区别？

2. 换刀指令

1）指令格式

M06 T_;

程序中：T_——预换刀具号。

2）刀具 Z 向坐标设置含义

加工中心机床在执行换刀指令前要确定各刀具的工件坐标系 Z 向补偿值。

刀具的工件坐标系 Z 向原点有两种设置：

（1）将工件坐标系原点 Z0 设定在工件的上表面，该方法在单把刀对刀中常用。

（2）将工件坐标系原点 Z0 设定在机床坐标系的 Z0 处（设置 G54 等时，"Z"后面为 0）。当使用多把刀加工时，常采用这种方式。

将工件坐标系原点 Z0 设定在机床坐标系的 Z0 处，即不设基准刀具，每把刀具通过刀具长度补偿的方法使其仍以工件上表面为编程时的工件坐标系原点 Z0。每把刀具在使用时都必须有长度补偿指令，在取消刀具长度补偿时，"Z"不允许为正，必须为 0 或负（如 G49 Z-50），否则主轴会出现向上超程。

探讨交流 2：工件坐标系 Z0 的选择有哪两种方式？哪种需要基准刀？哪种不需要基准刀？

3）各刀具 Z 向补偿值设置过程

刀具旋转，移动 Z 轴，使刀具接近工件上表面。当刀具刀刃把粘在工件表面的薄纸片（浸有切削液）转飞时，记录每把刀具当前的 Z 轴机床（机械）坐标值（如图 6-2-1 所示，两把不同高度的刀具的 Z 向机械坐标值应为 H_1 和 H_2）。使用薄纸片时，应把当前的机床坐标减去 0.01~0.02 mm（薄纸片的厚度），再把记录的 Z 轴机床（机械）坐标值（全部为负）设置到刀具相应的 H 处。

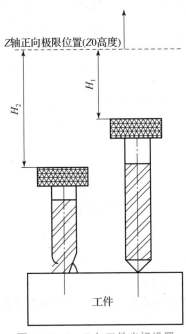

图 6-2-1　Z 向工件坐标设置

3. 刀具长度补偿指令

刀具长度补偿指令一般用于刀具轴向（Z 方向）的补偿，它使刀具在 Z 方向上的实际位移量比程序给定值增加或减少一个偏置量，这样当刀具在长度方向的尺寸发生变化时（如钻头刃磨后），可以在不改变程序的情况下通过改变偏置量，加工出所要求的零件尺寸。

1）指令格式

G43/ G44 G00/G01 Z_　H_；

G49；

2）指令说明

（1）G43 指令为刀具长度正补偿，如图 6-2-2（a）所示。

（2）G44 指令为刀具长度负补偿，如图 6-2-2（b）所示。

（3）G49 指令为取消刀具长度补偿，如图 6-2-2（c）所示。

（4）刀具长度补偿指刀具在 Z 方向的实际位移比程序给定值增加或减少一个偏置值。

（5）格式中的"Z"值是指程序中的指令值，即目标点坐标。

（6）H 为刀具长度补偿代码，后面两位数字是刀具长度补偿寄存器的地址符。H01 指 01 号寄存器，在该寄存器中存放对应刀具长度的补偿值。

使用 G43、G44 时，不管是用绝对尺寸还是用增量尺寸指令编程，程序中指定的 Z 轴移动指令的终点坐标值都要与 H 代码指令存储器中的偏移量进行运算。

执行 G43 时：Z 实际值 = Z 指令值 + H_中的偏置值；

执行 G44 时：Z 实际值 = Z 指令值 – H_中的偏置值。

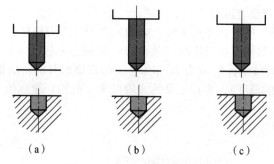

图 6 - 2 - 2 刀具长度补偿图

(a) 正补偿；(b) 负补偿；(c) 不补偿

探讨交流 3：G43 和 G44 可以互相转化吗？使用 G44 时要注意些什么？

4. 螺旋插补指令

螺旋插补是由两种运动组成：在 G17、G18 或 G19 平面中进行的圆弧运动和垂直于该平面的轴的直线运动。

指令格式：

G02/G03 X_ Y_ I_ J_ Z_ ；

程序中：X_ Y_ Z_——铣削终点坐标；

I_ J_——圆弧圆心与圆弧起点的 X、Y 向量坐标增量值。

 任务实施

（1）图 6 - 2 - 3 所示为利用暂停指令 G04 进行加工的实例，其加工程序见表 6 - 2 - 1。

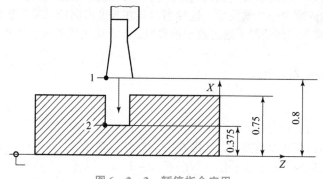

图 6 - 2 - 3 暂停指令应用

表 6 - 2 - 1 G04 加工案例

加工程序	程序说明
……	
N060 G00 X1.6；	快速到 1 点
N070 G01 X0.75 F0.05；	以进给速度到 2

加工程序	程序说明
N080 G04 X1.0;	暂停 1 s
N090 G00 X1.6;	快速到 1
……	

（2）如当前主轴刀位为 T2 号刀，预将刀库中 T1 号刀调出，机床坐标系和编程坐标系的原点如图 6 - 2 - 4（a）所示。当 Z 向对刀时，刀具从图上 1 点下降到 2 点，移动距离为图 6 - 2 - 4（a）所示的 H（高 H 为 300），即为 CRT 显示器上输入的长度补偿值，如图 6 - 2 - 4（b）所示。请编一段简短的程序，包括换刀及补偿过程。请分别计算刀具执行正补偿和负补偿至 Z10.0 位置的实际运动距离值。

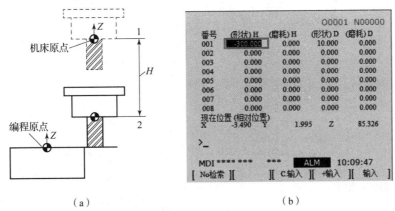

（a）　　　　　　　　　　　　　（b）

图 6 - 2 - 4　刀具长度补偿界面

①编写加工程序，见表 6 - 2 - 2。

表 6 - 2 - 2　加工程序

加工程序	程序说明
N10 T1 M06;	换 1 号刀
N20 G54 G90 G40 G17 G64;	程序初始化
N30 M03 S1500;	主轴正转，转速 1 500 r/min
N40 M08;	开冷却液
N50 G00 G43 Z10. H01;	Z 轴快速定位，执行长度正补偿
……	
……	铣削轮廓
……	
N90 G00 G49 Z0;	抬刀撤销高度补偿
N100 M09;	关冷却液
N110 M30;	程序结束

②当如程序中一样执行"G00 G43 Z10. H01;"正补偿时,刀具实际运动距离 = -300 + 10 = -290,位置如图 6 - 2 - 5(a)所示。当执行"G00 G44 Z10. H01;"时,刀具实际运动距离 = -300 - 10 = -310,其位置如图 6 - 2 - 5(b)所示。此时刀具位于工件的下方,很不安全,容易造成事故,所以一般采用正补偿 G43 来进行编程。

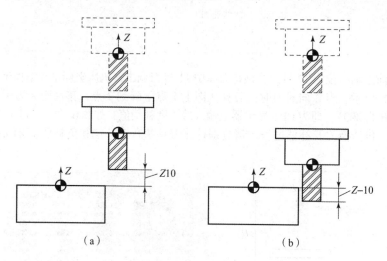

（a）   （b）

图 6 - 2 - 5   刀具长度正负补偿结果
（a）执行正补偿的位置；（b）执行负补偿的位置

（3）如图 6 - 2 - 6 所示,刀具从 $A(5,0,0)$ 点走螺旋线(在 G17 平面刀具中心的轨迹为 $\phi 10$ 的整圆)至 $B(5,0,5)$ 点。试编写该段程序。

螺旋线的程序段如下:

```
……
G03 X5 Y0 I-5 J0 Z-5;
……
```

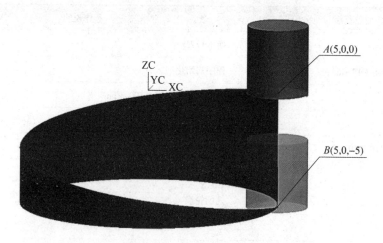

图 6 - 2 - 6   螺旋插补图

在表 6 - 2 - 3 中记录任务实施情况、存在的问题及解决措施。

表 6 - 2 - 3　任务实施情况表

任务实施情况	存在问题	解决措施

考核评价

请为自己小小的成功喝彩，珍惜每一次努力后的收获，并将其作为继续学习的动力。

各组展示自己第二个任务的学习成果，介绍任务完成过程及制作整个运作过程的视频、零件检测结果、技术文档并提交汇报材料，进行小组自评、组间互评和教师点评，完成如表 6 - 2 - 4 所示的考核与评价表。

表 6 - 2 - 4　考核与评价表

姓名：　　　　　　班级：　　　　　　单位：

序号	项目	考核内容	配分	自评（20%）	互评（30%）	师评（50%）
1	暂停指令	编程格式正确，使用合理	20			
2	螺旋插补指令	指令在编程中的正确运用	20			
3	刀具长度补偿	完成多把刀具长度补偿的设置及编程	35			
4	职业素养	团队精神：分工合理、执行能力、服从意识	5			
		安全生产：安全着装，按规程操作	5			
		文明生产：文明用语，7S 管理（整理、整顿、清扫、清洁、素养、安全、节约）	5			
5	创新意识	创新性思维和行动	10			
总计						

组长签名：　　　　　　　　　教师签名：

检测巩固

恭喜你已经完成学习任务 2，现通过以下 2 个测试题来检验我们前面所学，以便自查和巩固知识点。

（1）在数控铣床上采用两种测量 Z 值零点的方法进行对刀操作，并将多把刀对刀后输入长度补偿值，然后验证刀具位置。

（2）如图 6 - 2 - 7 所示，要求采用螺旋指令下刀，试编写加工程序。

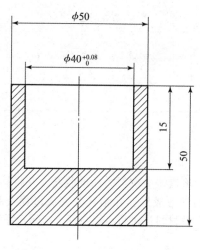

图 6 - 2 - 7　圆柱孔螺旋插补

学习任务 3　手表凹模的编程与加工

任务编号	6 - 3	任务名称	手表凹模的编程与加工	建议学时	4 学时
任务安排					
（1）编写型腔零件凹模的程序 （2）用仿真软件验证程序并进行仿真加工 （3）上机操作，加工凹模零件					

任务导学

导学问题 1：编制型腔零件的加工程序应该注意哪些事项？
导学问题 2：多把刀对刀如何分别测出刀具长度补偿值？
导学问题 3：加工型腔零件余料的去除方法是什么？

146 ▉ 数控加工编程（铣削）

内轮零件编程

1. 编制 NC 程序

参考任务 1 图 6 – 1 – 9 中制定的工艺路线，编制参考程序，见表 6 – 3 – 1。

表 6 – 3 – 1 凹模零件的参考程序

加工程序	程序说明
O6001	程序名
N05 M06 T01；	调用 1 号刀（φ10 mm 立铣刀）铣削四方形轮廓
N10 G54 G90 G17 G40；	确定工作坐标系及加工平面，程序初始化
N20 M03 S2500 M08；	主轴正转，转速 2 500 r/min，冷却液开
N25 G00 X0. Y0. ；	定位到下刀点 0
N30 G0 G43 Z5. H01；	刀具到起始安全高度，调用 1 号刀具长度补偿
N40 G01 Z – 5. F200；	下刀，注意调低下刀速度，$Z-5$ 为最后一刀的深度
N50 G42 G01 X15. Y0. D01 F1500；	到达第 1 点，建立刀具半径右补偿，进给速度调大
N60 Y – 33.5；	沿轮廓进行走刀加工（从第 2 点开始）
N70 G02 X9. Y – 39.5 R6. ；	到达 3 点
N80 G01 X – 9. ；	到达 4 点
N90 G02 X – 15. Y33.5 R6. ；	到达 5 点
N100 G01 Y33.5；	到达 6 点
N110 G02 X – 9. Y39.5 R6. ；	到达 7 点
N120 G01 X9. ；	到达 8 点
N130 G02 X15. Y33.5 R6. ；	到达 9 点
N140 G01 Y0. ；	回到第 1 点
N150 G1 G40 X0. ；	返回到 0 点，取消刀具半径补偿
N160 G00 G49 Z0. ；	主轴抬到最高点，取消长度补偿
N170 M05 M09；	主轴停止，冷却液关闭
N170 M06 T02；	调用 2 号刀（φ20 mm 立铣刀）铣削 φ50 mm 的整圆型腔
N180 M03 S2300 M08；	主轴正转，转速 2 500 r/min，冷却液开
N190 G00 X0. Y0. ；	定位到下刀点 0
N200 G0 G43 Z5. H02；	刀具到起始安全高度，调用 2 号刀具长度补偿
N210 G01 Z – 7. F200；	下刀，注意调低下刀速度，$Z-7$ 为最后一刀的深度

模块三 轮廓与型腔零件的铣削技术 ■ **147**

加工程序	程序说明
N220 G42 G01 X13. Y12. D01 F1500;	到达第1点，建立刀具半径右补偿，进给速度调大
N230 G02 X25. Y0 R12. ;	1-2段圆弧切入，圆弧半径大于刀具半径值
N240 G02 I-25. ;	2-2段顺时针铣整圆
N250 G02 X13. Y-12. R12. ;	2-1′段圆弧切出
N260 G01 G40 X0 Y0;	返回至下刀点，取消刀具半径补偿
N270 G00 G49 Z0. ;	主轴抬到最高点，取消长度补偿
N280 M05 M09;	主轴停止，冷却液关闭
N290 M30;	程序结束

注：精加工的程序，把所有刀具改为T03，长度补偿输入H03下面，参照切削用量表，在粗加工程序的基础上修改切削参数，重新运行一次程序进行精加工即可。

探讨交流1：上面程序段"N270 G00 G49 Z0；"表达的意思是刀具离开工件至最高点，说明对刀时Z0位置设定在什么地方？

任务实施

1. 领用工具

加工手表凹模零件所需的工、刃、量具见表6-3-2。

内轮廓零件加工

表6-3-2 凹模零件的工、刃、量具清单

序号	名称	规格	数量	备注
1	游标卡尺	0~150 mm，0.02 mm	1把	
2	百分表	0~10 mm，0.01 mm	1个	
3	内径量表	0~75 mm	1把	
4	立铣刀	φ20 mm、φ10 mm、φ8 mm	各1把	
5	辅具	垫块5 mm、10 mm、15 mm	各1块	
6	坯料	100×100×20（mm）的45钢板料	1块	
7	其他	棒槌、铜皮、毛刷、锉刀等常用工具； 计算机、计算器、编程工具书等		选用

2. 加工准备

(1) 阅读零件图，并检查坯料的尺寸。

(2) 开机并回零。

(3) 安装工件及刀具，安装时要用定位块定位，工件要凸出虎钳，以便于对刀和加工。

(4) 清理工作台、夹具、工件，并正确装夹工件，确保工件定位夹紧稳固、可靠，通过自动换刀指令将刀具装入主轴中。

3. 对刀，设定工件坐标系

(1) 安装加工铣刀。

(2) 通过分中对刀把工件坐标系设定在工件上表面正中心点上。

(3) 将三把刀的长度补偿值及半径补偿值对应输入如图 6 – 3 – 1 所示界面中。

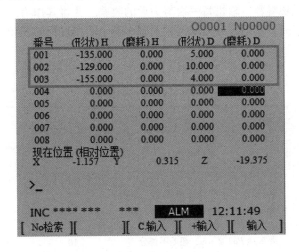

图 6 – 3 – 1　输入补偿界面

4. 输入并检验程序

(1) 先在仿真系统中输入编写的程序，并校验。

(2) 仿真校验合格后，将平面铣削的 NC 输入数控系统中，检查程序，确保程序正确无误。

5. 空运行及仿真

在机床上进行图形模拟，如有问题要返回编辑界面修改程序，直至图形与图纸一致。

6. 执行零件加工

将工件坐标系恢复至原位，取消空运行，回参考点操作。对零件进行首次加工，加工时，应确保冷却充分和排屑顺利；应用量具直接在工作台上检测工件相关尺寸，根据测量结果调整 NC 程序，再次进行零件铣削。如此反复，最终将零件尺寸控制在规定的公差范围内。

7. 零件检测

零件加工后，进行尺寸检测，检测结果写入评分表。

8. 加工结束，清理机床

在确保零件加工完成及各尺寸在公差范围内之后，拆除工件，去毛刺，进一步清理工件。清扫机床，擦净刀具、量具等用具，并按规定摆放整齐。严格按机床操作规程关闭机床。

在表 6 – 3 – 3 中记录任务实施情况、存在的问题及解决措施。

表 6 - 3 - 3   任务实施情况表

任务实施情况	存在问题	解决措施

考核评价

请为自己小小的成功喝彩，珍惜每一次努力后的收获，并将其作为继续学习的动力。

各组展示自己的作品，介绍任务完成过程及制作整个运作过程的视频、零件检测结果、技术文档并提交汇报材料，进行小组自评、组间互评和教师点评，完成表 6 - 3 - 4 所示的考核与评价表。

表 6 - 3 - 4   考核与评价表

姓名：		班级：		单位：			
序号	项目	考核内容	配分	自评（20%）	互评（30%）	师评（50%）
1	尺寸精度	各外形尺寸符合图纸要求，超差不得分	30			
2	表面粗糙度	要求达 $Ra3.2\ \mu m$，超差不得分	10			
3	程序编制	程序格式代码正确，能够对程序进行校验、修改等操作，刀具轨迹显示正确、程序完整	15			
4	加工操作	正确安装工件，回参考点，建立工件坐标系，自动加工	20			
5	职业素养	团队精神：分工合理、执行能力、服从意识	5			
		安全生产：安全着装，按规程操作	5			
		文明生产：文明用语，7S 管理（整理、整顿、清扫、清洁、素养、安全、节约）	5			
6	创新意识	创新性思维和行动	10			
总计						
组长签名：			教师签名：			

恭喜你学习任务全部完成，操千曲而后晓声，观千剑而后识器，接着通过下面的练习来拓展理论知识，提高实践水平。

（1）编制如图6-3-2所示五环的数控铣削程序并完成加工，加工深度为1 mm。

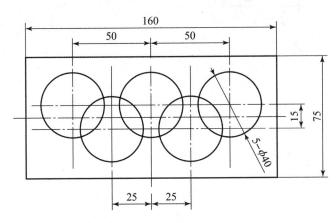

图6-3-2　五环编程图

（2）如图6-3-3所示，工件的加工要求：拟定加工路线，合理选择刀具和切削参数，编写加工程序并完成加工。

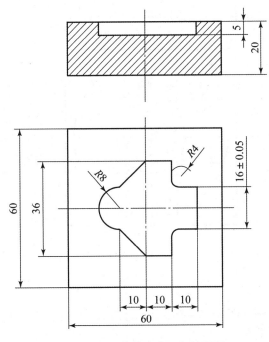

图6-3-3　内轮廓小飞机编程图

（3）在数控铣床上完成如图6-3-4所示零件两个槽形轮廓的加工，工件材料为45钢。生产规模：单件。试尝试不同加工方案。

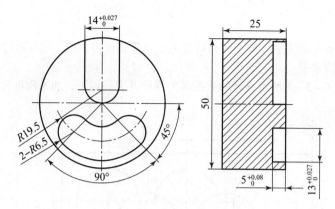

图 6 - 3 - 4 腰形槽零件编程图

（4）在数控铣床上完成如图 6 - 3 - 5 所示板槽零件的加工，工件材料为 45 钢。生产规模：单件。试尝试不同加工方案。

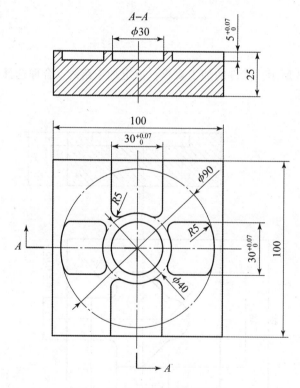

图 6 - 3 - 5 板槽零件编程图

（5）在数控铣床上完成如图 6 - 3 - 6 所示组合沟槽零件的加工，工件材料为 45 钢。生产规模：单件。试尝试不同加工方案。

（6）在数控铣床上完成如图 6 - 3 - 7 所示型腔零件，工件材料为 45 钢。生产规模：单件。

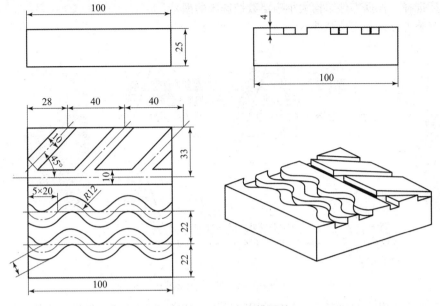

图 6 - 3 - 6　组合沟槽零件

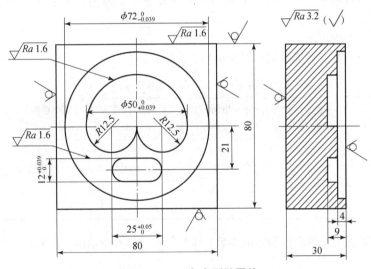

图 6 - 3 - 7　复合型腔零件

项目复盘

千淘万漉虽辛苦，千锤百炼始成金。复盘有助于我们找到规律，固化流程，升华知识。

1. 项目完成的基本过程

通过前面的学习，型腔零件虽然有各种不同的种类，但是铣削加工过程大同小异，如图 6 - 3 - 8 所示。

2. 制定工艺方案

（1）制定工艺方案过程。

①确定加工内容：型腔轮廓的侧面和底面。

②毛坯的选择：根据零件图纸确定。

③机床选择：根据零件结构大小确定数控铣床的型号。
④确定装夹方案和定位基准。

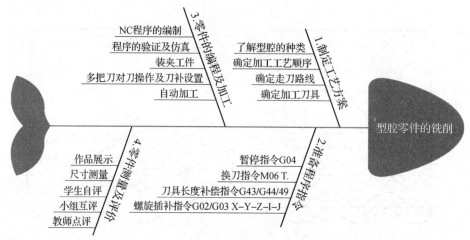

图 6 – 3 – 8　项目完成过程

⑤确定加工工序：先确定下刀点，采用圆弧切入/出的走刀方式，然后刀具绕着轮廓进行铣削，粗铣之后再进行精铣，精铣时，侧面和底面分开加工，遵循"光底不光侧，光侧不光底"的原则。

⑥选择刀具及切削用量。

确定刀具几何参数及切削参数，如表 6 – 3 – 5 所示。

表 6 – 3 – 5　刀具及切削用量表

工步	加工内容	刀具规格	刀号	切削深度 /mm	主轴转速 /($r \cdot min^{-1}$)	进给速度 /($mm \cdot min^{-1}$)	刀具半径补偿 /mm

⑦结合零件加工工序的安排和切削参数，填写表 6 – 3 – 6 所示的工艺卡片。

表 6 – 3 – 6　零件加工工艺卡

材料		零件图号		零件名称		工序号		
程序名		机床设备		夹具名称				
工步号	工步内容 （走刀路线）		G 功能	T 刀具	切削用量			
					转速 n /($r \cdot min^{-1}$)	进给量 f /($mm \cdot r^{-1}$)	背吃刀量 a_p /mm	

（2）总结概括内轮廓型腔零件在铣削时下刀的方法及注意事项。

_____

_____

_____

_____

3. 数控加工程序编制

1）型腔零件下刀点的确定

确定下刀点的方法：_____

2）确定编程内容

逆时针铣整圆的切削指令：_____。

型腔零件当刀具下到指定深度时，为了光整底面，采用暂停指令_____，工件采用多把刀加工，需要时换刀指令为_____，采用刀具长度正补偿的指令格式为_____。

较深的型腔，需要用螺旋下刀，指令为_____。

4. 自动加工

自动加工零件的步骤：输入数控加工程序→验证加工程序→零件加工对刀操作→零件加工。

对刀时如何设置基准刀：_____

如何根据基准刀计算刀具长度补偿量：_____

设置基准刀和不设置基准刀的区别：_____

_____

_____

5. 零件检测（内径量表的使用及读数方法）

_____

项目总结

本项目主要学习型腔零件——手表凹模的编程与加工，重点掌握型腔零件的下刀方法，设定 Z0 平面的两种方法和刀具长度补偿指令在程序中的运用。通过本项目的学习，读者要能熟练应用数控铣床加工各种型腔零件。

1. 铣削型腔零件注意事项

（1）进行型腔铣削时，特别注意下刀方式及下刀速度，保护好刀具。

（2）注意型腔轮廓刀具半径补偿的判定，特别容易导致 G41/G42 判定错误，造成零件报废。

（3）确定走刀路线时，要注意下刀点的位置。

（4）采用圆弧进退刀时，注意圆弧半径的取值，一定要大于刀具的半径值，不然机床会有过切的报警。

2. 归纳整理

通过完成型腔零件铣削项目的运作和实施，归纳整理你的学习心得。

_____

_____

_____

项目七　内外轮廓复合件-盖板的铣削

某企业要求生产如图 7-0-1 所示的内外轮廓十字槽盖板零件，材料为 45 钢，请编制 NC 程序并在数控铣床上完成该零件的加工。

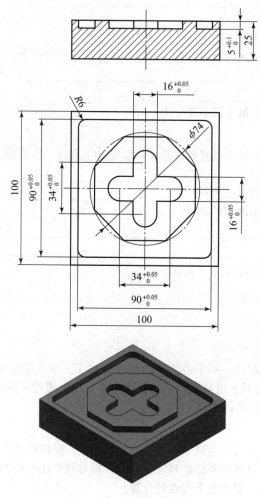

图 7-0-1　盖板零件图

工欲善其事，必先利其器。我们先把项目分析透彻，才有助于更好地完成项目。

1. 加工对象

（1）在零件进行铣削加工前，先分析零件图纸，确定加工对象。

本项目的加工对象是＿＿＿＿＿＿＿＿＿＿＿＿＿＿＿＿＿＿＿＿＿＿＿＿＿＿＿＿＿＿＿＿＿＿

(2) 分析零件图纸的内容包括_____

2. 加工工艺内容

(1) 根据零件图纸，选择相应毛坯的材质为_____、毛坯尺寸
为_____

(2) 根据零件图纸，选择数控铣床型号：_____

(3) 根据零件图纸，选择正确的夹具：_____

(4) 根据零件图纸，选择正确的刀具：_____

(5) 根据零件图纸，确定加工工艺顺序：_____

_____

(6) 根据零件图纸，确定走刀路线：_____

_____

(7) 根据零件图纸，确定切削参数：_____

3. 程序编制

内外轮廓复合件加工需要的功能指令：_____

零件加工程序的编制格式：_____

4. 零件加工

(1) 零件加工的工件原点确定在什么位置？

_____

(2) 零件的装夹方式是什么？

_____

(3) 加工程序的调试操作步骤？

_____

5. 零件检测

(1) 零件检测使用的量具有哪些？

_____

(2) 零件检测的标准有哪些？

_____

项目分解

记事者必提其要，纂言者必钩其玄，通过前面对项目的分析，我们把该项目分解成两个学习
任务：

学习任务1：制定铣削工艺及程序指令准备

学习任务2：盖板的编程与加工

项目分工

分工协作，各尽其责，知人善任。将全班同学每4～6人分成一小组，每个组员都有明确的
分工，并且每人在不同任务中轮流担任组长，轮流不同的岗位，做到每个人都有平等机会锻炼学
习能力、管理能力和组织协调能力，在实施任务的过程中充分体现团队合作精神，培育工匠精神
及提升职业素养。项目分工见表7-0-1。

表 7 - 0 - 1　项目分工表

组名		组长		指导老师	
学号	成员	岗位分工		岗位职责	
		项目经理		对整个项目总体进行统筹、规划，把握进度及各组之间的协调沟通等工作	
		工艺工程师		负责制定工艺方案	
		程序工程师		负责编制加工程序	
		数控铣技师		负责数控铣床的操作	
		质量工程师		负责验收、把控质量	
		档案管理员		做好各个环节的记录，录像留档，便于项目的总结复盘	

学习任务 1　制定铣削工艺及程序指令准备

任务发放

任务编号	7 - 1	任务名称	制定铣削工艺及程序指令准备	建议学时	2 学时
任务安排					

（1）内外轮廓零件的铣削工艺方案
（2）内外轮廓零件残料的去除方法
（3）指令学习

任务导学

导学问题 1：内外轮廓是如何根据实际情况安排加工顺序的？

导学问题 2：去除余料有哪些方法？

导学问题 3：运行 G28、G29 指令运行路线，需不需要经过中间点？

1. 内外轮廓零件铣削工艺方案

内外轮廓复合件同时具备外轮廓和内轮廓，所以如何安排好加工顺序是保证工件质量的关键。

内外轮廓工艺知识

1) 内外轮廓铣削工艺方案类型

(1) 先外后内的工艺方案。

对于各凸台轮廓高度相同以及凸台轮廓四周高、中间低的岛屿形外形轮廓（见图7-1-1），通常采用"从外到内"的工艺方案来粗铣零件，即"先铣四周轮廓，再铣中间轮廓，最后清除残料"。

(2) 先内后外的工艺方案。

对于凸台轮廓中间高、四周低的岛屿形外形轮廓（见图7-1-2），为了保证四周凸台上的残料在清除时为连续切削，则通常采用"先内后外"的工艺方案作为粗铣方案，即"清除高于四周凸台的残料，铣中间轮廓，再铣四周凸台，最后清除剩余残料"。

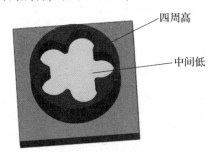

图7-1-1 四周高、中间低工件

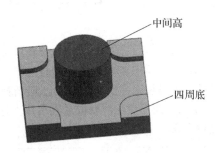

图7-1-2 中间高、四周低工件

2) 铣削岛屿形外形轮廓刀具直径的选择

由于并联分布多个凸台，因而在铣削岛屿形外形轮廓时刀具直径不是任意选择，而是找出各凸台间的最小距离，然后根据这个最小距离确定轮廓铣削的刀具直径，如图7-1-3所示。当然，为提高残料的清除效率，在条件允许的情况下，也可选取比铣削轮廓刀具更大的刀具来清除残料。

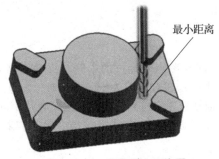

图7-1-3 轮廓最小距离图

3) 残料的清除方法

岛屿形外形轮廓零件属于外形较复杂、周边有凸台干涉的零件类型，其残料清除可采用前面所述方法外，还可根据以下情况选取相应的清除方案。

(1) 当凸台较多但形状相同且规律分布时。

如图7-1-4所示，用合适的刀具加工完所有轮廓后，所留残料如阴影部分所示，通过一些直线段刀轨编写去除任一小阴影部分（如阴影A）的程序，然后通过坐标旋转或镜像等功能去除其他部（B、C、D处）的残料。

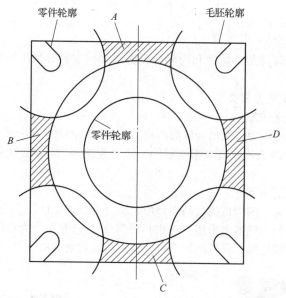

图7-1-4　凸台干涉规律分布图

（2）当凸台较多且形状各不相同时。

用合适的刀具加工完所有轮廓后，所留残料一般直接通过一些直线段刀轨去除，相关坐标可通过 CAD 软件捕捉点功能获取或在机床上通过刀具所在点的位置读取当前点在机床上的绝对坐标值进行编程。

探讨交流1：在编写去除余料程序时是否需要建立刀具半径补偿？

2. 编程指令

1）自动返回参考点（G28）

格式：

G28 X_ Y _Z _A_;

G28，G29
指令讲解

程序中：X_、Y_、Z_、A_——回参考点时经过的中间点（非参考点）。在 G90时为中间点在工件坐标系中的坐标；在 G91 时为中间点相对于起点的位移量。

G28 指令首先使所有的编程轴快速定位到中间点，然后再从中间点返回到参考点。一般 G28指令用于刀具自动更换或者消除机械误差，在执行该指令之前应取消刀具半径补偿和刀具长度补偿。

电源接通后在没有手动返回参考点的状态下，指定 G28 时，从中间点自动返回参考点，与手动返回参考点相同，这时从中间点到参考点的方向就是机床参数"回参考点方向"设定的方向。G28 指令仅在其被规定的程序段中有效。

探讨交流2：描述程序段"G91 G28 Z0;"及"G90 G28 Z0;"在返回机床回原点时的路线有什么不同？

2）自动从参考点返回（G29）

格式：

G29 X_Y_Z_ A_;

程序中：X_，Y_，Z_，A_——返回的定位终点，在 G90 时为定位终点在工件坐标系中的坐标；在 G91 时为定位终点相对于 G28 中间点的位移量。

G29 可使所有编程轴以快速进给的方式经过由 G28 指令定义的中间点，然后再到达指定点。通常该指令紧跟在 G28 指令之后。G29 指令仅在其被规定的程序段中有效。编程举例：

```
……
G91 G28 Z0.
G28 X0.Y0.
T2 M6
G29 X0.Y0.
G29 Z0.
G90 G54
……
```

1. 工艺路线定制

从图 7-0-1 所示零件图中可以看出，该零件中间的正八边形是凸起的，四边形和十字都是凹下的内外轮廓复合零件，所以采用"从外到内"的工艺方案来粗铣零件的加工工艺方案，即先铣正八边形外轮廓，刀路如图 7-1-5（a）所示，在 1 点下刀，1—2 段建立刀具半径补偿，2-3-4-5-6-7-8-9-2 段完成轮廓的铣削；接着铣四方形内轮廓，刀路如图 7-1-5（b）所示，在 10 点下刀（与前面的 1 点重合的位置），10-11 段建立刀具半径补偿，在 12-13-14-15-16-17-18-11-10 段完成轮廓的铣削；最后铣十字形的内轮廓，刀路如图 7-1-5（c）所示，o 点下刀，o-a 段建立刀具半径补偿，a-b-c-d-e-f-g-h-i-j-k-l-m 段完成内轮廓的铣削，m-o 段取消刀补，回到下刀点。

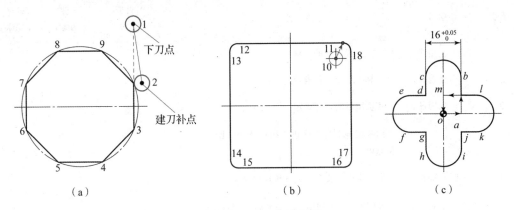

图 7-1-5　工艺路线图

（a）外轮廓刀路设计；（b）四边形内轮廓刀路设计；（c）十字形内轮廓刀路设计

2. 切削用量表

根据任务图的形状结构制定切削用量，见表 7-1-1。

表 7 – 1 – 1　切削用量表

工步	加工内容	刀具规格	刀号	切削深度 /mm	主轴转速 /(r·min⁻¹)	进给速度 /(mm·min⁻¹)	刀具半径补偿 /mm
1	粗铣八边形外轮廓	φ10 mm 铣刀	T01	5（分层）	2 500	1 500	5.5
2	粗铣两个内轮廓	φ10 mm 铣刀	T01	5（分层）	2 200	1 200	5.5
3	精铣所有内外轮廓	φ8 mm 铣刀	T02	5	2 600	1 000	4.0

在表 7 – 1 – 2 中记录任务实施情况、存在的问题及解决措施。

表 7 – 1 – 2　任务实施情况表

任务实施情况	存在问题	解决措施

 考核评价

请为自己小小的成功喝彩，珍惜每一次努力后的收获，并将其作为继续学习的动力。

各组展示自己第一个任务的成果，介绍任务完成过程及制作整个运作过程的视频、零件检测结果、技术文档并提交汇报材料，进行小组自评、组间互评和教师点评，完成如表 7 – 1 – 3 所示的考核与评价表。

表 7 – 1 – 3　考核与评价表

姓名：		班级：		单位：			
序号	项目	考核内容	配分	自评 (20%)	互评 (30%)	师评 (50%)	
1	工艺路线	工艺路线制定的合理性	20				
2	刀具选择	刀具类型及刀具直径的选择	20				
3	切削用量	切削用量的合理确定	35				
4	职业素养	团队精神：分工合理、执行能力、服从意识	5				
		安全生产：安全着装，按规程操作	5				
		文明生产：文明用语、7S 管理（整理、整顿、清扫、清洁、素养、安全、节约）	5				
5	创新意识	创新性思维和行动	10				
总计							
组长签名：			教师签名：				

恭喜你已经完成学习任务 1，现通过以下 2 个测试题来检验我们前面所学，以便自查和巩固知识点。

（1）如图 7 - 1 - 6 所示，已知毛坯尺寸为 105 mm × 105 mm × 35 mm，零件材料为 45 钢，请设计以下零件的数控铣削工艺方案。

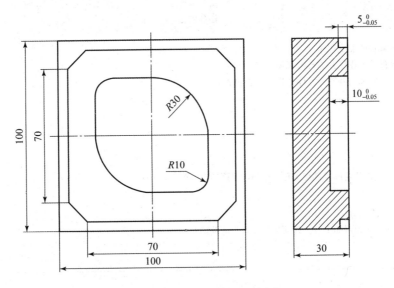

图 7 - 1 - 6   内外轮廓——树叶

（2）试用 G28、G29 指令编制如图 7 - 1 - 7 所示的从 A 点到 R 点，然后再从 R 点返回 A 点的线路程序段。

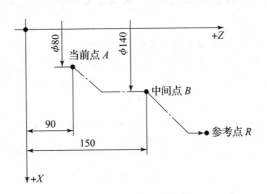

图 7 - 1 - 7   回参考点线路图

学习任务 2　盖板的编程与加工

任务编号	7-2	任务名称	盖板的编程与加工	建议学时	6 学时
任务安排					
（1）编写盖板零件的加工程序 （2）用仿真软件验证程序并进行仿真加工 （3）上机操作，熟练内外轮廓零件的程序编制和加工					

任务导学

导学问题1：编制内外轮廓零件加工程序应该注意哪些事项？
导学问题2：使用多把刀加工时，如何进行刀具长度补偿？

知识链接

1. 编制 NC 程序

参考任务 1 图 7-1-5 中制定的工艺路线，编制参考程序，见表 7-2-1 和表 7-2-2。

内外轮廓编程

表 7-2-1　外轮廓零件的参考程序

加工程序	程序说明
O7001	程序名
N10 G54 G90 G17 G40；	确定工作坐标系及加工平面，程序初始化
N20 M03 S2500 M08；	主轴正转，转速 2 500 r/min，冷却液开
N25 G00 X39. Y59. ；	定位到下刀点 1
N30 G0 Z5. ；	刀具到起始安全高度
N40 G01 Z-1. F100；	下刀 1 mm，分 5 次下刀到达加工深度
N50 G16 G41 G01 X37. Y22.5 D01 F1500；	到达第 2 点，建立极坐标并建立刀具半径左补偿
N60 Y-22.5；	以下是沿轮廓进行走刀加工的过程，从第 3 开始回到 2 结束
N70 Y-67.5；	到达 4 点

加工程序	程序说明
N80 Y – 112.5;	到达 5 点
N90 Y202.5;	到达 6 点
N100 Y157.5;	到达 7 点
N110 Y112.5;	到达 8 点
N120 Y22.5;	到达 8 点
N130 Y67.5;	到达 9 点
N140 Y22.5;	回到 2 点
N150 G15;	取消极坐标
N160 G1 G40 X39. Y39.;	刀具退回第 1 点，取消刀具半径补偿（也是 10 点）
N170 G41 X39. Y45. D01;	10 – 11 段建立四方形内轮廓的刀具半径补偿
N180 X – 39. F1200;	到达 12 点
N190 G3 X – 45. Y39. R6.;	到达 13 点
N200 G1 Y – 39.;	到达 14 点
N210 G3 X – 39. Y – 45. R6.;	到达 15 点
N220 G1 X39.;	到达 16 点
N230 G3 X45. Y – 39. R6.;	到达 17 点
N240 G1 Y39.;	到达 18 点
N250 G3 X39. Y45. R6.;	到达 11 点
N260 G1 G40 X39. Y39.;	取消刀补，刀具退回至 10 点
N270 G01 Z5.;	抬刀至离工件表面 5 mm 处
N280 G00 Z100.;	刀具快速抬离工件上表面 100 mm 处
N290 M05 M09;	主轴停止，冷却液关闭
N300 M30;	程序结束，光标返回开始处

表 7 – 2 – 2　内轮廓零件的参考程序

加工程序	程序说明
O7002	程序名
N10 G54 G90 G17 G40;	确定工作坐标系及加工平面，程序初始化
N20 M03 S2200 M08;	主轴正转，转速 2 800 r/min，冷却液开
N25 G00 X0 Y0.;	定位到下刀点 0

加工程序	程序说明
N30 G0 Z5.;	刀具到起始安全高度
N40 G01 Z - 1. F120;	分层铣削至加工深度
N50 G41 G01 X8. D01 F1200;	到达第 a 点，建立刀具半径左补偿
N60 Y17;	直线插补至 b 点
N70 G03 X - 8. R8.;	以下走轮廓，圆弧插补到达 c 点
N80 G01 Y8.;	到达 d 点
N90 G01 X - 17.;	到达 e 点
N100 G03 Y - 8. R8.;	到达 f 点
N110 G01 X - 8.;	到达 g 点
N120 G01 Y - 17.;	到达 h 点
N130 G03 X8 R8.;	到达 i 点
N140 G01 Y - 8.;	到达 j 点
N150 G01 X17.;	到达 k 点
N160 G03 Y8. R8.;	到达 l 点
N170 G01 X0;	到达 m 点
N180 G01 G40 Y0;	取消刀具半径补偿，回到下刀点 o
N190 G00 Z100.;	刀具快速抬离工件上表面 100 mm 处
N200 M05 M09;	主轴停止，冷却液关闭
N210 M30;	程序结束，光标返回开始处

探讨交流 1：十字槽有没有更好的走刀方式可供选择？

注：精加工的程序，把所有刀具改为 T02，长度补偿输入 H02 下面，参照切削用量表，在粗加工程序的基础上修改切削参数，重新运行一次程序进行精加工即可。去除余料可以采用手动方式或直接在机床上测出坐标点，编程走直线插补去除。

 任务实施

1. 领用工具

加工十字槽盖板零件所需的工、刃、量具见表 7 - 2 - 3。

内外轮廓加工

表 7 – 2 –3　盖板零件的工、刃、量具清单

序号	名称	规格	数量	备注
1	游标卡尺	0 ~ 150 mm，0.02 mm	1 把	
2	百分表	0 ~ 10 mm，0.01 mm	1 个	
3	立铣刀	ϕ10 mm、ϕ8 mm	各 1 把	
4	辅具	垫块 5 mm、10 mm、15 mm	各 1 块	
5	坯料	100 × 100 × 25（mm）的 45 钢板料	1 块	
6	其他	棒槌、铜皮、毛刷、锉刀等常用工具； 计算机、计算器、编程工具书等		选用

2. 加工准备

（1）阅读零件图，并检查坯料的尺寸。

（2）开机并回零。

（3）安装工件及刀具，安装时要用定位块定位，工件要凸出虎钳上表面，以便于对刀和加工。

（4）清理工作台、夹具、工件，并正确装夹工件确保工件定位夹紧稳固可靠，通过手动方式将刀具装入主轴中。

3. 对刀，设定工件坐标系

（1）安装加工铣刀。

（2）通过分中对刀把工件坐标系设定在工件上表面正中心点上。

4. 输入并检验程序

先在仿真系统中输入编写的程序，并校验。

仿真校验合格后，将平面铣削的 NC 程序输入数控系统中，检查程序，确保程序正确无误。

5. 空运行及仿真

在机床上进行图形模拟，如有问题要返回编辑界面修改程序，直至图形与图纸一致。

6. 执行零件加工

将工件坐标系恢复至原位，取消空运行，回参考点操作。对零件进行首次加工，加工时，应确保冷却充分和排屑顺利；应用量具直接在工作台上检测工件相关尺寸，根据测量结果调整 NC 程序，再次进行零件平面铣削。如此反复，最终将零件尺寸控制在规定的公差范围内。

7. 零件检测

零件加工后，进行尺寸检测，检测结果写入评分表。

8. 加工结束，清理机床

在确保零件加工完成及各尺寸在公差范围内之后，拆除工件，去毛刺，进一步清理工件。清扫机床，擦净刀具、量具等用具，并按规定摆放整齐。严格按机床操作规程关闭机床。

在表 7 – 2 –4 中记录任务实施情况、存在的问题及解决措施。

表 7 - 2 - 4 任务实施情况表

任务实施情况	存在问题	解决措施

考核评价

请为自己小小的成功喝彩,珍惜每一次努力后的收获,并将其作为继续学习的动力。

各组展示自己的作品,介绍任务完成过程及制作整个运作过程的视频、零件检测结果、技术文档并提交汇报材料,进行小组自评、组间互评和教师点评,完成如表 7 - 2 - 5 所示的考核与评价表。

表 7 - 2 - 5 考核与评价表

姓名:		班级:		单位:			
序号	项目	考核内容	配分	自评 (20%)	互评 (30%)	师评 (50%)	
1	尺寸精度	各外形尺寸符合图纸要求,超差不得分	30				
2	表面粗糙度	要求达 $Ra3.2~\mu m$,超差不得分	10				
3	程序编制	程序格式代码正确,能够对程序进行校验、修改等操作,刀具轨迹显示正确、程序完整	15				
4	加工操作	正确安装工件,回参考点,建立工件坐标系,多把刀对刀,输入补偿值,自动加工	20				
5	职业素养	团队精神:分工合理、执行能力、服从意识	5				
		安全生产:安全着装,按规程操作	5				
		文明生产:文明用语,7S 管理(整理、整顿、清扫、清洁、素养、安全、节约)	5				
6	创新意识	创新性思维和行动	10				
总计							
组长签名:			教师签名:				

恭喜你完成学习任务，操千曲而后晓声，观千剑而后识器，接着通过下面的练习来拓展理论知识，提高实践水平。按照前面学习任务的实施步骤完成下面的练习。

（1）根据如图 7-2-1 所示工件的加工要求，拟定加工路线，合理选择刀具和切削参数，编写加工程序并完成零件的加工，可尝试几种加工方案。

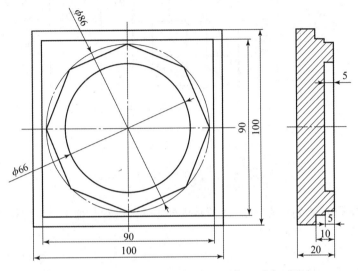

图 7-2-1　内外轮廓编程图-多边形

（2）根据如图 7-2-2 所示工件的加工要求，拟定加工路线，合理选择刀具和切削参数，编写加工程序并完成零件的加工。

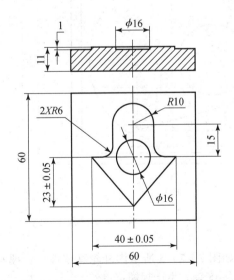

图 7-2-2　内外轮廓编程图-小箭头

（3）根据如图 7-2-3 所示工件的加工要求，拟定加工路线，合理选择刀具和切削参数，编写加工程序并完成零件的加工。

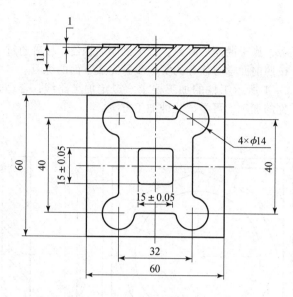

图 7 − 2 − 3 内外轮廓零件 – 异形件

（4）在数控铣床上完成如图 7 − 2 − 4 所示内外零件的编程与加工，工件材料为 45 钢。生产规模：单件。

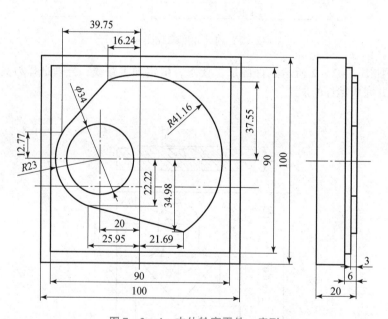

图 7 − 2 − 4 内外轮廓零件 – 扇形

（5）在数控铣床上完成如图 7 − 2 − 5 所示内外轮廓零件，合理安排工艺方案，并对该零件进行编程与加工，工件材料为 45 钢。生产规模：单件。

（6）在数控铣床上完成如图 7 − 2 − 6 所示内外轮廓零件，合理安排工艺方案，并对该零件进行编程与加工，工件材料为 45 钢。生产规模：单件。

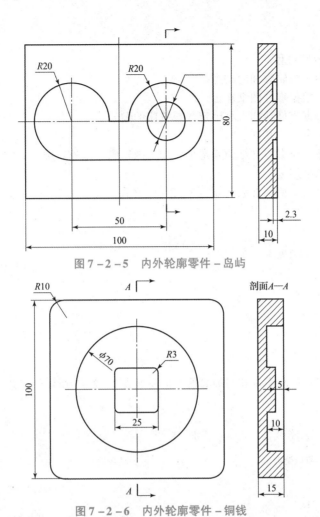

图7-2-5 内外轮廓零件-岛屿

图7-2-6 内外轮廓零件-铜钱

千淘万漉虽辛苦,千锤百炼始成金。复盘有助于我们找到规律,固化流程,升华知识。

1. 项目完成的基本过程

通过前面两个任务的学习,学习内外轮廓的铣削加工过程,如图7-2-7所示。

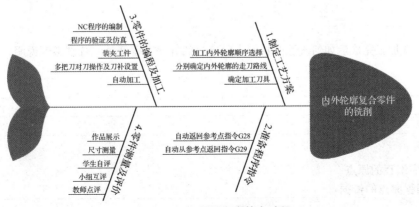

图7-2-7 项目完成基本过程

2. 制定工艺方案

（1）制定工艺方案过程。

①确定加工内容：外轮廓和内轮廓。

②毛坯的选择：根据零件图纸确定。

③机床选择：根据零件结构大小确定数控铣床的型号。

④确定装夹方案和定位基准。

⑤确定加工工序：根据零件结构确定是先加工内轮廓还是外轮廓。

⑥选择刀具及切削用量。

确定刀具几何参数及切削参数，如表7－2－6所示。

表7－2－6　刀具及切削用量表

工步	加工内容	刀具规格	刀号	切削深度/mm	主轴转速/(r·min^{-1})	进给速度/(mm·min^{-1})	刀具半径补偿/mm

⑦结合零件加工工序的安排和切削参数，填写如表7－2－7所示的工艺卡片。

表7－2－7　零件加工工艺卡

材料		零件图号		零件名称		工序号		
程序名		机床设备		夹具名称				
工步号	工步内容（走刀路线）	G功能	T刀具	切削用量		
				转速 n/(r·min^{-1})	进给量 f/(mm·r^{-1})	背吃刀量 a_p/mm

（2）零件加工完成后如何去除余料？去除余料的方法有哪几种？分别举例说明。

_____

_____

_____

_____

3. 数控加工程序编制

1）程序编程的原点

确定编程原点的依据：_____

2）编程知识

外轮廓下刀点如何确定：_____

内轮廓下刀点如何确定：_____

正八边形为什么选用极坐标编程：_____

十字槽的编程路线：_____

4. 自动加工

自动加工零件的步骤：输入数控加工程序→验证加工程序→零件加工对刀操作→零件加工。

换第二把刀后，如何保证两次的对刀深度一致：_____

5. 零件检测（工、量、检具的选择和使用）

_____

项目总结

本项目主要学习内外轮廓复合件的编程与加工。内外轮廓复合件是前面所学外轮廓和内轮廓的综合体，在编程过程中要注意安排好加工工艺顺序，以保证加工质量。

1. 内外轮廓复合件铣削注意事项

（1）注意选择合适的下刀点，既要保证加工效率，又要保证加工质量。

（2）轮廓复合件加工余料去除也是铣削过程很重要的一部分，在项目实施过程中存在不重视去除余料、手动去除时 Z 向没严格按工件深度尺寸控制的现象，造成工件表面质量不合格、同一表面出现台阶，有些甚至破坏了已加工好的工件结构。

（3）内外轮廓复合件由于结构较大，故牵涉多把刀对刀，换刀后 X、Y 轴不必重新对刀，只需要重新对 Z 轴，然后回参考点，刀具即可正常使用。

2. 归纳整理

通过完成内外轮廓复合件铣削项目的运作和实施，归纳整理你的学习心得。

_____

_____

_____

_____

模块四 特殊结构零件的铣削技术

素养拓展

模块简介

特殊结构主要指以下四种类型的结构：

（1）多个形状相同或刀具运动轨迹相同，可以调用子程序简化编程的结构，如图（a）所示散热片；

（2）按一定角度排布可以用旋转指令编程的结构，如图（b）所示冷风扇；

（3）可以采用镜像指令编程的缩放结构和对称结构，如图（c）所示汽车座椅支架；

（4）具有公式曲线轮廓及圆弧曲面的需用宏指令编程的结构，如图（d）所示椭圆零件。

这些特殊结构都可以采用简化编程的方法提高编程效率和编程水平。

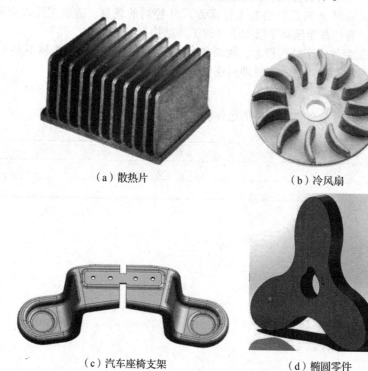

（a）散热片   （b）冷风扇

（c）汽车座椅支架   （d）椭圆零件

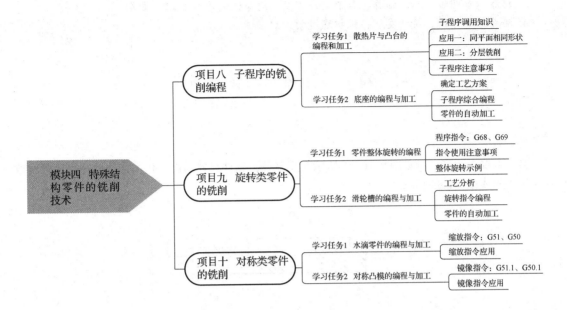

利用"典型铣削零件数控编程与加工"省级精品在线开放课程平台进行预习、讨论、测试、互动、答疑等学习活动。

 学习目标

【知识目标】

1. 掌握子程序的概念及调用格式
2. 掌握子程序在不同结构中的应用
3. 掌握子程序调用的编程方法
4. 掌握旋转指令及其使用注意事项
5. 掌握缩放及镜像指令

【技能目标】

1. 熟悉子程序的程序输入
2. 熟练掌握各种结构子程序调用的编程加工
3. 熟悉圆柱零件的对刀操作
4. 掌握旋转类零件的加工操作
5. 掌握缩放指令的编程与加工
6. 掌握镜像指令的编程与加工
7. 掌握宏程序在椭圆、球面、公式曲线、倒角等结构中的应用

【素养目标】

1. 明白物有本末、事有终始、知所先后，则近道矣的道理
2. 培养注重细节、大胆创新、深浅有度、收放自如的素养
3. 培养心如明镜、精工细作，以不变应万变、遇事沉着冷静的职业素养
4. 培养循环利用、持续发展、保护环境的意识

项目八　　子程序的铣削编程

项目导入

　　某企业要求生产一批如图 8 – 0 – 1 所示底座零件，工件材料为 45 钢。试编制 NC 程序并在数控铣床上完成该零件的加工。

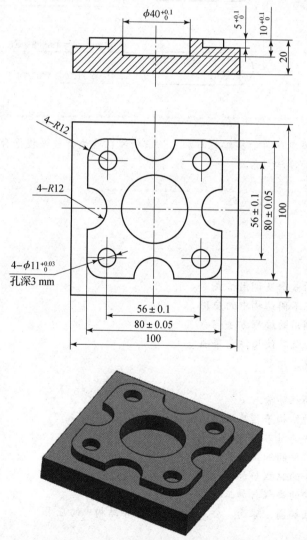

图 8 – 0 – 1　子程序调用—底座零件图

工欲善其事,必先利其器。我们先把项目分析透彻,才有助于更好地完成项目。

1. 加工对象

(1) 在零件进行铣削加工前,先分析零件图纸,确定加工对象。

本项目的加工对象是 _____

(2) 分析零件图纸的内容包括 _____

2. 加工工艺内容

(1) 根据零件图纸,选择相应毛坯的材质为_____、毛坯尺寸为_____

(2) 根据零件图纸,选择数控铣床型号:_____

(3) 根据零件图纸,选择正确的夹具:_____

(4) 根据零件图纸,选择正确的刀具:_____

(5) 根据零件图纸,确定加工工艺顺序:_____

_____

(6) 根据零件图纸,确定进退刀路线:_____

_____

(7) 根据零件图纸,确定切削参数:_____

_____

3. 程序编制

编制该零件需要用的指令:_____

_____

加工该产品一共需要编写哪些程序?

_____

_____

4. 零件加工

(1) 零件加工的工件原点确定在什么位置?

_____

(2) 零件的装夹方式是什么?

_____

(3) 子程序和主程序的输入步骤是什么?

_____

5. 零件检测

(1) 零件检测使用的量具有哪些?

_____

(2) 哪些是重点检测的尺寸?

_____

项目分解

记事者必提其要,纂言者必钩其玄,通过前面对项目的分析,我们把该项目分解成两个学习任务:

学习任务1:散热片与凸台的编程和加工

学习任务2:底座的编程与加工

分工协作，各尽其责，知人善任。将全班同学每 4~6 人分成一小组，每个组员都有明确的分工，并且每人在不同任务中轮流担任组长，轮流不同的岗位，做到每个人都有平等机会锻炼学习能力、管理能力和组织协调能力，在实施任务的过程中充分体现团队合作精神，培育工匠精神及提升职业素养。项目分工见表 8-0-1。

表 8-0-1 项目分工表

组 名		组 长		指导老师	
学 号	成 员	岗位分工		岗位职责	
		项目经理		对整个项目总体进行统筹、规划，把握进度及各组之间的协调沟通等工作	
		工艺工程师		负责制定工艺方案	
		程序工程师		负责编制加工程序	
		数控铣技师		负责数控铣床的操作	
		质量工程师		负责验收，把控质量	
		档案管理员		做好各个环节的记录，录像留档，便于项目的总结复盘	

学习任务 1 散热片与凸台的编程和加工

任务发放

任务编号	8-1	任务名称	散热片与凸台的编程和加工	建议学时	4 学时
任务安排					

(1) 子程序的定义与意义
(2) 子程序的调用格式
(3) 子程序的调用注意事项
(4) 子程序应用 1—散热片的加工
(5) 子程序应用 2—凸台的加工

任务导学

导学问题 1：子程序与主程序有什么区别？子程序可以单独使用吗？

导学问题 2：子程序有几种调用格式？

导学问题 3：子程序一般应用在什么结构的零件上？

知识链接

1. 子程序的定义

机床的加工程序可以分为主程序和子程序两种。所谓主程序是一个完整的零件加工程序，或是零件加工程序的主体部分。它和被加工零件或加工要求一一对应，不同的零件或不同的加工要求都有唯一的主程序。

子程序相关知识

在编制加工程序中，有时会遇到一组程序段在一个程序中多次出现，或者在几个程序中都要使用它的现象，这个典型的加工程序可以做成固定程序，并单独加以命名，这个程序就称为子程序。

子程序一般都不可以作为独立的加工程序使用，它只能通过调用实现加工中的局部动作，子程序执行结束后，能自动返回到调用的程序中。调用子程序可以简化主程序的编制、缩短程序长度及提高编程效率。

2. 子程序的嵌套

为了进一步简化程序，可以让子程序调用另一个子程序，这一功能称为子程序的嵌套。

当主程序调用子程序时，该程序被认为是一级子程序，系统不同，其子程序的嵌套级数也不相同。一般情况下，在 FANUC 0i 系统中，子程序可以嵌套 4 级，如图 8-1-1 所示。

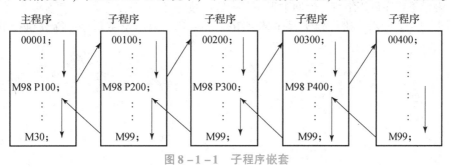

图 8-1-1　子程序嵌套

3. 子程序的格式

在 FANUC 0i 系统中，子程序和主程序并无本质区别。子程序和主程序在程序号及程序内容方面基本相同，但结束标记不同。主程序用 M02 或 M30 表示主程序结束，而子程序则用 M99 表示子程序结束，并实现自动返回主程序的功能。子程序的格式如下所示：

```
O0100;
G91 G01 Z-2.0 F200;
……
G90 G28 Z0;
M99;
```

4. 子程序的调用

在 FANUC 系统中，子程序的调用可通过辅助功能代码 M98 指令进行，且在调用格式中子程序的程序号地址改为 P，其常用的子程序调用格式有以下两种。

（1）格式一。

M98 Pxxxx Lxxxx；

程序中：P——子程序序号；

        L——调用次数。

例：M98 P10 L5；表示调用程序号为 O0010 的子程序 5 次。

M98 P10；表示调用程序号为 O0010 的子程序 1 次，当调用 1 次时，次数可以省略。

（2）格式二。

M98 Pxxxxxxxx；

地址 P 后面的八位数字中，前四位表示调用次数，后四位表示子程序号，采用此种调用格式时，调用次数前的 0 可以省略不写。若调用次数为多次，则子程序号前的 0 不可省略；若调用次数为 1 次，则子程序前的 0 可省略。

例：M98 P50100；表示调用程序号为 O0100 的子程序 5 次。

M98 P510；表示调用程序号为 O0510 的子程序 1 次。

子程序调用与仿真

探讨交流1：请描述"M98 P1"及"M98 P23 L3；"表示的意义。

子程序的执行过程如下所示。

（3）子程序调用结束 M99。

M99 表示子程序调用结束，返回主程序，一般单独一行。

如图 8-1-2 所示，执行到子程序结束指令 M99 后，返回至主程序，继续执行下面的主程序。

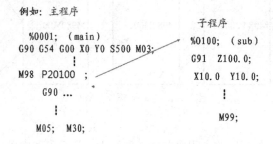

图 8-1-2 子程序调用

探讨交流2：子程序和主程序如何输入到机床里面？是否有先后顺序之分？

5. 子程序的应用

1）同平面内多个相同轮廓形状工件的加工

在一次装夹中，若要完成多个相同轮廓形状工件的加工（如图 8-1-3 所示的外形轮廓），则编程时只需编写一个轮廓形状的加工程序，然后用主程序来调用子程序即可。

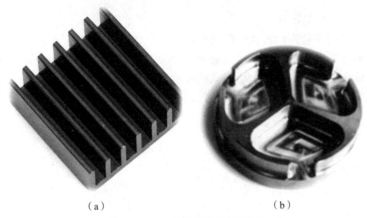

（a）   （b）

图 8 - 1 - 3   相同轮廓形状工件

2）实现零件的分层切削

当零件在 Z 方向上的总铣削深度比较大时（见图 8 - 1 - 4），需采用分层切削方式进行加工。实际编程时应先编写该轮廓加工的刀具轨迹子程序，然后通过子程序调用的方式来实现分层切削。

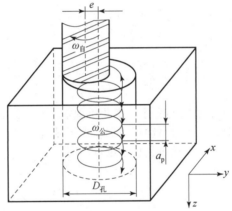

图 8 - 1 - 4   分层切削工件

3）实现程序的优化

加工中心的程序往往包含许多独立的工序，为了优化加工顺序，通常将每一个独立的工序编写成一个子程序，主程序只有换刀和调用子程序的命令，从而实现优化程序的目的。如图 8 - 1 - 5 所示的零件可以把外圆柱、型腔、腰形槽、孔这些结构单独编成子程序，由主程序统一调用。

图 8 - 1 - 5   子程序优化结构

6. 使用子程序的注意事项

（1）注意主程序与子程序间模式代码的变换。

子程序的起始行用了 G91 模式，从而避免了重复执行子程序的过程中刀具在同一深度进行加工。但需要注意及时进行 G90 与 G91 模式的变换。

```
O1;(主程序)                    O2;(子程序)
G90 G54;(G90 模式 )            G91…;
M98 P2;                        …
…
G91 …;(G91 模式)               M99 ;
…
G90 …;(G90 模式)
…
M30;
```

（2）在半径补偿模式中的程序不能被分支，刀补的建立和取消都应该在同一程序中进行。正确的书写格式如下：

```
O1;(主程序)                    O2;(子程序)
G91…;                          G41…;
…                              …
M98 P2;                        G40…;
M30;                            M99;
```

（3）主程序和子程序是两个独立的程序，需要单独输入机床，加工时只要调用主程序，运行到主程序调用子程序指令时，机床会自动切换到子程序界面。

（4）子程序不能单独运行，需要通过主程序进行调用。

任务实施

1. 子程序应用一

采用子程序编程方式编写如图 8 – 1 – 6 所示六个相同外形轮廓的数控铣加工程序。

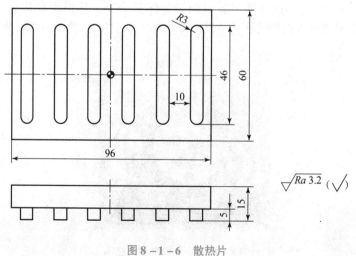

图 8 – 1 – 6　散热片

（1）规划走刀路线，如图 8 – 1 – 7 所示。

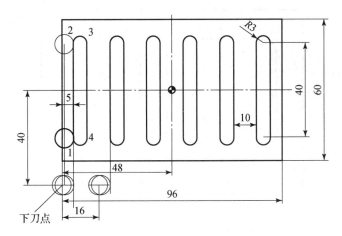

图 8 – 1 – 7　散热片刀具路线图

（2）根据刀具路线图（见图 8 – 1 – 7）编写参考程序。

```
O8001;              主程序
G90 G54 G17 G40 G49;
M03 S1800 ;
G90 G00 X – 48.0 Y – 40.0;
Z5.0 M08 ;
G01 Z – 5.0 F100;
M98 P8101 L6;        调用子程序6次
G90 G00 Z100.0;
M05 M09;
M30;


O8101;              子程序
G91 G41 G01 X5.0 D01;   在子程序中编写刀具半径补偿
Y60.0;
G02 X6.0 R3.0;
G01 Y – 40.0;
G02 X – 6.0 R3.0;
G40 G01 X – 5.0 Y – 20.0;   刀具半径补偿不能被分支
G01 X16.0;           移动到下一个轮廓起点
M99;
```

2. 子程序应用二

采用子程序分层铣削的编程方式编写如图 8 – 1 – 8 所示凸台轮廓的数控铣加工程序。

（1）规划走刀路线，如图 8 – 1 – 9 所示。

刀具在 0 点下刀，0 – 1 段建刀具半径补偿值，1 – 2 – 3 – 4 – 5 – 6 – 7 – 8 – 1 段走凸台轮廓，1 – 0 段为取消刀补阶段，刀具回到下刀点继续下一层的铣削。如此循环，直到到达加工深度为止。

（2）根据刀具路线图编写参考程序。

子程序编程应用一

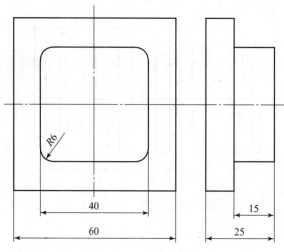

图 8 - 1 - 8　凸台零件

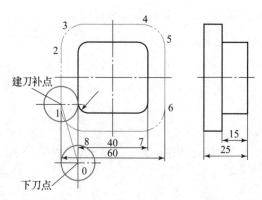

建刀补点

下刀点

图 8 - 1 - 9　凸台零件刀具路线图

```
O8002;                          主程序
G90 G21 G40 G17 G54；
M03 S1500 ；
G90 G00 X - 40.0 Y - 40.0；
Z5.0 M08；
G01 Z0 F100；                   刀具 Z 向零平面定位
M98 P8102 L15；                 调用子程序 15 次
G90 G00 Z50.0 M09；
M30；


O8102；                          子程序
G91 G01 Z - 1.0 F100；          增量进给 1 mm
G90 G41 G01 X - 20.0 D01 F300； 注意模式的转换
Y14.0；
G02 X - 14.0 Y20.0 R6.0；
G01 X14.0；
G02 X20.0 Y14.0 R6.0；
```

```
G01 Y-14.0;
G02 X14.0 Y-20.0 R6.0;
G01 X-14.0;
G02 X-20.0 Y-14.0 R6.0;
G40 G01 X-40.0 Y-40.0;
M99;
```

探讨交流3：在编写层层下刀的子程序时，刀具线路图是否一定要构成封闭图形？为什么？

子程序编程应用二

在表8-1-1中记录任务实施情况、存在的问题及解决措施。

表8-1-1 任务实施情况表

任务实施情况	存在问题	解决措施

考核评价

请为自己小小的成功喝彩，珍惜每一次努力后的收获，并将其作为继续学习的动力。

各组介绍第一个任务完成的过程及制作整个操作过程的视频、工艺技术文档并提交汇报材料，进行小组自评、组间互评和教师点评，完成如表8-1-2所示的考核与评价表。

表8-1-2 考核与评价表

姓名：		班级：		单位：				
序号	项目		考核内容		配分	自评 （20%）	互评 （30%）	师评 （50%）
1	子程序定义		掌握子程序的定义及嵌套		10			
2	调用格式		理解调用格式，正确使用子程序调用		15			
3	应用编程一		掌握同平面多个相同轮廓形状的编程与加工		25			
4	应用编程二		掌握零件的分层切削		25			

姓名：		班级： 单位：				
序号	项目	考核内容	配分	自评 （20%）	互评 （30%）	师评 （50%）
5	职业素养	团队精神：分工合理、执行能力、服从意识	5			
		安全生产：安全着装，按规程操作	5			
		文明生产：文明用语，7S 管理（整理、整顿、清扫、清洁、素养、安全、节约）	5			
6	创新意识	创新性思维和行动	10			
总计						
组长签名：		教师签名：				

 ## 检测巩固

举一反三，触类旁通。现要求完成下面的测试题来检验我们前面所学，以便自查和巩固知识点。

（1）分别说明"M98 P1003；"及"M98 P51003；"的意义？

（2）试完成如图 8－1－10 所示凸模零件的加工，零件材料为 45 钢。生产规模：批量生产。试尝试不同加工方案。

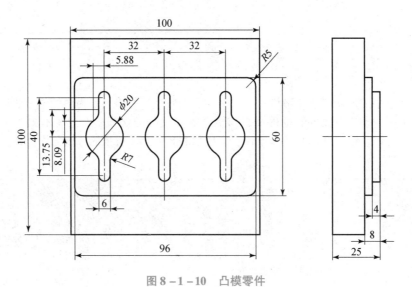

图 8－1－10　凸模零件

（3）试采用子程序层层下刀的方式（每次下 1 mm）完成如图 8－1－11 所示凹模零件的加工，零件材料为 45 钢。

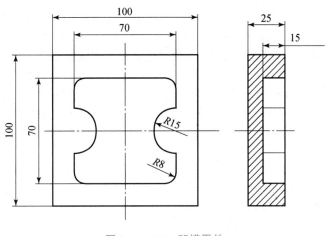

图 8 – 1 – 11　凹模零件

学习任务 2　底座的编程与加工

任务发放

任务编号	8 – 2	任务名称	底座的编程与加工	建议学时	4 学时
任务安排					

（1）制定工艺方案
（2）子程序调用编程——底座零件的编程
（3）子程序的综合运用——底座零件的加工

任务导学

导学问题 1：利用子程序层层铣削下刀时，下刀点与退刀点是否要重合？

导学问题 2：子程序编程时应注意什么？

任务实施

1．工艺方案确定

1）工艺分析

分析零件图，明确加工内容，如图 8 – 0 – 1 所示零件的加工部位为凸台轮廓和一个型腔及四个圆形凹槽。选择毛坯尺寸为 100 mm×100 mm×20 mm。

2）刀具选择及刀路设计

根据本零件的加工尺寸及精度要求，决定用两把刀具来完成不同轮廓尺寸的加工。加工凸台及型腔时选用直径为 ϕ20 mm 的高速钢立铣刀来完成零件轮廓的粗加工。为有效保护刀具，提高加工表面质量，Z 向采用分层切削，XY 平面采用顺铣方式铣削工件，凸台及型腔轮廓走刀路线设计如图 8-2-1（a）所示。

4 个圆形凹槽使用直径 ϕ8 mm 的高速钢立铣刀来完成零件轮廓的粗、精加工。走刀路线设计如图 8-2-1（b）所示，刀具 AP 段轨迹为建立刀具半径左补偿，QA 段轨迹为取消刀具半径补偿。

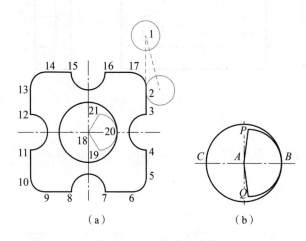

图 8-2-1　刀路设计图

（a）凸台及型腔轮廓加工走刀路线；（b）凹槽加工走刀路线

3）切削用量选择

采用计算方法选择切削用量，选择结果见表 8-2-1。

表 8-2-1　子程序调用切削用量表

工步	加工内容	刀具规格/mm	刀号	刀具半径补偿/mm	主轴转速/(r·min⁻¹)	进给速度/(mm·min⁻¹)
1	粗铣削凸台轮廓及型腔	ϕ20 高速钢三刃立铣刀	T01	10.2	2 000	1 000
2	精铣削凸台轮廓及型腔	ϕ8 高速钢三刃立铣刀	T02	测量后计算得出	2 500	800
3	粗、精铣四个凹槽	ϕ8 高速钢三刃立铣刀	T02	粗 4.2 精 4.0	2 300	1 200

2. 编制 NC 程序

1）工件原点的选择

选取工件上表面中心点作为工件原点。

2）编写参考程序（见表 8-2-2～表 8-2-5）

表 8 - 2 - 2　零件主程序

加工程序	程序说明
O8003	程序名
N10 G28;	回参考点
N20 M06 T01;	换 1 号刀
N30 G54 G90 G40 G49;	程序初始化
N40 M03 S2000;	主轴正转，2 000 r/min
N50 G00 X40 Y65;	下刀前定位在 1 点
N60 G00 Z5;	Z 轴快速定位
N70 G01 Z0 F1000;	下刀至 Z0 位置
N80 M98 P8103 L5;	调用凸台加工子程序 5 次
N90 G00 Z5;	Z 轴抬至 5 位置
N100 G00 X0 Y0;	刀具快速定位至型腔下刀点
N100 G01 Z0 F1000;	下刀至 Z0 位置
N110 M98 P8104 L10;	调用型腔加工子程序 10 次
N120 G00 Z100;	抬刀
N130 M05;	主轴停止
N140 G28;	回参考点
N150 M06 T02;	换 2 号刀
N160 M03 S2500;	主轴正转，转速为 2 500 r/min
N170 G43 G00 Z5 H02;	Z 轴快速定位，并进行长度补偿
N180 G00 X28 Y28;	下刀前定位
N190 M98 P8105;	调用孔加工子程序
N200 G00 X - 28 Y28;	下刀前定位
N210 M98 P8105;	调用孔加工子程序
N220 G00 X - 28 Y - 28;	下刀前定位
N230 M98 P8105;	调用孔加工子程序
N240 G00 X28 Y - 28;	下刀前定位

加工程序	程序说明
N250 M98 P8105;	调用孔加工子程序
N260 G49 G00 Z100;	抬刀并取消长度补偿
N270 M30;	程序结束

表 8 - 2 - 3　零件凸台子程序

加工程序	程序说明
O8103	程序名
N10 G91 G00 Z - 1 F100;	Z 轴方向增量下刀 1 mm
N20 G90 G41 G01 X40 Y28 D01;	刀具半径补偿 D01
N30 G01 X12;	
N40 G03 Y - 12 R12;	
N50 G01 Y - 28 ;	
N60 G02 X28 Y - 40 R12;	
N70 G01 X12;	
N80 G03 X - 12 R12;	
N90 G01 X - 28 ;	
N100 G02 X - 40 Y - 28 R12;	
N110 G01 Y - 12 ;	凸台轮廓走刀
N120 G03 Y12 R12;	
N130 G01 Y28;	
N140 G02 X - 28 Y40 R12	
N150 G01 X - 12 ;	
N160 G03 X12 R12;	
N170 G01 X28;	
N180 G02 X40 Y28 R12	
N190 G01 X65;	直线切出工件轮廓,并取半径补偿
N200 G01 X40 Y65;	刀具返回到下刀点
N210 M99;	子程序结束,回主程序

表 8 - 2 - 4　型腔子程序

加工程序	程序说明
O8104	程序名
N10 G91 G00 Z - 1 F100;	Z 轴方向增量下刀 1 mm
N20 G90 G41 G01 X8 Y - 12 D01;	建立刀具半径补偿 D01
N30 G03 X20 Y0 R12;	圆弧切入
N40 G03 I - 20;	铣削整圆
N50 G03 X8 Y12 R12;	圆弧切出
N60 G01 G40 X0 Y0;	取消刀补，回到下刀点
N70 M99;	子程序结束，回主程序

表 8 - 2 - 5　凹槽子程序

加工程序	程序说明
O8105	程序名
N10 G00 Z - 2;	Z 轴定位（前一道工序已铣至 - 5）
N20 G01 Z - 10 F100;	Z 轴方向下刀
N30 G91 G42 G01 X6 Y5 D02;	刀具半径补偿 D02
N40 G02 X5 Y - 5 R5;	圆弧切入工件轮廓
N50 G02 I - 5.5;	铣圆孔
N60 G02 X - 5 Y - 5 R5;	圆弧切出工件轮廓
N70 G40 G01 X - 6 Y5;	回到下刀点，取消刀具半径补偿
N80 G90 G00 Z5;	绝对坐标抬刀
N90 M99;	子程序结束，回主程序

3. 底座的自动加工

（1）领用工具。

加工底座零件所需的工、刃、量具见表 8 - 2 - 6。

表 8 - 2 - 6　底座零件的工、刃、量具清单

序号	名称	规格	数量	备注
1	游标卡尺	0 ~ 150 mm，0.02 mm	1 把	
2	百分表	0 ~ 10 mm，0.01 mm	1 个	
3	立铣刀	ϕ20 mm、ϕ8 mm	各 1 把	

序号	名称	规格	数量	备注
4	辅具	垫块 5 mm、10 mm、15 mm	各 1 块	
5	坯料	100×100×20（mm）的 45 钢板料	1 块	
6	其他	棒槌、铜皮、毛刷、锉刀等常用工具； 计算机、计算器、编程工具书等		选用

（2）加工前的准备。

（3）机床及装夹方式选择。由于零件轮廓尺寸不大，故根据车间设备状况，决定选择立式数控铣床完成本次任务。另外，零件毛坯为方形钢件，故决定选择平口钳、垫铁等附件配合装夹工件。

（4）对刀，建立工件坐标系。由于本次加工中需要使用多把刀具，因而只需要对刀时在基准刀对好之后，对其他刀具进行半径和长度补偿，建立工件坐标系 G54，对刀过程略。

（5）输入并检验程序。

在"编辑"模式下将 NC 程序输入数控系统中，检查程序并确保程序正确无误。

将当前工件坐标系抬高至安全高度，设置好刀具参数（刀具半径补偿值）。将机床状态调整为"空运行"状态空运行程序，检查零件轮廓铣削轨迹是否正确、是否与机床夹具等发生干涉，如有干涉则要调整程序。

（6）执行零件自动加工。

（7）加工结束，清理机床。

在表 8-2-7 中记录任务实施情况、存在的问题及解决措施。

表 8-2-7　任务实施情况表

任务实施情况	存在问题	解决措施

考核评价

请为自己小小的成功喝彩，珍惜每一次努力后的收获，并将其作为继续学习的动力。

各组展示自己的作品，介绍任务完成过程及制作整个运作过程的视频、零件检测结果、技术文档并提交汇报材料，进行小组自评、组间互评和教师点评，完成表 8-2-8 所示的考核与评价表。

表 8-2-8　考核与评价表

姓名：		班级：	单位：				
序号	项目		考核内容	配分	自评 （20%）	互评 （30%）	师评 （50%）
1	尺寸精度		各外形尺寸符合图纸要求，超差不得分	30			

姓名：		班级：	单位：				
序号	项目	考核内容		配分	自评 （20%）	互评 （30%）	师评 （50%）
2	表面粗糙度	要求达 $Ra3.2$ μm，超差不得分		10			
3	程序编制	程序格式代码正确，能够对程序进行校验、修改等操作，刀具轨迹显示正确		15			
4	加工操作	正确安装工件，回参考点，建立工件坐标系，自动加工		20			
5	职业素养	团队精神：分工合理、执行能力、服从意识		5			
		安全生产：安全着装，按规程操作		5			
		文明生产：文明用语，7S 管理（整理、整顿、清扫、清洁、素养、安全、节约）		5			
6	创新意识	创新性思维和行动		10			
总计							
组长签名：			教师签名：				

 拓展提高

恭喜你学习任务全部完成，操千曲而后晓声，观千剑而后识器，接着通过下面的练习来拓展理论知识，提高实践水平。按照前面学习任务的实施步骤完成下面的练习。

（1）在数控铣床上完成如图 8-2-2 所示均布凸台零件轮廓铣削的加工，零件材料为 45 钢。生产规模：单件。

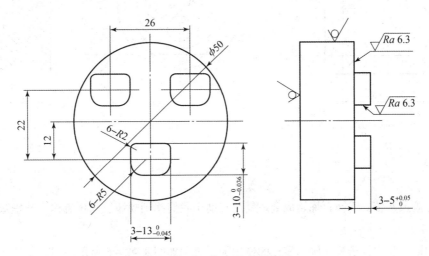

图 8-2-2　均布凸台零件图

（2）编写如图 8 - 2 - 3 所示零件的数控铣削加工程序，已知毛坯为 100 mm × 100 mm × 20 mm，材料为 45 钢。

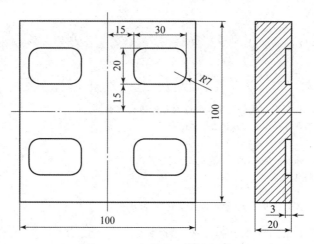

图 8 - 2 - 3　均布凹槽编程图

（3）运用子程序调用的方法，编写如图 8 - 2 - 4 所示零件的数控铣削加工程序。毛坯为 50 mm × 50 mm × 20 mm，材料为 45 钢。

（4）运用子程序调用的方法，编写如图 8 - 2 - 5 所示零件的数控铣削加工程序。毛坯为 ϕ50 mm × 25 mm，材料为铝棒。

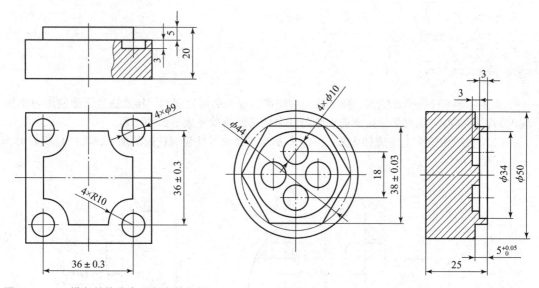

图 8 - 2 - 4　横向结构均布子程序编程图　　　图 8 - 2 - 5　子程序综合编程图

千淘万漉虽辛苦，千锤百炼始成金。复盘有助于我们找到规律、固化流程、升华知识。

1. 项目完成的基本过程

通过前面的学习，子程序调用零件的铣削加工过程如图 8 - 2 - 6 所示。

图 8 – 2 – 6　项目完成基本过程

2. 制定工艺方案

（1）制定工艺方案过程。

①确定加工内容：根据零件图纸技术要求等确定。

②毛坯的选择：根据零件图纸确定。

③机床选择：根据零件结构大小确定数控铣床的型号。

④确定装夹方案和定位基准。

⑤确定加工工序：先确定下刀点，再确定切入和切出方式，然后刀具绕着轮廓进行铣削，粗铣之后再进行精铣，精铣时，侧面和底面分开加工，遵循"光底不光侧，光侧不光底"的原则。

⑥选择刀具及切削用量。

确定刀具几何参数及切削参数，如表 8 – 2 – 9 所示。

表 8 – 2 – 9　刀具及切削用量表

工步	加工内容	刀具规格	刀号	切削深度/mm	主轴转速/(r·min⁻¹)	进给速度/(mm·min⁻¹)	刀具半径补偿/mm

⑦结合零件加工工序的安排和切削参数，填写表 8 – 2 – 10 所示的工艺卡片。

表 8 – 2 – 10　零件加工工艺卡

材料		零件图号		零件名称		工序号	
程序名		机床设备			夹具名称		
工步号	工步内容（走刀路线）		G 功能	T 刀具	切削用量		
					转速 n/(r·min⁻¹)	进给量 f/(mm·r⁻¹)	背吃刀量 a_p/mm

（2）请总结同平面相同轮廓子程序的结构特点，以及分层铣削时子程序调用的程序结构。

_____

_____

3. 数控加工程序编制

（1）编写主程序和子程序的顺序

确定编写顺序的依据：_____

（2）子程序调用格式

第一种格式：_____

第二种格式：_____

子程序调用结束指令：_____

4. 自动加工

自动加工零件的步骤：输入数控加工程序→验证加工程序→零件加工对刀操作→零件加工。

加工时调用_____，运行到调用子程序时，界面为_____

5. 零件检测（工、量、检具的选择和使用）

_____

项目总结

本项目首先从子程序概念及调用格式开始学习，然后分别从两个应用来实践编程：一个应用是同平面内多个相同轮廓形状工件的编程与加工；另一个应用是当零件在 Z 方向上的总铣削深度比较大时，需要采用分层切削方式加工，把其中一层的刀具轨迹编制成子程序，然后通过调用该子程序来实现分层切削。最后综合这两个应用对底座零件进行编程与加工。通过该项目的学习，读者能够熟练对子程序进行编程。

1. 子程序编程的注意事项

（1）两种程序调用格式使用时易混淆，P 后面的 "0" 不能随意省略。

（2）使用增量指令 G91 编程时，要及时取消，以确认走刀安全。

（3）该项目从前面的单一程序过渡到多个程序比较难以掌握，需多加工练习，熟练掌握，子程序的调用在后面的应用非常广泛。

2. 归纳整理

通过完成子程序铣削技术项目的运作和实施，归纳整理你的学习心得。

_____

_____

_____

_____

项目九　　旋转类零件的铣削

项目导入

某企业要求生产如图 9 - 0 - 1 所示滑轮槽零件，材料为45 钢，试编制 NC 程序并在数控铣床上完成该零件的加工。

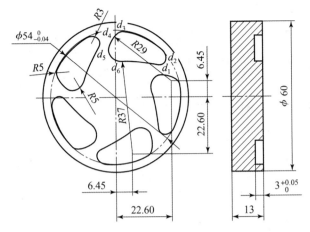

d_1点坐标 (x=16.55, y=12.99)
d_2点坐标 (x=19.83, y=18.33)
d_3点坐标 (x=4.92, y=26.55)
d_4点坐标 (x=0.14, y=24.79)
d_5点坐标 (x=−1.98, y=21.84)
d_6点坐标 (x=2.98, y=14.24)

图 9 - 0 - 1   滑轮槽

工欲善其事，必先利其器。我们先把项目分析透彻，才有助于更好地完成项目。

1. 加工对象

（1）在零件进行铣削加工前，先分析零件图纸，确定加工对象。
本项目的加工对象是_____
（2）分析零件图纸的加工内容包括_____

2. 加工工艺内容

（1）根据零件图纸，选择相应毛坯的材质为_____、毛坯尺寸为_____
（2）根据零件图纸，选择数控铣床型号：_____
（3）根据零件图纸，选择正确的夹具：_____
（4）根据零件图纸，选择正确的刀具：_____
（5）根据零件图纸，确定加工工艺顺序：_____

_____
（6）根据零件图纸，确定进退刀路线：_____

_____
（7）根据零件图纸，确定切削参数：_____

_____

3. 程序编制

编制该零件需要用的指令_____

_____

加工该产品需要编写哪些程序？

_____

4. 零件加工

（1）零件加工的工件原点确定在什么位置？

_____

（2）零件的装夹方式是什么？

_____

5. 零件检测

（1）零件检测使用的量具有哪些？

_____

（2）哪些是重点检测控制的尺寸？

_____

项目分解

记事者必提其要，纂言者必钩其玄，通过前面对项目的分析，我们把该项目分解成两个学习任务：

学习任务1：零件整体旋转的编程

学习任务2：滑轮槽的编程与加工

项目分工

分工协作，各尽其责，知人善任。将全班同学每4～6人分成一小组，每个组员都有明确的分工，并且每人在不同任务中轮流担任组长，轮流不同的岗位，做到每个人都有平等机会锻炼学习能力、管理能力和组织协调能力，在实施任务的过程中充分体现团队合作精神，培育工匠精神及提升职业素养。项目分工见表9-0-1。

表9-0-1 项目分工表

组　名		组　长		指导老师	
学　号	成　员		岗位分工	岗位职责	
			项目经理	对整个项目总体进行统筹、规划，把握进度及各组之间的协调沟通等工作	
			工艺工程师	负责制定工艺方案	
			程序工程师	负责编制加工程序	
			数控铣技师	负责数控铣床的操作	
			质量工程师	负责验收，把控质量	
			档案管理员	做好各个环节的记录，录像留档，便于项目的总结复盘	

学习任务 1　零件整体旋转的编程

 **任务发放**

任务编号	9-1	任务名称	零件整体旋转的编程	建议学时	2学时
任务安排					

(1) 学习旋转指令
(2) 使用旋转指令注意事项
(3) 整体旋转的编程示例

 任务导学

导学问题1：旋转指令中旋转角度 R 如何判定正负方向？

导学问题2：使用旋转指令要注意哪些事项？

 知识链接

1. 程序指令

零件上经常会出现一些按一定角度排布的结构，如果利用一般指令编程，程序中会重复出现相同结构的一组程序段。为了简化编程，可将该结构单独编一段子程序，每旋转一次调用一次子程序，利用旋转指令则可大大简化烦琐的程序。

旋转指令知识

指令格式：

```
G17 G68   X_ Y_ R_;
G18 G68   Z_ X_ R_;        坐标系开始旋转
G19 G68   Y_ Z_ R_;
G69;                      取消坐标系旋转
```

程序中：G17（G18 或 G19）——平面选择，在其上包含旋转的形状；

X_ Y_——旋转中心坐标值；

R——旋转角度，取值范围为"-360°~360°"，逆时针旋转时，R 取正值，反之，R 取负值；

G69——取消坐标系旋转，一般单独一行。

探讨交流1：旋转中心是否一定在编程坐标系的原点？判定旋转角度时，是以什么作为参考来判定顺、逆时针的？

2. 使用坐标系旋转指令的注意事项

（1）坐标系旋转指令用完之后要立即用 G69 指令取消。

（2）在坐标系旋转 G 代码的程序段之前指定平面选择代码（G17～G19）。平面选择代码不能在坐标系旋转方式中指定。

（3）在坐标系旋转取消指令（G69）以后的第一个移动指令必须用绝对值指定。如果采用增量值指令，则不执行正确的移动。

（4）在坐标系旋转编程过程中，如需采用刀具补偿指令进行编程，则需在指定坐标系旋转指令后再指定刀具补偿指令，取消时，按相反顺序取消。

（5）若存在坐标系平移、坐标系旋转、半径补偿等指令共存的情况，则建立上述状态各指令的先后顺序是"先平移，后旋转，再刀补"，而取消上述状态各指令的先后顺序是"先刀补，后旋转，再平移"。

（6）在坐标系旋转方式中，返回参考点指令（G27～G30）和改变坐标系指令（G54～G59、G92）不能指定。如果要指定其中的某一个，则必须在取消坐标系旋转指令后指定。

（7）采用坐标系旋转编程时，要特别注意刀具的起点位置，以防加工过程中产生过切现象。

探讨交流2：坐标系旋转指令用完后为什么要立即取消旋转？如果不取消会有什么后果？

 任务实施

编制如图 9-1-1 所示的凸台零件 NC 程序。

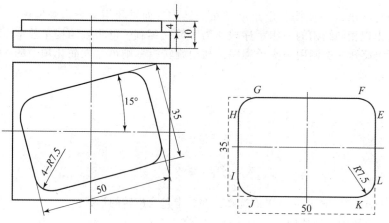

图 9-1-1　旋转指令加工零件

(a) 旋转前；(b) 旋转后

主程序	按旋转前的图 9-1-1(a)编程
O00009 G54 G90 G17 G40 G49 G69； M03 S1500；	

```
G68 X0 Y0 R15;              (开始坐标旋转)
M98 P1009;
G69;                       (取消旋转功能)
G00 Z100.;
M30;
子程序                     [按旋转后的图9-1-1(b)编程]
O1009;
G00 X35 Y0;
G00 Z5;
G01 Z-4 F300;
G42 G01 X35 Y-10 D01;
G02 X25 Y0 R10.;
G91 G01 Y10;
G03 X-7.5 Y7.5 R7.5;
G01 X-35;
G03 X-7.5 Y-7.5 R7.5;
G01 Y-20;
G03 X7.5 Y-7.5 R7.5;
G01 X35;
G03 X7.5 Y7.5 R7.5;
G01 Y10;
G90 G02 X35 Y10 R10;
G40 G01 X35 Y0;
G00 Z5;
M99;
```

探讨交流3：坐标系旋转建立指令在编程时应该放在什么位置?

在表9-1-1中记录任务实施情况、存在的问题及解决措施。

表9-1-1　任务实施情况表

任务实施情况	存在问题	解决措施

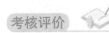 考核评价

请为自己小小的成功喝彩，珍惜每一次努力后的收获，并将其作为继续学习的动力。

各组介绍第一个任务完成的过程及制作整个操作过程的视频、工艺技术文档并提交汇报材料，进行小组自评、组间互评和教师点评，完成如表9-1-2所示的考核与评价表。

表9-1-2 考核与评价表

姓名：		班级：	单位：				
序号	项目	考核内容	配分	自评（20%）	互评（30%）	师评（50%）	
1	指令的使用	旋转指令及子程序调用指令	20				
2	程序格式	程序格式正确，旋转方向判断准确	45				
3	切削用量	切削用量的合理确定	10				
4	职业素养	团队精神：分工合理、执行能力、服从意识	5				
		安全生产：安全着装，按规程操作	5				
		文明生产：文明用语，7S 管理（整理、整顿、清扫、清洁、素养、安全、节约）	5				
5	创新意识	创新性思维和行动	10				
总 计							
组长签名：			教师签名：				

 检测巩固

举一反三，触类旁通。现要求完成下面的测试题来检验我们前面所学，以便自查和巩固知识点。

（1）使用旋转指令编写如图9-1-2所示的零件程序，试考虑多种工艺方案。

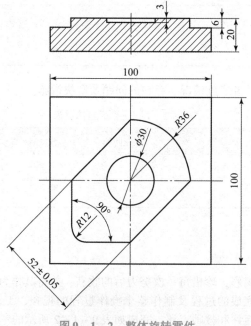

图9-1-2 整体旋转零件

任务发放

任务编号	9 - 2	任务名称	滑轮槽的编程与加工	建议学时	2 学时
任务安排					

（1）掌握旋转零件的编程方法
（2）掌握旋转类零件的装夹
（3）掌握旋转类零件的加工

任务导学

导学问题 1：整体旋转和部分结构旋转在编程时有什么不同？

导学问题 2：使用旋转指令要注意哪些事项？说明旋转类零件编程，当把旋转结构编成子程序时，子程序的结构特点。

任务实施

1. 工艺分析

（1）刀具选择及刀路设计。选用一把直径为 $\phi 8mm$ 的三刃高速钢立铣刀对零件轮廓进行粗铣，为提高表面质量、降低刀具磨损，选用另一把直径为 $\phi 6\ mm$ 的三刃整体硬质合金立铣刀进行轮廓的精铣。

由于型腔空间较小，故采用圆弧切向进刀和圆弧切向退刀方式切削型腔，XY 向刀路设计如图 9 - 2 - 1 所示（$d_0 \rightarrow d_7 \rightarrow d_6 \rightarrow d_5 \rightarrow d_4 \rightarrow d_3 \rightarrow d_2 \rightarrow d_1 \rightarrow d_6 \rightarrow d_0$），选取工件上表面中心作为工件原点，沿内腔轮廓走刀。

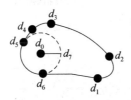

d_0点坐标(x=2.26，y=19.19)
d_7点坐标(x=7.26，y=19.19)

图 9 - 2 - 1　矩形槽轮廓铣削刀路示意图

（2）切削用量选择（见表 9 - 2 - 1）。

表 9 – 2 – 1　均布矩形槽零件铣削加工工序卡

工步	加工内容	刀具规格	刀号	刀具半径补偿/mm	主轴转速/(r · min⁻¹)	进给速度/(mm · min⁻¹)
1	粗铣槽	φ8 mm 高速钢三刃立铣刀	T1	4.2	1 500	500
2	精铣槽	φ6 mm 硬质合金三刃立铣刀	T2	测量后计算得出	2 000	400

2. 编制 NC 程序

按表 9 – 2 – 2 和表 9 – 2 – 3 编写加工程序。

表 9 – 2 – 2　均布矩形槽零件主程序

主程序	程序说明
O0092	主程序号
N10 G54 G17 G90 G40；	程序初始化
N20 M03 S1500；	主轴正转，转速为 1 500 r/min
N30 Z5；	快速下刀
N40 M98 P2009；	调用一次子程序
N50 G68 X0 Y0 R72；	逆时针旋转 72°
N60 M98 P2009；	第二次调用子程序
N70 G68 X0 Y0 R144；	逆时针旋转 144°
N80 M98 P2009；	第三次调用子程序
N90 G68 X0 Y0 R216；	逆时针旋转 216°
N100 M98 P2009；	第四次调用子程序
N110 G68 X0 Y0 R – 72；	顺时针旋转 72°
N120 M98 P2009；	第五次调用子程序
N130G00 Z100；	刀具抬离工件
N140 M05；	主轴停止
N150 M30；	程序结束

表 9 – 2 – 3　花轮槽子程序

子程序	程序说明
O2009	子程序号

子程序	程序说明
N10 G90 G0 X2.26 Y19.19;	下刀定位点 d_0
N20 G1 Z - 3. F100;	下刀
N30 G1 G42 X7.26 D02 F500;	建立刀具半径补偿
N40 G2 X2.98 Y14.24 R5.;	圆弧切入 d_6
N50 G2 X - 1.98 Y21.84 R5;	走槽形轮廓
N60 G2 X0.14 Y24.79 R29.;	
N70 G2 X4.92 Y26.55 R5.;	
N80 G2 X19.83 Y18.33. R27.;	
N90 G2 X16.55 Y12.99 R5.;	
N100 G2 X2.98 Y14.24 R37.;	
N110 G1 G40 X2.26 Y19.19;	取消刀具半径补偿，回到下刀点
N120 G1 Z5.;	刀具抬到安全平面
N130 G69;	取消旋转
N140 M99;	子程序调用结束，回到主程序

3. 滑轮槽的加工

（1）工具领用。

加工滑轮槽所需的工、刃、量具见表9-2-4。

表9-2-4　滑轮槽零件的工、刃、量具清单

序号	名称	规格	数量	备注
1	游标卡尺	0～150 mm，0.02 mm	1 把	
2	百分表	0～10 mm，0.01 mm	1 个	
3	立铣刀	ϕ8 mm，ϕ6 mm	各1把	
4	辅具	垫块 5 mm、10 mm、15 mm	各1块	
5	坯料	ϕ60×13（mm）的45棒料	1 根	
6	其他	棒槌、铜皮、毛刷、锉刀等常用工具； 计算机、计算器、编程工具书等		选用

（2）机床及装夹方式选择。由于零件轮廓尺寸不大，且为批量生产，根据车间设备状况，决定选择立式加工中心完成本次任务。由于零件毛坯为ϕ60 mm圆形钢件，且为批量生产，故决定选择专用夹具装夹工件。

（3）工件原点的选择。工件坐标系原点设定在工件上表面中心处。

（4）输入并检验程序。

在"编辑"模式下，将 NC 程序输入数控系统中，检查程序并确保程序正确无误。

将当前工件坐标系抬高至安全高度，设置好刀具参数（刀具半径补偿值）。将机床状态调整为"空运行"状态空运行程序，检查零件轮廓铣削轨迹是否正确、是否与机床夹具等发生干涉，如有干涉则要调整程序。

（5）执行零件自动加工。

将当前工件坐标系恢复至原位，取消空运行，再次检查刀补参数 D1 及工件坐标参数，确认无误后，将机床状态调整为"自动运行"状态，对零件进行粗铣加工。修改刀补参数 D2 = 3 mm，按表 9 - 2 - 1 的要求修改 NC 程序中的主轴转速及进给速度，再次运行程序进行零件精加工。

旋转零件
编程与加工

完成相关参数修改后，再次运行程序，执行零件精铣加工。

（6）加工结束，清理机床。

在表 9 - 2 - 5 中记录任务实施情况、存在的问题及解决措施。

表 9 - 2 - 5　任务实施情况表

任务实施情况	存在问题	解决措施

 考核评价

请为自己小小的成功喝彩，珍惜每一次努力后的收获，并将其作为继续学习的动力。

各组展示自己的作品，介绍任务完成过程及制作整个运作过程的视频、零件检测结果、技术文档并提交汇报材料，进行小组自评、组间互评和教师点评，完成表 9 - 2 - 6 所示的考核与评价表。

表 9 - 2 - 6　考核与评价表

姓名：		班级：		单位：				
序号	项目		考核内容		配分	自评 （20%）	互评 （30%）	师评 （50%）
1	尺寸精度		各外形尺寸符合图纸要求，超差不得分		30			
2	表面粗糙度		要求达 $Ra3.2\ \mu m$，超差不得分		10			
3	程序编制		程序格式代码正确，能够对程序进行校验、修改等操作，刀具轨迹显示正确		15			
4	加工操作		正确安装工件，回参考点，建立工件坐标系，自动加工		20			

姓名：		班级：	单位：				
序号	项目		考核内容	配分	自评 (20%)	互评 (30%)	师评 (50%)
5	职业素养		团队精神：分工合理、执行能力、服从意识	5			
			安全生产：安全着装，按规程操作	5			
			文明生产：文明用语、7S 管理（整理、整顿、清扫、清洁、素养、安全、节约）	5			
6	创新意识		创新性思维和行动	10			
总计							
组长签名：			教师签名：				

拓展提高

恭喜你学习任务全部完成，操千曲而后晓声，观千剑而后识器，接着通过下面的练习来拓展理论知识，提高实践水平。

（1）完成如图 9-2-2 所示桃形凹模零件的编程与加工，毛坯材料为 45 钢，生产规模为单件。

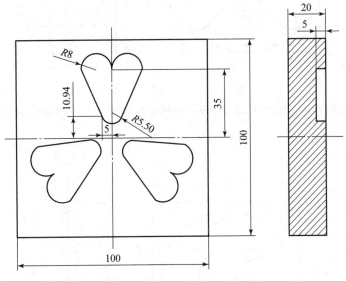

图 9-2-2　桃形凹模零件编程图

（2）在数控铣床上完成如图 9-2-3 所示的零件的加工，毛坯材料为 45 钢，生产规模为单件。

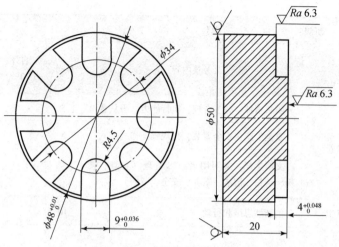

图 9 − 2 − 3　花盘零件编程图

（3）在数控铣床上完成如图 9 − 2 − 4 所示零件的加工，毛坯材料为 45 钢，生产规模为单件。

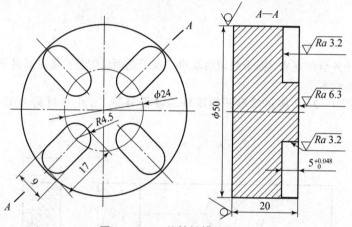

图 9 − 2 − 4　旋转键槽编程图

（4）在数控铣床上完成如图 9 − 2 − 5 所示旋转零件的加工，工件材料为 45 钢，生产规模为单件。

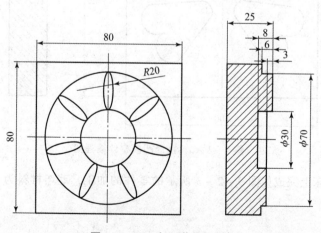

图 9 − 2 − 5　向日葵编程图

（5）在数控铣床上完成如图 9 – 2 – 6 所示旋转零件的加工，工件材料为 45 钢，生产规模为单件。试尝试不同加工方案。

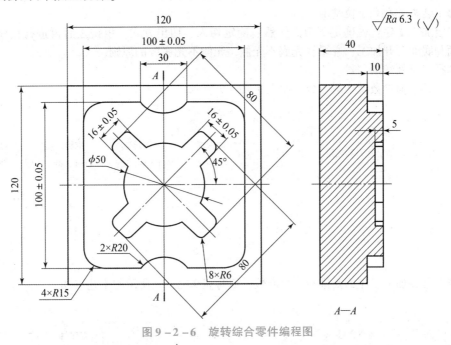

图 9 – 2 – 6　旋转综合零件编程图

 项目复盘

千淘万漉虽辛苦，千锤百炼始成金。复盘有助于我们找到规律，固化流程，升华知识。

1. 项目完成的基本过程

通过前面的学习，梳理出旋转类零件的铣削加工过程，如图 9 – 2 – 7 所示。

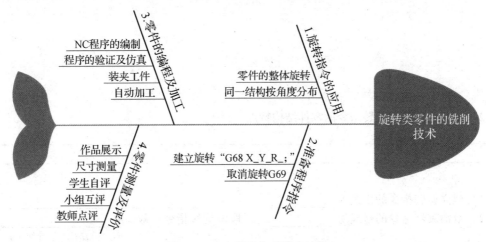

图 9 – 2 – 7　项目完成基本过程

2. 制定工艺方案

（1）制定工艺方案过程。

①确定加工内容：根据零件图纸技术要求等确定。

②毛坯的选择：根据零件图纸确定。

③机床选择：根据零件结构大小确定数控铣床的型号。

④确定装夹方案和定位基准。

⑤确定加工工序：先确定下刀点，然后确定切入、切出方式，粗铣之后再进行精铣，精铣时，侧面和底面分开加工，遵循"光底不光侧，光侧不光底"的原则。

⑥选择刀具及切削用量。

确定刀具几何参数及切削参数，如表9-2-7所示。

表9-2-7 刀具及切削用量表

工步	加工内容	刀具规格	刀号	切削深度 /mm	主轴转速 /(r·min⁻¹)	进给速度 /(mm·min⁻¹)	刀具半径 补偿/mm

⑦结合零件加工工序的安排和切削参数，填写表9-2-8所示的工艺卡片。

表9-2-8 零件加工工艺卡

材料		零件图号		零件名称		工序号	
程序名		机床设备		夹具名称			
工步号	工步内容 （走刀路线）	G功能	T刀具	切削用量		
				转速 n (r·min⁻¹)	进给量 f (mm·r⁻¹)	背吃刀量 a_p /mm

（2）请总结适用于旋转指令的零件结构特点。

_____

_____

3. 数控加工程序编制

（1）建立旋转指令的格式为_____

（2）取消旋转指令的格式为_____，取消旋转指令一般写在_____

_____

4. 自动加工

自动加工零件的步骤：输入数控加工程序→验证加工程序→零件加工对刀操作→零件加工。加工时若程序没有运行到旋转取消指令，则再次运行程序时机床会产生报警，如何解决？

_____

5. 零件检测（工、量、检具的选择和使用）

 项目总结

本项目主要通过学习旋转指令的格式，掌握零件整体旋转和某一部分结构按一定角度分布的编程，最后加工出合格的工件。

1. 旋转零件编程与加工的注意事项

（1）编程时正确判定工件旋转的角度。

（2）如果一个程序多次使用到旋转指令，那么使用一次就要立即取消一次，为了简化程序，可以在子程序结束前取消旋转而不必在主程序每个旋转后面写一行取消指令。

（3）在加工过程中如遇到运行一次旋转后机床会不动作，解决办法是：先按"暂停"键，再按一次"循环启动"键。

2. 归纳整理

通过完成旋转类零件铣削项目的运作和实施，归纳整理你的学习心得。

_____

_____

_____

_____

项目十　对称类零件的铣削

项目导入

（1）完成如图 10-0-1 所示水滴零件的编程和加工，材料为 45 钢，单件生产。

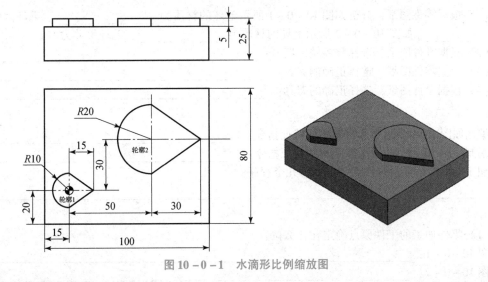

图 10-0-1　水滴形比例缩放图

（2）完成如图 10 – 0 – 2 所示对称零件的编程和加工，材料为 45 钢。

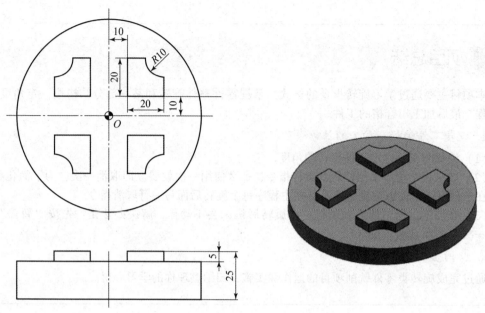

图 10 – 0 – 2　对称凸模零件图

 项目分析

工欲善其事，必先利其器。我们先把项目分析透彻，才有助于更好地完成项目。

1. 加工对象

（1）在零件进行铣削加工前，先分析零件图纸，确定加工对象。

本项目的两个加工对象分别是＿＿＿＿＿＿＿＿＿＿＿＿＿＿＿＿＿＿＿＿＿＿＿＿

（2）分析该项目两个零件图纸的内容包括＿＿＿＿＿＿＿＿＿＿＿＿＿＿＿＿＿＿

＿＿＿＿＿＿＿＿＿＿＿＿＿＿＿＿＿＿＿＿＿＿＿＿＿＿＿＿＿＿＿＿＿＿＿＿＿＿

2. 加工工艺内容

（1）根据零件图纸，分析如图 10 – 0 – 1 所示毛坯的材质为＿＿＿＿＿＿＿、毛坯尺寸为

＿＿＿＿＿＿＿，如图 10 – 0 – 2 所示毛坯的材质为＿＿＿＿＿＿＿、毛坯尺寸为＿＿＿＿＿＿

（2）根据零件图纸，选择数控铣床型号：＿＿＿＿＿＿＿＿＿＿＿＿＿＿＿＿＿＿＿＿

（3）根据零件图纸，选择正确的夹具：＿＿＿＿＿＿＿＿＿＿＿＿＿＿＿＿＿＿＿＿

（4）根据零件图纸，选择正确的刀具：＿＿＿＿＿＿＿＿＿＿＿＿＿＿＿＿＿＿＿＿

3. 程序编制

编制如图 10 – 0 – 1 所示需要用的特征指令：＿＿＿＿＿＿＿＿＿＿＿＿＿＿＿＿

编制如图 10 – 0 – 2 所示需要用的特征指令：＿＿＿＿＿＿＿＿＿＿＿＿＿＿＿＿

加工以上两个项目分别需要编制哪几个程序？

＿＿＿＿＿＿＿＿＿＿＿＿＿＿＿＿＿＿＿＿＿＿＿＿＿＿＿＿＿＿＿＿＿＿＿＿＿＿

4. 零件加工

（1）零件加工的工件原点确定在什么位置？

图 10 – 0 – 1：＿＿＿＿＿＿＿＿＿＿＿＿＿＿＿＿＿＿＿＿＿＿＿＿＿＿＿＿＿＿

图 10 – 0 – 2：＿＿＿＿＿＿＿＿＿＿＿＿＿＿＿＿＿＿＿＿＿＿＿＿＿＿＿＿＿＿

(2) 零件的装夹方式: _____

5. 零件检测

(1) 零件检测使用的量具有哪些?

_____

_____

(2) 哪些是重点检测的尺寸?

_____

_____

_____

 项目分解

记事者必提其要,纂言者必钩其玄,通过前面对项目的分析,我们把该项目分解成两个学习任务:

学习任务1: 水滴零件的编程与加工

学习任务2: 对称凸模的编程与加工

 项目分工

分工协作,各尽其责,知人善任。将全班同学每4~6人分成一小组,每个组员都有明确的分工,并且每人在不同任务中轮流担任组长,轮流不同的岗位,做到每个人都有平等机会锻炼学习能力、管理能力和组织协调能力,在实施任务的过程中充分体现团队合作精神,培育工匠精神及提升职业素养。项目分工见表10-0-1。

表10-0-1 项目分工表

组 名		组 长		指导老师	
学 号	成 员		岗位分工	岗位职责	
			项目经理	对整个项目总体进行统筹、规划,把握进度及各组之间的协调沟通等工作	
			工艺工程师	负责制定工艺方案	
			程序工程师	负责编制加工程序	
			数控铣技师	负责数控铣床的操作	
			质量工程师	负责验收,把控质量	
			档案管理员	做好各个环节的记录,录像留档,便于项目的总结复盘	

学习任务1　水滴零件的编程与加工

任务编号	10 – 1	任务名称	水滴零件的编程与加工	建议学时	2 学时
任务安排					
(1) 缩放指令格式 (2) 缩放指令编程 (3) 缩放零件的加工					

任务导学

导学问题1：比例缩放指令有几种格式？哪种格式应用更灵活？

导学问题2：什么样的结构适合缩放指令编程？

知识链接

1. 比例缩放程序指令

在数控编程中，有时在对应坐标轴上的值是按固定的比例系数进行放大或缩小的，这时为了编程方便，可采用比例缩放指令来进行编程。

1）指令格式

（1）格式一。

G51 I_ J_ K_ P_；

程序中：I_ J_ K_ ——选择要进行比例缩放的轴，其中 I 表示 X 轴，J 表示 Y 轴；指定比例缩放中心，"I0 J5" 表示缩放中心在坐标（0，5）处，如果省略了 I、J、K，则 G51 指定刀具的当前位置作为缩放中心；

P——进行缩放的比例系数，不能用小数点来指定该值。

比例缩放
指令及应用

探讨交流1："G51 I0 J10.0 P2000；"描述该程序段的意义？

（2）格式二。

G51 X_ Y_ Z_ I_ J_ K_；

程序中：X_ Y_ Z_——指定比例缩放中心；

I_ J_ K_——指定不同坐标方向上的缩放比例，该值用带小数点的数值指定。I、J、K 可以指定不相等的参数，表示该指令允许沿不同的坐标方向进行不等比例缩放。

格式二赋予了更灵活运用的空间，所以比较常用。

探讨交流 2："G51 X10.0 Y20.0 Z0 I1.5 J2.0 K1.0；"描述该程序段的意义。

（3）取消缩放格式指令："G50 X0 Y0；"。

2）比例缩放编程实例

（1）如图 10 - 1 - 1 所示，将外轮廓轨迹 ABCDE 以原点为中心在 XY 平面内进行等比例缩放，缩放比例为 2.0，编写其加工程序。

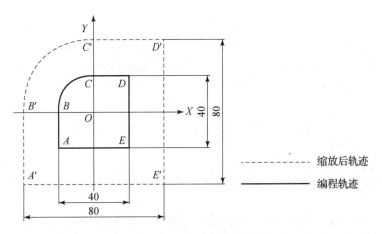

图 10 - 1 - 1　等比例缩放实例

```
O1001;
……
G00 X - 50.0 Y - 50.0;               （刀具位于缩放后工件轮廓外侧）
G01 Z - 5.0 F100;
G51 X0 Y0 P2000;                     （在 XY 平面内进行缩放,缩放比例相同,为 2.0 倍）
G41 G01 X - 20.0 Y - 30.0 D01;       （在比例缩放编程中建立刀补）
Y0;                                  （以原轮廓进行编程,但刀具轨迹为缩放后轨迹）
G02 X0 Y20.0 R20.0;                  （R20 放大 2 倍后,加工出来的圆弧半径为 R40 mm）
G01 X20.0;
Y - 20.0;
X - 30.0;
G40 X - 25.0 Y - 25.0;               （该点与切入点位置重合）
G50;                                 （先取消刀具半径补偿,再取消比例缩放）
……
```

（2）如图 10 - 1 - 2 所示，将外轮廓轨迹 ABCD 以（- 40，- 20）为中心，在 XY 平面内进行不等比例缩放，X 轴方向的缩放比例为 1.5 倍，Y 轴方向的绽放比例为 2.0 倍，试编写其加工程序。

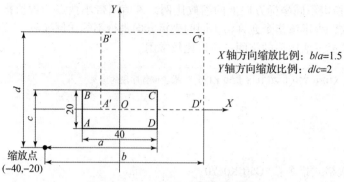

X轴方向缩放比例: b/a=1.5
Y轴方向缩放比例: d/c=2

缩放点
(−40,−20)

图10−1−2 不等比例缩放实例

```
O1002;
......
G00 X50.0 Y-50.0;
G01 Z-5.0 F100;
G51 X-40.0 Y-20.0 I1.5 J2.0;      (在XY平面内进行不等比例缩放)
G41 G01 X20.0 Y-10.0 D01;         (以原轮廓轨迹进行编程)
......
G40 X50.0 Y-50.0;
G50;                              (取消缩放)
```

3）比例缩放编程说明

（1）比例缩放中的刀具半径补偿问题。

在编写比例缩放程序过程中，要特别注意建立刀补程序段的位置，通常刀补程序段应写在缩放程序段内。

比例缩放对于刀具半径补偿值、刀具长度补偿值及工件坐标系零点偏移值无效。

（2）比例缩放中的圆弧插补。

在比例缩放中进行圆弧插补，如果进行等比例缩放，则圆弧半径也相应缩放相同的比例；如果指定不同的缩放比例，则刀具不会走出相应的椭圆轨迹，仍将进行圆弧的插补，圆弧的半径根据I、J中的较大值进行缩放。如图10−1−3所示。

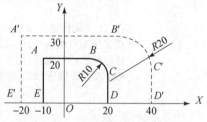

图10−1−3 比例缩放中的圆弧插补

```
程序:O1003
    ......
    G51 X0 Y0 I2.0 J1.5;
    G41 G01 X-10.0 Y20.0 D01;
        X10.0 F100;
      G02 X20.0 Y10.0 R10.0;
    ......
```

圆弧插补的起点与终点坐标均以 I、J 值进行不等比例缩放，而半径 R 则以 I、J 中的较大值 2.0 进行缩放，缩放后的半径为 R20.0 mm。此时，圆弧在 B′ 和 C′ 点处不相切，而是相交，因此要特别注意比例缩放中的圆弧插补。

（3）比例缩放的注意事项。

比例缩放的简化形式，如将比例缩放程序 "G51 X_ Y_ Z_ P_;" "G51 X_ Y_ Z_ I_ J_ K_;" 简写成 "G51;"，则缩放比例由机床系统参数决定，具体值请查阅机床有关参数表，而缩放中心则指刀具刀位点所处的当前位置。

固定循环中 Q 值与 d 值在比例缩放过程中无效，有时我们不希望进行 Z 轴方向的比例缩放，这时可修改系统参数，以禁止在 Z 轴方向上进行比例缩放。

比例缩放对工件坐标系零点偏移值和刀具补偿值无效。

在比例缩放状态下，不能指定返回参考点的 G 指令（G27 ~ G30），也不能指定坐标系设定指令（G52 ~ G59，G92）。若一要指定这些 G 代码，则应在取消缩放功能后指定。

任务实施

1. 程序编制

如图 10 – 0 – 1 所示的水滴形缩放零件编程如下：

（1）如图 10 – 1 – 4 所示的小水滴作为子程序编程（见表 10 – 1 – 1），走刀路线为 A – C – D – A。

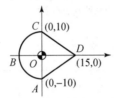

图 10 – 1 – 4　小水滴线路图

表 10 – 1 – 1　小水滴子程序

子程序	程序说明
O1004	子程序号
N10 G90 G0 X20. Y – 10. ;	下刀定位点
N20 G1 Z – 5. F100;	下刀
N30 G1 G41 X0. D01 F300;	在 A 点建立刀具半径补偿
N40 G2 Y10. R10. ;	走 A – C 段圆弧
N50 G1 X15. Y0;	走 C – D 段直线
N60 X0 Y – 10. ;	走 D – A 段直线
N70 G1 G40 Z5. ;	取消刀具半径补偿，刀具抬到安全平面
N80 G50 X0 Y0;	取消比例缩放
N90 M99;	子程序调用结束，回到主程序

（2）主程序如表10-1-2所示。

表10-1-2　水滴零件主程序

主程序	程序说明
O1005	主程序号
N10 G54 G17 G90 G40；	程序初始化
N20 M03 S1500；	主轴正转，转速为1 500 r/min
N30 Z5；	快速下刀
N40 M98 P1004；	先加工小水滴
N50 G00 X50. Y30. ；	刀具移至大水滴中心
N60 G51 X50. Y30. I2. J2. ；	以当前刀具所在位置作为中心，X、Y轴比例放大2倍
N70 M98 P1201；	加工大水滴
N80 G00 Z100；	刀具抬离工件
N90 M05；	主轴停止
N100 M30；	程序结束

探讨交流3：两个大小水滴的坐标系原点可用几种方法确定？

2. 加工水滴零件操作

（1）工具领用。

加工水滴零件所需的工、刃、量具见表10-1-3。

表10-1-3　水滴零件的工、刃、量具清单

序号	名称	规格	数量	备注
1	游标卡尺	0~150 mm，0.02 mm	1把	
2	百分表	0~10 mm，0.01 mm	1个	
3	立铣刀	φ12 mm	1把	
4	辅具	垫块5 mm、10 mm、15 mm	各1块	
5	坯料	100×80×25（mm）的45板料	1块	
6	其他	棒槌、铜皮、毛刷、锉刀等常用工具；计算机、计算器、编程工具书等		选用

（2）机床及装夹方式选择。由于零件轮廓尺寸不大，根据车间设备状况，决定选择立式铣床完成本次任务，采用虎钳装夹。

（3）工件原点的选择。对刀时水滴零件的中心为对刀原点即工件原点，采用单边对刀的方法设定。

（4）输入并检验程序。

在"编辑"模式下将 NC 程序输入至数控系统中，检查程序并确保程序正确无误。

将当前工件坐标系抬高至安全高度，设置好刀具参数（刀具半径补偿值）。将机床状态调整为"空运行"状态空运行程序，检查零件轮廓铣削轨迹是否正确、是否与机床夹具等发生干涉，如有干涉则要调整程序。

（5）执行零件自动加工。

前面准备工件做好后，机床回参考点，选择自动方式，单击"循环启动"键进行零件的自动加工操作。

（6）加工结束，清理机床。

在表 10 - 1 - 4 中记录任务实施情况、存在的问题及解决措施。

表 10 - 1 - 4　任务实施情况表

任务实施情况	存在问题	解决措施

 考核评价

请为自己小小的成功喝彩，珍惜每一次努力后的收获，并将其作为继续学习的动力。

各组展示自己的作品，介绍任务完成过程及制作整个运作过程的视频、零件检测结果、技术文档并提交汇报材料，进行小组自评、组间互评和教师点评，完成如表 10 - 1 - 5 所示的考核与评价表。

表 10 - 1 - 5　考核与评价表

姓名：	班级：		单位：			
序号	项目	考核内容	配分	自评 （20%）	互评 （30%）	师评 （50%）
1	指令的使用	缩放指令的掌握及灵活运用	20			
2	程序格式	程序格式正确，坐标系应用准确	45			
3	切削用量	切削用量的合理确定	10			
4	职业素养	团队精神：分工合理、执行能力、服从意识	5			
		安全生产：安全着装，按规程操作	5			
		文明生产：文明用语，7S 管理（整理、整顿、清扫、清洁、素养、安全、节约）	5			
5	创新意识	创新性思维和行动	10			
总计						
组长签名：		教师签名：				

检测巩固

举一反三，触类旁通。现要求完成下面的测试题来检验我们前面所学，以便自查和巩固知识点。

（1）使用缩放指令编写如图 10 - 1 - 5 所示的零件程序。

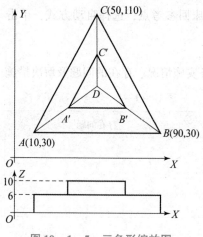

图 10 - 1 - 5　三角形缩放图

（2）如图 10 - 1 - 6 所示，将外轮廓 ABCD 以原点 O 为中心在 XY 平面内进行等比例缩放，缩放比例为 2.0，试编写加工程序。

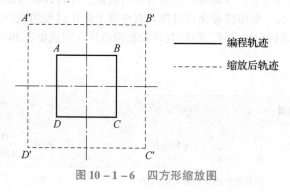

图 10 - 1 - 6　四方形缩放图

学习任务 2　对称凸模的编程与加工

任务编号	10 - 2	任务名称	对称凸模的编程与加工	建议学时	2 学时
任务安排					
（1）掌握镜像指令 （2）掌握对称类零件的编程 （3）掌握对称类零件的加工					

任务导学

导学问题1：当一个零件既可以使用旋转指令，又可以使用镜像指令时，该如何选择？

导学问题2：镜像指令和比例缩放指令的区别是什么？

知识链接

1. 可编程镜像加工指令

使用可编程镜像加工指令可实现沿某一坐标轴或某一坐标点的对称加工。在一些老的数控系统中通常采用 M 指令来实现镜像加工，在 FANUC 0i 及更新版本的数控系统中采用 G51 或 G51.1 来实现镜像加工。

镜像指令
相关知识

指令格式：

G17 G51.1　X_ Y_；

…

　　　　　G50.1 X_ Y_；

程序中：X_ Y_——指定对称轴或对称点。

当 G51.1 指令后仅有一个坐标字时，该镜像加工指令以某一坐标轴为镜像轴。

```
G17 G51.1   X0；              （关于 Y 轴对称）
G17 G51.1   X 0 Y0；          （关于原点对称）
G17 G51.1   Y0；              （关于 X 轴对称）
G50.1 X0   Y0；              （取消对称）
```

探讨交流1："G51.1 X10. Y10. ；"程序段是关于什么对称？

2. 镜像加工编程的说明

（1）在指定平面内执行镜像加工指令时，如果程序中有圆弧指令，则圆弧的旋转方向相反，即 G02 变成 G03，相应地，G03 变成 G02。

（2）在指定平面内执行镜像加工指令时，如果程序中有刀具半径补偿指令，则刀具半径补偿的偏置方向相反，即 G41 变成 G42，相应地，G42 变成 G41。

（3）在可编程镜像指令中，返回参考点指令（G27 ~ G30）和改变坐标系指令（G54 ~ G59，G92）不能指定。如果要指定其中的某一个，则必须在取消可编程镜像加工指令后指定。

（4）在使用镜像加工功能时，由于数控镗床的 Z 轴一般安装有刀具，所以 Z 轴一般都不进行镜像加工。

探讨交流1：采用镜像指令时，刀具半径补偿 G41 与 G42 互相转化会给加工带来什么影响？

1. 程序编制

（1）把如图 10 - 0 - 2 所示第一象限的图形结构作为子程序编程，O 为编程原点，走刀路线如图 10 - 2 - 1 所示，子程序见表 10 - 2 - 1。

镜像编程与加工

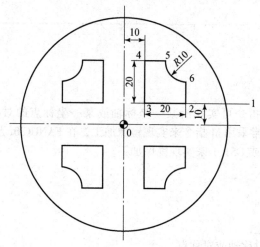

图 10 - 2 - 1　走刀路线图

表 10 - 2 - 1　子程序

子程序	程序说明
O1021	子程序号
N10 G90 G0 X60. Y10. ;	下刀定位点 1
N20 G1 Z - 5. F100；	下刀
N30 G1 G41 X30. D01 F300；	在 2 点建立刀具半径补偿
N40 G1 X10. ;	走 2 - 3 段直线
N50 G1 Y30. ;	走 3 - 4 段直线
N60 G3 X30. Y20. ;	走 5 - 6 段圆弧
N70 G1 Y0；	从 6 点直接走到 X 轴上
N80 G1 G40 Z5. ;	取消刀具半径补偿，刀具抬到安全平面
N90 G50.1 X0 Y0；	取消镜像
N100 M99；	子程序调用结束，回到主程序

（2）主程序见表 10 - 2 - 2。

表 10 - 2 - 2　对称零件主程序

主程序	程序说明
O1022	主程序号

主程序	程序说明
N10 G54 G17 G90 G40;	程序初始化
N20 M03 S1500;	主轴正转，速度为 1 500 r/min
N30 Z5;	快速下刀
N40 M98 P1021;	加工第一象限的结构
N50 G51.1 X0;	关于 Y 轴对称
N60 M98 P1021;	加工第二象限的结构
N70 G51.1 X0 Y0;	关于原点对称
N80 M98 P1021;	加工第三象限的结构
N90 G51.1 Y0;	关于轴 X 对称
N100 M98 P1021;	加工第四象限的结构
N110 G00 Z100;	刀具抬离工件
N120 M05;	主轴停止
N130 M30;	程序结束

2. 加工对称零件操作

（1）工具领用。

加工对称凸模所需的工、刃、量具见表 10-2-3。

表 10-2-3 对称凸模零件的工、刃、量具清单

序号	名称	规格	数量	备注
1	游标卡尺	0~150 mm，0.02 mm	1 把	
2	百分表	0~10 mm，0.01 mm	1 个	
3	立铣刀	ϕ12 mm、ϕ8 mm	各1把	
4	辅具	垫块 5 mm、10 mm、15 mm	各1块	
5	坯料	ϕ80×25（mm）的 45 钢棒料	1 根	
6	其他	棒槌、铜皮、毛刷、锉刀等常用工具；计算机、计算器、编程工具书等		选用

（2）机床及装夹方式选择。由于零件轮廓尺寸不大，且为批量生产，根据车间设备状况，决定选择立式加工中心完成本次任务。由于零件毛坯为 ϕ100 mm 圆形钢件，故决定选择三爪卡盘装夹工件。

（3）工件原点的选择。工件坐标系原点设定在工件上表面中心处。

（4）输入并检验程序。

在"编辑"模式下，将 NC 程序输入数控系统中，检查程序并确保程序正确无误。

将当前工件坐标系抬高至安全高度，设置好刀具参数（刀具半径补偿值）。将机床调整为"空运行"状态空运行程序，检查零件轮廓铣削轨迹是否正确、是否与机床夹具等发生干涉，如有干涉则要调整程序。

（5）执行零件自动加工。

（6）加工结束，清理机床。

在表 10-2-4 中记录任务实施情况、存在的问题及解决措施。

表 10-2-4 任务实施情况表

任务实施情况	存在问题	解决措施

考核评价

请为自己小小的成功喝彩，珍惜每一次努力后的收获，并将其作为继续学习的动力。

各组展示自己的作品，介绍任务完成过程及制作整个运作过程的视频、零件检测结果、技术文档并提交汇报材料，进行小组自评、组间互评和教师点评，完成表 10-2-5 所示的考核与评价表。

表 10-2-5 考核与评价表

姓名：	班级：		单位：				
序号	项目		考核内容	配分	自评 （20%）	互评 （30%）	师评 （50%）
1	尺寸精度		各外形尺寸符合图纸要求，超差不得分	20			
2	表面粗糙度		要求达 $Ra3.2~\mu m$，超差不得分	5			
3	程序编制		程序格式代码正确，能够对程序进行校验、修改等操作，刀具轨迹显示正确	20			
4	加工操作		正确安装工件，回参考点，建立工件坐标系，多把刀对刀，输入补偿值，自动加工	30			
5	职业素养		团队精神：分工合理、执行能力、服从意识	5			
			安全生产：安全着装，按规程操作	5			
			文明生产：文明用语，7S 管理（整理、整顿、清扫、清洁、素养、安全、节约）	5			
6	创新意识		创新性思维和行动	10			
总计							
组长签名：			教师签名：				

恭喜你完成学习任务，操千曲而后晓声，观千剑而后识器，接着通过下面的练习来拓展理论知识，提高实践水平。

（1）试用镜像加工指令编写如图 10 - 2 - 2 所示零件的加工程序。

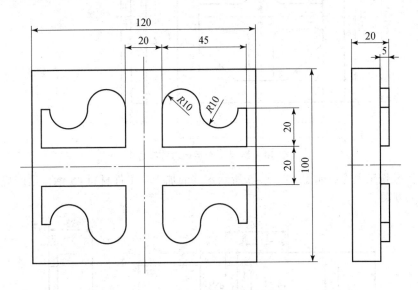

图 10 - 2 - 2　镜像零件编程图 1

（2）试完成如图 10 - 2 - 3 所示对称零件的编程与加工，零件材料为 45 钢。

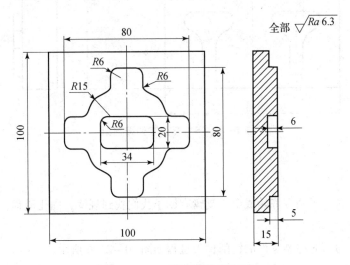

图 10 - 2 - 3　镜像零件编程图 2

（3）在数控铣床上完成如图 10 - 2 - 4 所示的零件的加工，毛坯材料为 45 钢，生产规模为单件。

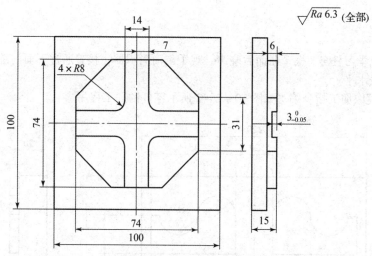

图 10 - 2 - 4　十字槽对称零件

（4）在数控铣床上完成如图 10 - 2 - 5 所示零件的加工，工件材料 45 钢，生产规模为单件。尝试不同加工方案。

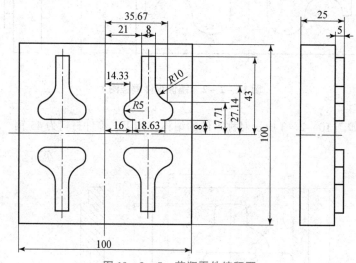

图 10 - 2 - 5　花瓶零件编程图

项目复盘

千淘万漉虽辛苦，千锤百炼始成金。复盘有助于我们找到规律，固化流程，升华知识。

1. 项目完成的基本过程

通过前面的学习，对称类零件的铣削加工过程如图 10 - 2 - 6 所示。

2. 制定工艺方案

（1）确定加工内容：根据零件图纸技术要求等确定。

（2）毛坯的选择：根据零件图纸确定。

（3）机床选择：根据零件结构大小确定数控铣床的型号。

（4）确定装夹方案和定位基准。

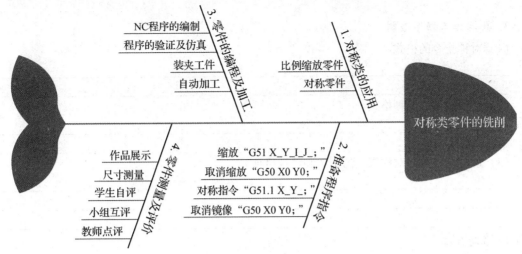

图 10-2-6　项目完成基本过程

（5）确定加工工序：先确定下刀点，再确定切入、切出方式，然后刀具绕着轮廓进行铣削，粗铣之后再进行精铣，精铣时，侧面和底面分开加工，遵循"光底不光侧，光侧不光底"的原则。

（6）选择刀具及切削用量。

确定刀具几何参数及切削参数，见表 10-2-6。

表 10-2-6　刀具及切削用量表

工步	加工内容	刀具规格	刀号	切削深度/mm	主轴转速/(r·min⁻¹)	进给速度/(mm·min⁻¹)	刀具半径补偿/mm

（7）结合零件加工工序的安排和切削参数，填写表 10-2-7 所示的工艺卡片。

表 10-2-7　零件加工工艺卡

材料		零件图号		零件名称		工序号	
程序名		机床设备		夹具名称			
工步号	工步内容（走刀路线）		G 功能	T 刀具	切削用量		
					转速 n /(r·min⁻¹)	进给量 f /(mm·r⁻¹)	背吃刀量 a_p /mm

3. 数控加工程序编制

（1）对称指令的格式。

_____

_____

（2）缩放指令的两种格式。

第一种格式：_____

第二种格式：_____

（3）请总结缩放与对称指令的用法和注意事项。

_____

_____

_____

4. 自动加工

自动加工零件的步骤：输入数控加工程序→验证加工程序→零件加工对刀操作→零件加工。
加工时若程序没有运行到缩放或对称取消指令，再次运行程序时机床产生报警，如何解决？

_____

5. 零件检测（工、量、检具的选择和使用）

_____

 项目总结

本项目主要掌握缩放指令及镜像指令的编程方法，并能解决在加工过程中遇到的各种问题。

1. 零件编程与加工的注意事项

（1）在使用缩放指令编程时，下刀应该取在缩放后尺寸的外面，以免造成过切现象。

（2）如果一个程序多次使用到缩放或镜像指令，那么使用一次就要立即取消一次，为了简化程序，可以在子程序结束前取消旋转而不必在主程序每个缩放或镜像后面写一行取消指令。

（3）如果一个结构既可以使用旋转指令，又可以使用镜像指令来编程，为了保证表面加工质量一致，尽量采旋转指令，因为镜像指令在加工过程中会造成 G41 和 G42 的转换，即顺、逆铣的交替，导致表面质量不均匀。

2. 归纳整理

通过完成对称类零件铣削项目的运作和实施，归纳整理你的学习心得。

_____

_____

_____

宏程序的铣削技术

模块五　孔结构零件的铣削技术

素养拓展

模块简介

　　孔结构是机械零件的重要组成要素之一，它在机器的运行中起着不可替代的作用。孔大致有以下几个作用，即连接作用；导向作用；定位作用；配合作用，如下图所示，根据不同的作用及精度要求可选择不同的加工方法。孔的类型很多，按是否贯通零件可分为通孔、盲孔；按组合形式可分为单一孔及复杂孔（如沉头孔、埋头孔等）；按几何形状可分为圆孔、锥孔、螺纹孔等。数控铣床具有非常丰富的孔加工的功能，通过特定的功能指令可进行一系列孔的加工，如钻孔、镗孔、扩孔、铰孔和攻螺纹等。该模块分别以连接孔、配合孔和螺纹孔的实例，介绍孔的铣削加工技术。

导柱孔　　　　　定位孔　　　　　　　　　　配合孔

连接孔

学习导航

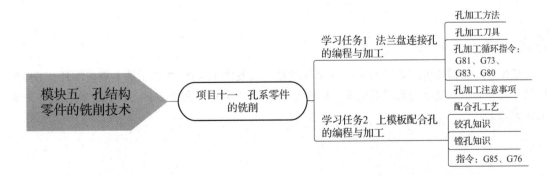

利用"典型铣削零件数控编程与加工"省级精品在线开放课程平台进行预习、讨论、测试、互动、答疑等学习活动。

  学习目标

【知识目标】

1. 掌握孔加工方法
2. 掌握孔加工刀具知识
3. 掌握固定循环指令的格式和各代码的意义
4. 掌握钻孔指令 G81 的编程应用
5. 掌握深孔钻削循环指令 G83、G73 的编程应用
6. 掌握铰孔和镗孔知识
7. 掌握铰孔和镗孔循环指令 G85、G76

【技能目标】

1. 掌握孔类零件的装夹和调试
2. 掌握孔加工刀具的选择及安装
3. 掌握孔加工操作
4. 能独立操作数控铣床，并能校验、修改程序及解决孔加工过程中遇到的问题
5. 能控制孔类零件的加工质量，并完成零件的检测

【素养目标】

1. 培养仁者不忧、知者不惑、勇者不惧的职业素养
2. 培养对加工产品理出清晰思路和方法创新的职业能力
3. 培养组织、沟通和纠偏等正确处理问题的能力
4. 培养企业管理的基本能力和较好的语言表达能力

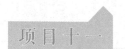

项目十一　　孔系零件的铣削

 项目导入

某生产厂家需要生产如图 11-0-1 所示的法兰盘及图 11-0-2 所示的上模板零件，工件外形尺寸与表面粗糙度已达到图纸要求，材料为 45 钢。要求对这两个零件上的孔结构在数控铣床上完成加工。

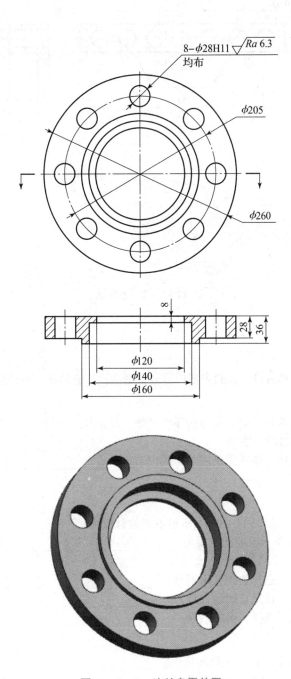

图 11 – 0 – 1　法兰盘零件图

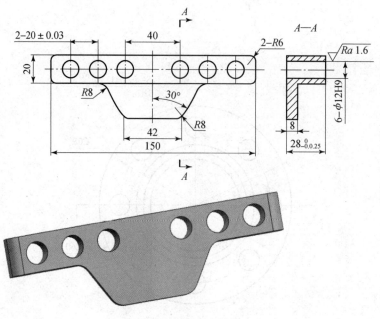

图 11 - 0 - 2　上模板

 项目分析

工欲善其事，必先利其器。我们先把项目分析透彻，才有助于更好地完成项目。

1. 加工对象

（1）在零件进行铣削加工前，先分析零件图纸，确定加工对象。
本项目的两个加工对象分别是＿＿＿＿＿＿＿＿＿＿＿＿＿＿＿＿＿＿＿＿＿＿＿＿＿＿
（2）分析该项目的两个零件图纸需加工的内容包括＿＿＿＿＿＿＿＿＿＿＿＿＿＿＿＿＿
＿＿

2. 加工工艺内容

（1）根据零件图纸，如图 11 - 0 - 1 所示毛坯的材质为＿＿＿＿＿＿＿＿、毛坯尺寸为＿＿＿＿
＿＿＿＿＿；图 11 - 0 - 2 所示毛坯的材质为＿＿＿＿＿＿＿＿＿＿＿、毛坯尺寸为＿＿＿＿＿
＿＿＿＿＿＿
（2）根据零件图纸，选择数控铣床型号：＿＿＿＿＿＿＿＿＿＿＿＿＿＿＿＿＿＿＿＿＿＿
（3）根据零件图纸，选择正确的夹具：＿＿＿＿＿＿＿＿＿＿＿＿＿＿＿＿＿＿＿＿＿＿
（4）根据零件图纸，选择正确的刀具：＿＿＿＿＿＿＿＿＿＿＿＿＿＿＿＿＿＿＿＿＿＿

3. 程序编制

编制图 11 - 0 - 1 需要用的固定循环指令：＿＿＿＿＿＿＿＿＿＿＿＿＿＿＿＿＿＿＿＿
编制图 11 - 0 - 2 需要用的固定循环指令：＿＿＿＿＿＿＿＿＿＿＿＿＿＿＿＿＿＿＿＿
钻孔加工需要编制哪些工序的程序：＿＿＿＿＿＿＿＿＿＿＿＿＿＿＿＿＿＿＿＿＿＿＿

4. 零件加工

（1）零件加工的工件原点确定在什么位置？采取什么方式对刀？
图 11 - 0 - 1：＿＿＿＿＿＿＿＿＿＿＿＿＿＿＿＿＿＿＿＿＿＿＿＿＿＿＿＿＿＿＿＿
图 11 - 0 - 2：＿＿＿＿＿＿＿＿＿＿＿＿＿＿＿＿＿＿＿＿＿＿＿＿＿＿＿＿＿＿＿＿

（2）零件的装夹方式：_____

5. 零件检测

（1）零件检测使用的量具有哪些？

_____

_____

（2）哪些是重点检测的尺寸？

_____

_____

_____

 项目分解

　　记事者必提其要，纂言者必钩其玄，通过前面对项目的分析，我们把该项目分解成两个学习任务：

　　学习任务1：法兰盘连接孔的编程与加工

　　学习任务2：上模板配合孔的编程与加工

 项目分工

　　分工协作，各尽其责，知人善任。将全班同学每4~6人分成一小组，每个组员都有明确的分工，并且每人在不同任务中轮流担任组长，轮流不同的岗位，做到每个人都有平等机会锻炼学习能力、管理能力和组织协调能力，在实施任务的过程中充分体现团队合作精神，培育工匠精神及提升职业素养。项目分工见表11-0-1。

表11-0-1　项目分工表

组　名		组　长		指导老师	
学　号	成　员	岗位分工		岗位职责	
		项目经理		对整个项目总体进行统筹、规划，把握进度及各组之间的协调沟通等工作	
		工艺工程师		负责制定工艺方案	
		程序工程师		负责编制加工程序	
		数控铣技师		负责数控铣床的操作	
		质量工程师		负责验收，把控质量	
		档案管理员		做好各个环节的记录，录像留档，便于项目的总结复盘	

学习任务 1　法兰盘连接孔的编程与加工

任务发放

任务编号	11-1	任务名称	法兰盘连接孔的编程与加工	建议学时	2 学时
任务安排					

(1) 掌握孔加工方法
(2) 了解钻孔加工刀具
(3) 学习固定循环指令
(4) 法兰盘的编程与加工

任务导学

导学问题 1：常用的孔加工方法有哪些?
导学问题 2：孔加工的切削用量如何选择?
导学问题 3：孔加工的主要技术指示有哪些?

知识链接

1. 孔加工方法

在数控铣床（加工中心）上加工孔的方法有很多，根据孔的尺寸精度、位置精度及表面粗糙度等要求，一般有钻孔、扩孔、铰孔、锪孔、镗孔、铣孔及攻丝等，如图 11-1-1 所示。

孔加工相关知识

孔加工的主要技术要求如下：

（1）尺寸精度：配合孔的尺寸精度要求控制在 IT6～IT8，精度要求较低的孔一般控制在 IT11。

（2）形状精度：孔的形状精度主要是指圆度、圆柱度及孔轴心线的直线度，一般应控制在孔径公差以内。对于精度要求较高的孔，其形状精度应控制在孔径公差的 1/2～1/3。

（3）位置精度：一般有各孔距间误差，以及各孔的轴心线对端面的垂直度允差和平行度允差等。

（4）表面粗糙度：孔的表面粗糙度要求一般为 $Ra12.5～0.4\ \mu m$。

实践证明，根据孔的技术要求必须合理选择加工方法和加工步骤。孔的加工方法和一般所能达到的精度等级、表面粗糙度以及合理的加工顺序见表 11-1-1。

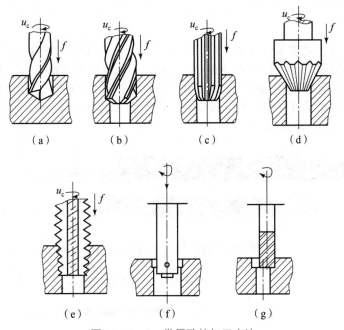

图 11 - 1 - 1 常用孔的加工方法

(a) 钻孔；(b) 扩孔；(c) 铰孔；(d) 锪孔；(e) 攻螺纹；(f) 镗孔；(g) 铣孔

表 11 - 1 - 1 孔的加工方法与步骤的选择

序号	加工方案	精度等级	表面粗糙度 Ra/μm	适用范围
1	钻	11 ~ 13	50 ~ 12.5	加工未淬火钢及铸铁的实心毛坯，也可用于加工有色金属（但粗糙度较差），孔径 < ϕ15 ~ ϕ20 mm
2	钻 - 铰	9	3.2 ~ 1.6	
3	钻 - 粗铰 - 精铰	7 ~ 8	1.6 ~ 0.8	
4	钻 - 扩	11	6.3 ~ 3.2	加工未淬火钢及铸铁的实心毛坯，也可用于加工有色金属（但粗糙度较差），但孔径 > ϕ15 ~ ϕ20 mm
5	钻 - 扩 - 铰	8 ~ 9	1.6 ~ 0.8	
6	钻 - 扩 - 粗铰 - 精铰	7	0.8 ~ 0.4	
7	粗镗（扩孔）	11 ~ 13	6.3 ~ 3.2	除淬火钢外各种材料，毛坯有铸出孔或锻出孔
8	粗镗（扩孔） - 半精镗（精扩）	8 ~ 9	3.2 ~ 1.6	
9	粗镗（扩） - 半精镗（精扩） - 精镗	6 ~ 7	1.6 ~ 0.8	

探讨交流 1：总结选择孔的加工方法的依据。

2. 钻孔加工刀具

1）普通麻花钻

普通麻花钻是钻孔最常用的刀具，通常用高速钢制造，其外形结构如图 11 – 1 – 2 所示。普通麻花钻有直柄和锥柄之分，钻头直径在 $\phi13$ mm 以下的一般为直柄，当钻头直径超过 13 mm 时，则通常做成锥柄。普通麻花钻头的加工精度一般为 IT10 ~ IT11 级，所加工孔的表面粗糙度为 $Ra50 ~ 12.5$ μm，钻孔直径为 0.1 ~ 100 mm，钻孔深度变化范围也很大，广泛应用于孔的粗加工，也可作为不重要孔的最终加工。

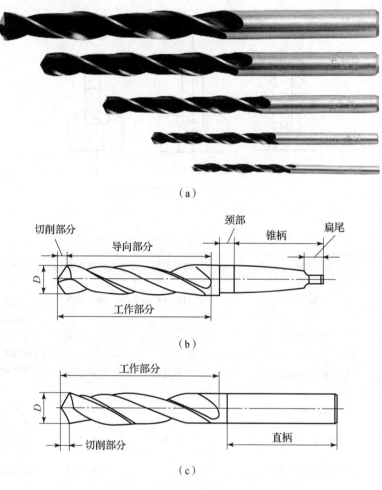

（a）

（b）

（c）

图 11 – 1 – 2　麻花钻的结构图

（a）麻花钻实体；（b）锥柄麻花钻结构；（c）直柄麻花钻结构

2）扩孔钻

扩孔钻有 3 ~ 4 个主切削刃，没有横刃，其结构如图 11 – 1 – 3 所示。扩孔钻的加工精度比麻花钻头要高一些，一般可达 IT9 ~ IT10 级，所加工孔的表面粗糙度为 $Ra6.3 ~ 3.2$ μm，而且其刚性及导向性也好于麻花钻头，因而常用于已铸出、锻出或钻出孔的扩大，可作为精度要求不高孔的最终加工或铰孔、磨孔前的预加工。扩孔钻的直径为 $\phi10 ~ \phi100$ mm，扩孔时的加工余量一般为 0.4 ~ 0.5 mm。

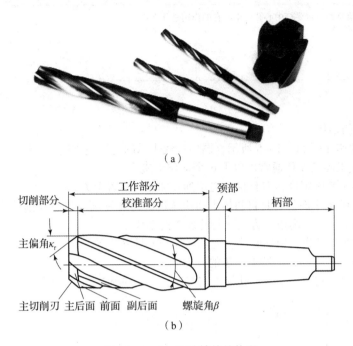

（a）

图 11 − 1 − 3　扩孔钻的结构图

（a）扩孔钻实体图；（b）锥柄扩孔钻结构图

3）中心钻

由于麻花钻头的横刃具有一定的长度，钻孔时不易定心，会影响孔的定心精度，因此通常用中心钻在平面上先预先钻一个凹坑。中心钻的结构如图 11 − 1 − 4 所示，其标准刃径有 $\phi1.0$ mm、1.25 mm、1.6 mm、2.0 mm、2.5 mm、3.0 mm、3.15 mm、4.0 mm、5.0 mm 等规格。由于中心钻的直径较小，故加工时机床主轴转速不得低于 1 000 r/mm。

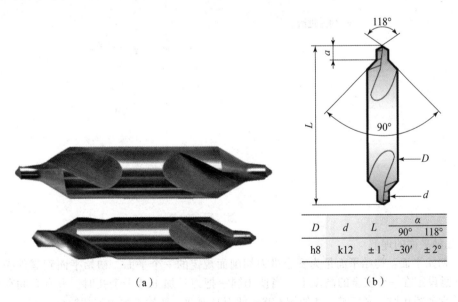

D	d	L	α	
			90°	118°
h8	k12	±1	−30′	±2°

（a）　　　　　　　　　（b）

图 11 − 1 − 4　中心钻的结构图

（a）中心钻实体；（b）中心钻结构

3. 孔加工动作

1）固定循环的动作

固定循环的动作如图 11 - 1 - 5 所示，图中虚线表示的是快速进给，实线表示的是切削进给。由此可以看出孔加工固定循环通常由以下 6 个动作组成。

动作 1：X 轴和 Y 轴定位，刀具快速定位到孔加工的位置上方。

动作 2：快进到 R 平面，刀具自初始平面快速进给到 R 平面（准备切削的位置）。

动作 3：孔加工，以切削进给方式执行孔加工的动作。

动作 4：在孔底的动作，包括暂停、主轴准停和刀具移位等动作。

动作 5：返回到 R 平面，继续下一步的孔加工。

动作 6：快速返回到初始平面。孔加工完成后，一般应选择初始平面。

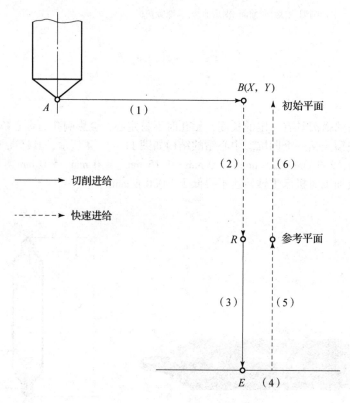

图 11 - 1 - 5　固定循环的动作

2）几种平面的理解

（1）初始平面：初始平面是为安全进刀切削而规定的一个平面。初始平面到零件表面的距离可以任意设定在一个安全的高度上，当使用同一把刀具加工若干个孔时，只有孔间存在障碍需要跳跃或全部孔加工完成时，才使用 G98，使刀具返回至初始平面上的初始点。

（2）参考平面：参考平面又叫 R 点平面，这个平面是刀具进刀切削时由快进转为工进的高度平面，距工件表面的距离主要考虑工件表面尺寸的变化，一般可取 2～5 mm。使用 G99 时，刀具将返回到该平面的 R 点。

（3）孔底平面：加工盲孔时孔底平面就是孔底的 Z 轴高度，加工通孔时一般刀具还要伸长超过工件底平面一段距离，主要是保证全部孔深都加工到尺寸。此外，钻削时还应考虑钻头钻尖对孔深的影响。

（4）定位平面：由平面选择代码 G17、G18 或 G19 决定。

探讨交流 2：R 平面和初始平面的高度关系是什么？如何选择使用 G99 还是 G98？

4. 固定循环格式

1）固定循环的程序格式

G90（G91）G99（G98）G×× X_ Y_ Z_ R_ Q_ P_ F_ K_ ；

程序中，G×× ——孔加工方式，主要有 G73、G74、G76、G81～G89 等，具体见孔加工固定循环及动作一览表 11 - 1 - 2；

        X_、Y_——孔位置坐标；

        Z_、R_、Q_、P_、F_、K_——孔加工数据。

表 11 - 1 - 2　孔加工固定循环及动作一览表

G 代码	加工动作（−Z 方向）	孔底动作	退刀动作（+Z 方向）	用途
G73	间歇进给		快速进给	高速深孔加工
G74	切削进给	暂停、主轴正转	切削进给	攻左旋螺纹
G76	切削进给	主轴准停	快速进给	精镗
G80				取消固定循环
G81	切削进给		快速进给	钻孔
G82	切削进给	暂停	快速进给	钻、镗阶梯孔
G83	间歇进给		快速进给	深孔加工
G84	切削进给	暂停、主轴反转	切削进给	攻右旋螺纹
G85	切削进给		切削进给	镗孔
G86	切削进给	主轴停	快速进给	镗孔
G87	切削进给	主轴正转	快速进给	反镗孔
G88	切削进给	暂停、主轴停	手动	镗孔
G89	切削进给	暂停	切削进给	镗孔

2）数据形式

固定循环指令中地址 "R" 与地址 "Z" 的数据指定与 G90 或 G91 的方式选择有关，图 11 - 1 - 6 表示了 G90 或 G91 时的坐标计算方法。选择 G90 方式时，"R" 与 "Z" 一律取其终点坐标值；选择 G91 方式时，"R"是指自初始点到 R 点的距离，"Z"则是指自 R 点到孔底平面上 Z 点的距离。

G90（绝对值指令）   C91（增量值指令）

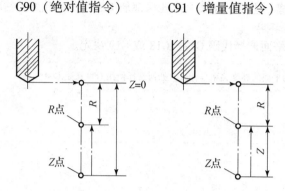

图 11 - 1 - 6 G90、G91 指令坐标

3）返回点平面选择指令 G98、G99

由 G98、G99 决定刀具在返回时达到的平面，G98 指令返回到初始平面，G99 指令返回至 R 点平面，如图 11 - 1 - 7 所示。

C98（返回到初始平面）   C99（返回到 R 点平面）

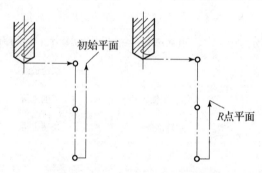

图 11 - 1 - 7 G98、G99 指令平面

4）孔加工数据。

Z：在 G90 时，"Z"值为孔底的绝对坐标值；在 G91 时，"Z"是 R 平面到孔底的距离。从 R 点平面到孔底是按 F 代码所指定的速度进给的。

R：在 G91 时，"R"值为从初始平面到 R 点的增量；在 G90 时，"R"值为绝对坐标值，此段动作是快速进给的。

Q：在 G73 或 G83 方式中，规定每次加工的深度，以及在 G87 方式中规定移动值。"Q"值一律是增量值，与 G91 的选择无关。

P：规定在孔底的暂停时间，用整数表示，以 ms 为单位。

F：进给速度，以 mm/min 为单位。这个指令是模态的，即使取消了固定循环，在其后的加工中仍然有效。

K：重复次数，对等间距孔进行重复钻孔。"K"仅在被指定的程序段内有效。以增量方式（G91）时，指定第一孔位置；以绝对值方式（G90）时，则在相同位置重复钻孔。

上述孔加工数据不一定全部都写，根据需要可省略若干地址和数据。固定循环指令以及 Z、R、Q、P 等指令都是模态的，一旦指定，就一直保持有效，直到用 G80 撤销指令为止。因此，只要在开始时指定了这些指令，在后面连续的加工中不必重新指定。如果仅仅是某个孔的加工数据发生了变化（如孔深发生变化），则仅修改需要变化的数据即可。

取消孔加工方式用 G80 指令，而如果中间出现了任何 01 组的 G 代码，如 G00、G01、G02、G03 等指令，则孔加工方式及孔加工数据也会全部自动取消。因此，用 01 组的 G 代码取消固定循环，其效果与用 G80 指令是完全一样的。

> 探讨交流 3：该如何选择 G98 或 G99?

5. 固定循环指令

1）钻孔循环指令 G81 与锪孔循环指令 G82

程序格式：

G81 X_Y_Z_R_F_K_;

G82 X_Y_Z_R_F_P_K_;

G81 的加工动作如图 11 - 1 - 8 所示，G82 与 G81 比较，唯一不同的是 G82 在孔底增加了进给暂停动作，此时主轴不停，因而适用于锪孔或镗阶梯孔，而 G81 用于一般的钻孔。

常用固定
循环指令

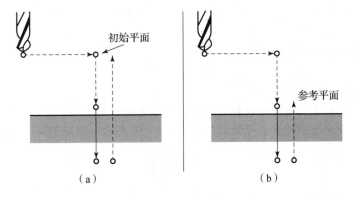

图 11 - 1 - 8　G81 加工动作

(a) G98；(b) G99

2）高速深孔钻孔循环指令 G73

程序格式：

G73 X_Y_Z_R_Q_F_K_;

程序中：X_Y_——孔的位置；

　　　　Z_——孔底位置；

　　　　R_——参考平面位置；

　　　　Q_——每次加工的深度；

　　　　F_——进给速度；

　　　　K_——重复次数。

该循环执行高速深孔钻，它执行间歇进给直到孔的底部，同时从孔中排除切屑。孔加工动作如图 11 - 1 - 9 所示，通过 Z 轴方向的间断进给可以较容易地实现断屑与排屑。用 Q 写入第一次的加工深度（增量值且用正值表示），退刀量 d 用参数设定。

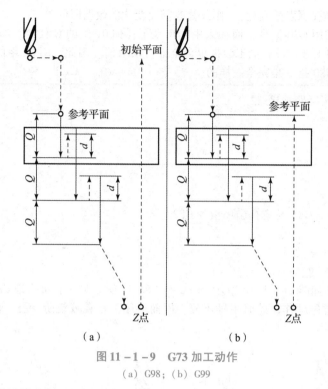

图 11 - 1 - 9　G73 加工动作

(a) G98;(b) G99

3）深孔往复排屑钻孔循环指令 G83

程序格式：

G83 X_Y_Z_R_Q_F_K_;

该循环用于深孔加工，程序中 Q 和 d 与 G73 循环中的含义相同，与 G73 略有不同的是每次刀具间歇进给后，快速退回到 R 点平面，如图 11 - 1 - 10 所示，该指令利于深孔加工排屑。

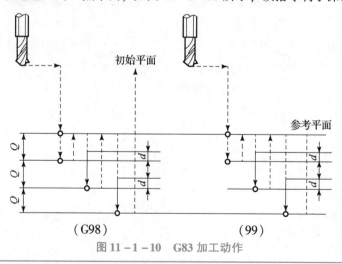

图 11 - 1 - 10　G83 加工动作

探讨交流 4：钻中心孔应选用哪个指令？G73 和 G83 都适用于深孔钻吗？分别有什么优、劣势？

6. 使用固定循环功能注意事项

（1）在指令固定循环之前，必须用辅助功能使主轴旋转，如 M03（主轴正转）。当使用了主轴停转指令之后，一定要注意再次使主轴回转。若在主轴停止功能 M05 之后接着指令固定循环，则是错误的，这与其他加工情况一样。

（2）在固定循环方式中，其程序段必须有 X、Y、Z 轴（包括 R）的位置数据，否则不执行固定循环。

（3）撤销固定循环指令除了 G80 外，G00、G01、G02、G03 也能起到撤销作用，因此在编程时要注意。

（4）在固定循环方式中，G43、G44 仍起着刀具长度补偿的作用。

（5）操作时应注意，在固定循环中途，若利用"复位"或"急停"按钮使数控装置停止，但此时孔加工方式和孔加工数据还被存储着，则在开始加工时要特别注意，使固定循环剩余动作进行到结束。

 任务实施

1. 工艺分析

分析零件图，根据图 11-0-1 所示 8 个孔的尺寸精度及表面粗糙度要求，确定加工方法为：钻中心孔—钻孔—扩孔，在数控铣床上进行加工，平口钳装夹工件，选取工件上表面中心 O 点作为工件原点，如图 11-1-11 所示，加工孔的顺序为 1 号到 8 号。

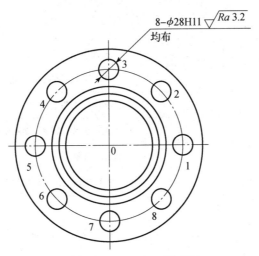

图 11-1-11　加工顺序图

2. 刀具选择

加工方法与刀具选择见表 11-1-3，各刀具切削参数及长度补偿见表 11-1-4。

表 11-1-3　孔加工方案

加工内容	加工方法	选用刀具
孔 1—孔 8	钻中心孔	ϕ3 mm 中心钻
孔 1—孔 8	钻底孔	ϕ12 mm 麻花钻
孔 1—孔 8	扩孔	ϕ28H11 麻花扩孔钻

表 11 - 1 - 4 刀具切削参数与长度补偿选用表

参数	刀具		
	$\phi 3$ mm 中心钻	$\phi 12$ mm 麻花钻	$\phi 28H11$ 扩孔钻
主轴转速/(r·min⁻¹)	1 200	650	350
进给率/(mm·min⁻¹)	120	100	40
刀具	T01	T02	T03
刀具长度补偿	H1	H2	H3

3. 加工程序

法兰盘连接孔的加工程序见表 11 - 1 - 5 ~ 表 11 - 1 - 8。

钻孔编程示例

表 11 - 1 - 5 法兰盘连接孔主程序

加工程序	程序说明
O1201	主程序号
N5 M06 T01；	换 1 号刀：$\phi 3$ mm 中心钻
N10 G54 G90 G17 G49 G40；	程序加工初始化
N15 M03 S1200；	主轴正转，转速 1 200 r/min
N20 M08；	开冷却液
N30 G00 G43 Z100 H1；	Z 轴快速定位，调用刀具 1 号长度补偿
N40 M98 P1211；	
N50 M06 T02；	换 2 号刀：$\phi 12$ mm 麻花钻
N60 M03 S600；	主轴正转，转速 600 r/min
N70 G00 G43 Z100 H2；	Z 轴快速定位，调用刀具 2 号长度补偿
N80 M98 P1212；	调用子程序 1 次，钻底孔
N90 M06 T03；	换 3 号刀：$\phi 28H11$ 扩孔钻
N100 M03 S400	主轴正转，转速为 400 r/min
N110 G00 G43 Z100 H3；	Z 轴快速定位，调用刀具 3 号长度补偿
N120 M98 P1213；	调用子程序 1 次，扩孔
N130 G49 G0 Z0；	取消长度补偿，刀具回到最高点

加工程序	程序说明
N140 M05；	主轴停止
N150 M09；	冷却液关闭
N160 M30；	程序结束

表 11-1-6　法兰盘连接孔钻中心孔子程序

加工程序	程序说明
O1211	子程序号
N10 X102.5 Y0；	定位至 1 号孔中心
N20 G98 G81 Z-5 R3. F120；	钻 1 号孔
N30 X72.478 Y72.478；	钻 2 号孔
N40 X0 Y102.5；	钻 3 号孔
N50 X-72.478 Y72.478；	钻 4 号孔
N60 X-102.5 Y0；	钻 5 号孔
N70 X-72.478 Y-72.478；	钻 6 号孔
N80 X0 Y-102.5；	钻 7 号孔
N90 X72.478 Y-72.478；	钻 8 号孔
N100 G80；	取消钻孔循环
N120 G49 G0 Z0；	取消长度补偿，刀具回到最高点
N130 M05；	主轴停止
N140 M09；	冷却液关闭
N150 M30；	程序结束

表 11-1-7　法兰盘连接孔钻底孔子程序

加工程序	程序说明
O1212	子程序号
N10 X102.5 Y0；	定位至 1 号孔中心
N20 G98 G83 Z-40. Q5. R3. F100；	钻 1 号孔
N30 X72.478 Y72.478；	钻 2 号孔
N40 X0 Y102.5；	钻 3 号孔
N50 X-72.478 Y72.478；	钻 4 号孔

加工程序	程序说明
N60 X – 102.5 Y0；	钻 5 号孔
N70 X – 72.478 Y – 72.478；	钻 6 号孔
N80 X0 Y – 102.5；	钻 7 号孔
N90 X72.478 Y – 72.478；	钻 8 号孔
N100 G80；	取消钻孔循环
N120 G49 G0 Z0；	取消长度补偿，刀具回到最高点
N130 M05；	主轴停止
N140 M09；	冷却液关闭
N150 M30；	程序结束

表 11 – 1 – 8　法兰盘连接孔扩孔子程序

加工程序	程序说明
O1213	子程序号
N10 X102.5 Y0；	定位至 1 号孔中心
N20 G98 G83 Z – 40. Q5. R3. F100；	钻 1 号孔
N30 X72.478 Y72.478；	钻 2 号孔
N40 X0 Y102.5；	钻 3 号孔
N50 X – 72.478 Y72.478；	钻 4 号孔
N60 X – 102.5 Y0；	钻 5 号孔
N70 X – 72.478 Y – 72.478；	钻 6 号孔
N80 X0 Y – 102.5；	钻 7 号孔
N90 X72.478 Y – 72.478；	钻 8 号孔
N100 G80；	取消钻孔循环
N120 G49 G0 Z0；	取消长度补偿，刀具回到最高点
N130 M05；	主轴停止
N140 M09；	冷却液关闭
N150 M30	程序结束

4. 工具领用

加工法兰盘连接孔所需的工、刃、量具见表 11 – 1 – 9。

表 11 – 1 – 9　法兰盘连接孔的工、刃、量具清单

序号	名称	规格	数量	备注
1	游标卡尺	0～150 mm，0.02 mm	1 把	
2	百分表	0～10 mm，0.01 mm	1 个	
3	内径量表	18～35 mm	1 把	
4	刀具	φ3 mm 中心钻、φ12 mm 钻头、φ28 mm 扩孔钻	各 1 把	
5	辅具	垫块 5 mm、10 mm、15 mm	各 1 块	
6	坯料	φ260×36(mm) 45 钢	1 根	
7	其他	棒槌、铜皮、毛刷、锉刀等常用工具； 计算机、计算器、编程工具书等		选用

5. 自动加工

在使用多把刀具加工时，程序中应使用刀具长度补偿功能，刀具长度补偿利用 Z 轴设定器来设定。工件上表面为执行刀具长度补偿后的 Z 轴零点表面。

钻孔加工示例

6. 零件检测

8 个孔尺寸都为 φ28H11，经查表公差为 +0.13/0；用内径千分尺或游标卡尺进行检测。

7. 加工结束，清理机床

在表 11 – 1 – 10 中记录任务实施情况、存在的问题及解决措施。

表 11 – 1 – 10　任务实施情况表

任务实施情况	存在问题	解决措施

考核评价

请为自己小小的成功喝彩，珍惜每一次努力后的收获，并将其作为继续学习的动力。

各组展示自己第一个任务的成果，介绍任务完成过程及制作整个运作过程的视频、零件检测结果、技术文档并提交汇报材料，进行小组自评、组间互评和教师点评，完成如表 11 – 1 – 11 所示的考核与评价表。

表 11 - 1 - 11　考核与评价表

姓名：	班级：	单位：				
序号	项目	考核内容	配分	自评（20%）	互评（30%）	师评（50%）
1	固定循环动作	掌握固定循环指令和几个平面定义	10			
2	指令的格式	掌握固定循环指令的用法	20			
3	应用指令编程	正确选择用指令编制孔加工的程序	45			
4	职业素养	团队精神：分工合理、执行能力、服从意识	5			
		安全生产：安全着装，按规程操作	5			
		文明生产：文明用语，7S 管理（整理、整顿、清扫、清洁、素养、安全、节约）	5			
5	创新意识	创新性思维和行动	10			
总计						
组长签名：		教师签名：				

 检测巩固

　　恭喜你已经完成学习任务 1，现通过以下测试题来检验我们前面所学，以便自查和巩固知识点。

　　（1）选择固定循环指令编写如图 11 - 1 - 12 所示连接块中孔的加工程序。

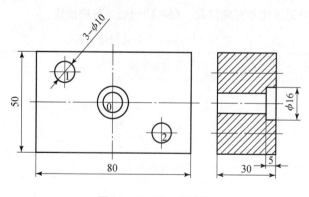

图 11 - 1 - 12　连接块

　　（2）对如图 11 - 1 - 13 所示盖板零件进行编程与加工。

　　（3）根据如图 11 - 1 - 14 所示模板零件的加工要求，拟定加工方案，并编写加工程序。

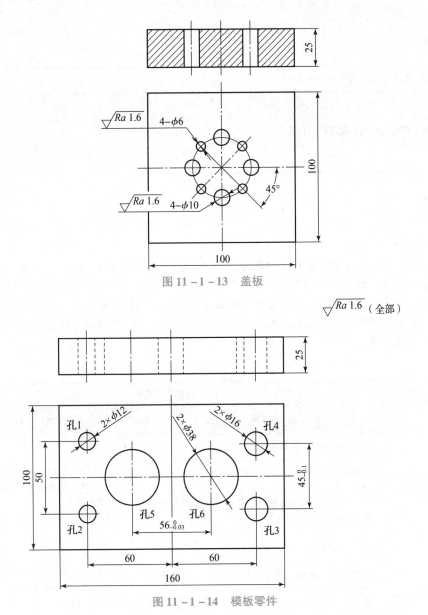

图 11-1-13　盖板

$\sqrt{Ra\,1.6}$（全部）

图 11-1-14　模板零件

学习任务 2　上模板配合孔的编程与加工

任务发放

任务编号	11-2	任务名称	上模板配合孔的编程与加工	建议学时	2 学时
任务安排					
（1）铰孔与镗孔指令的学习 （2）制定铰孔的工艺 （3）上模板的编程与加工					

导学问题1：配合孔加工应注意哪些事项？
导学问题2：铰孔前如何控制底孔的直径？

1. 配合孔的加工工艺

这里所说的配合孔一般是指加工精度较高（孔的精度等级为IT6～IT10），有配合要求的孔。与连接孔加工相比，配合孔的加工精度要求高，因而在完成孔的粗加工后必须安排相应的半精、精加工工序。对于孔径≤30 mm的连接孔，通常采用铰削对其进行精加工；对于孔径＞30 mm的连接孔，则常采用镗削方式完成孔的精加工。表11－2－1列出了精度等级为IT7～IT10的配合孔的加工方法及步骤。

表11－2－1 孔的加工方法与步骤选择

孔的精度	孔的毛坯性质	
	在毛坯实体上加工孔	预先铸出或热冲出孔
H10、H9	孔径≤10 mm，钻孔及铰孔	孔径≤80 mm，用镗刀粗镗（一次或二次，根据余量而定），并铰孔（或精镗）
	孔径＞10～30 mm，钻孔、扩孔及铰孔	
	孔径＞30～80 mm，钻孔、扩孔或钻孔、镗孔、铰孔（或镗孔）	
H8、H7	孔径≤10 mm，钻孔、扩孔、铰孔	孔径≤80 mm，用镗刀粗镗（一次或二次，根据余量而定）及半精镗、精镗、精铰
	孔径＞10～30 mm，钻孔、扩孔及一、二次铰孔	
	孔径＞30～80 mm，钻孔、扩孔、铰孔或钻孔、扩孔、镗孔	

2. 铰孔知识

1）铰孔的方法

（1）数控机床铰孔前对孔的预加工是为了校正孔及端面的垂直度误差（即把歪斜了的孔校正），使铰孔余量均匀，保证铰孔前有必要的表面粗糙度。铰孔前对已钻出或铸、锻的毛孔要进行预加工——扩孔。扩孔时，都应该留出铰孔余量。铰孔余量的大小直接影响到铰孔的质量。余量太大，会使切屑堵塞在刀槽中，切削液不能进入切削区域，使切削刃很快磨损，铰出来的孔表面粗糙；余量过小，会使上一次切削留下的刀痕不能除去，也会使孔的表面粗糙。比较适合的铰削余量是：用高速钢铰刀时，留余量为0.08～0.12 mm；用硬质合金铰刀时，留余量为0.15～0.20 mm。

（2）铰刀尺寸的选择：铰刀的基本尺寸和孔的基本尺寸相同，只是需要确定铰刀的公差。

铰刀的公差是根据被铰孔要求的精度等级、加工时可能出现的扩大量（或收缩量）以及允许的磨损铰刀量来确定的。所以，所谓铰刀尺寸的选择，就是校核铰刀的公差。在实际生产中可能碰到孔收缩的情况，如高速铰软金属时就会有较大的恢复变形，孔径会缩小，这时铰刀的直径就应该适当选大一些。当确定铰刀直径没有把握时，可以通过试铰来确定。铰孔的精度主要决定于铰刀尺寸，铰刀尺寸最好选择被加工公差带中间的 1/3 左右。

（3）冷却、润滑：孔的扩大量和表面粗糙度与切削液的性质有关。用水溶性切削液可以得到好的表面粗糙度，油类次之，不用切削液时差。铰削钢件时，用乳化液会使孔径缩小，铰刀容易磨钝；铰铸铁件时用煤油，孔径也可能缩小；铰削青铜或铝合金时，用 2 号锭子油或煤油。

2）铰刀知识

铰刀有 6~12 个切削刃，制造精度高，刚度和导向性好；铰孔余量小，切削平稳；铰孔尺寸公差等级可达 IT8~IT6，表面粗糙度 Ra 值可达 1.6~0.4 μm。铰孔适用于加工精度高、中小直径孔的半精加工或精加工，属于定尺寸加工。

通用标准铰刀如图 11-2-1 所示，有直柄、锥柄和套式三种。直柄铰刀的直径为 6~20 mm，小孔直柄铰刀的直径为 1~6 mm；锥柄铰刀的直径为 10~32 mm；套式铰刀的直径为 25~80 mm。

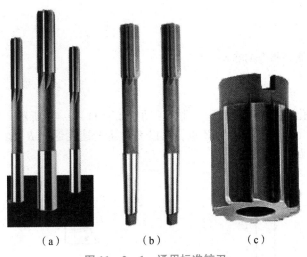

（a）　　　　　　（b）　　　　　　（c）

图 11-2-1　通用标准铰刀

（a）直柄铰刀；（b）锥柄铰刀；（c）套式铰刀

3. 镗孔知识

镗孔是利用镗刀对工件上已有的孔进行扩大加工，其所用刀具为镗刀。镗刀有单刃镗刀和双刃镗刀，如图 11-2-2 所示。

镗孔的工艺特点如下：

（1）镗孔可用不同孔径的镗刀进行粗、半精和精加工；

（2）加工精度可达为 IT7~IT6；

（3）孔的表面粗糙度可控制在 Ra6.3~0.8 μm；

（4）能修正前工序造成的孔轴线的弯曲、偏斜等形状位置误差。

探讨交流1：铰孔加工和镗孔加工可以达到同样的精度，在什么情况下选择铰孔？什么情况下选择镗孔？

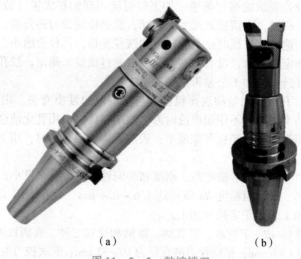

（a）　　　　　　　　　（b）

图 11 - 2 - 2　数控镗刀

(a) 单刃镗刀；(b) 双刃镗刀

4. 指令准备

1）铰孔/粗镗孔循环指令 G85

程序格式：

G85 X_Y_Z_R_ P_F_K_;

该循环可用于镗孔，也可用于铰孔。孔加工动作如图 11 - 2 - 3 所示，X、Y 轴定位，Z 轴快速到 R 点，再以 F 给定的速度进给到 Z 点，再以 F 给定的速度返回 R 点，如果在 G98 模态下，则返回 R 点后再快速返回初始点。

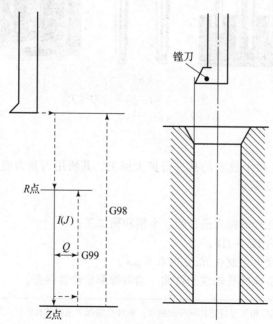

图 11 - 2 - 3　G85 加工动作

2）精镗孔循环指令 G76

程序格式：

G76 X_Y_Z_R_Q_P_F_K_;

该循环用于镗削精密孔，孔加工动作如图 11 – 2 – 4 所示，图中 P 表示在孔底有暂停，OSS 表示主轴定向准停，Q 表示刀具的移动量，移动方向由参数设定。在孔底，主轴在定向位置停止，切削刀具离开工件的被加工表面并返回，这样可以高精度、高效率地完成孔加工而不损伤工件表面。

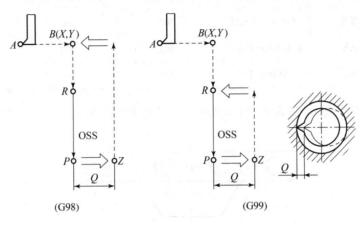

图 11 – 2 – 4　G76 加工动作

探讨交流 2：G85 和 G76 指令有什么区别？

1. 工艺分析

（1）机床及装夹方式选择：由于零件轮尺寸不大，故根据车间设备状况，决定选择加工中心机床完成本次任务；由于零件为半成品钢件，为了装夹时水平方向检查方便，故决定选择平口钳、垫铁等配合装夹工件。

（2）刀具选择及刀路设计：选择一把 A4 的中心钻做中心定位钻孔，用一把 φ10 mm 高速钢麻花钻对零件孔进行底孔粗加工；为了铰孔前余量的均匀及底孔的修正，需用一把 φ11.8 mm 高速钢麻花扩孔钻做孔的半精加工即扩孔。为了保证孔表面的质量，用 φ12H9 等级的刀做孔的精加工。为了保证定位尺寸精度统一，加工孔时 X、Y 向刀路设计为同一方向。因零件轮廓深度为 28 mm，故 Z 向刀路在粗、半精加工时采用间歇方式钻削，精加工时采用连续铰削至底面的方式加工工件。

铰孔的编程
与加工示例

通常情况下铰削速度 v 为 5~8 m/min，受刀具材料的影响不大。

铰削转速 S、进给量 F 的计算公式如下：

主轴转速为

$$S = 1\,000 \times 5/3.14 \times 12 \approx 130(\text{r/min})$$

进给量为

$$F = S \times f$$
$$= 130 \times 0.2 = 26(\text{mm/min})$$

刀具及切削用量的选择见表 11 – 2 – 2。

表 11 - 2 - 2   刀具及切削用量表

序号	加工方法	选用刀具	刀号	主轴转速 /(r·min^{-1})	进给量 /(mm·min^{-1})
1	钻中心孔	ϕ4 mm 中心钻	T01	1 000	30
2	钻底孔	ϕ10 mm 麻花钻	T02	350	30
3	扩孔钻	ϕ11.8 mm 扩孔钻	T03	300	40
4	铰孔	ϕ12H9 铰刀	T04	130	26

（3）工件原点的选择：选取工件上表面中心 O 处作为工件原点，如图 11 - 2 - 5 所示。

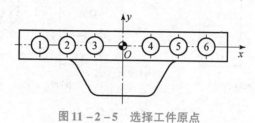

图 11 - 2 - 5   选择工件原点

2. 编制加工程序

上模板上 6 个孔的加工程序见表 11 - 2 - 3。

表 11 - 2 - 3   上模板孔加工程序

加工程序	程序说明
O1202	程序名
N5 G28;	回参考点
N10 M06 T01;	换 1 号刀：ϕ4 mm 中心钻
N15 G54 G90 G17 G49 G40;	程序加工初始化
N20 M03 S1200;	
N30 G00 G43 Z10 H1;	调用刀具 1 号长度补偿
N50 G81 G99 X - 60 Y0 Z - 2 R2 F120;	点孔加工孔 1
N60 X - 40;	点孔加工孔 2
N70 X - 20;	点孔加工孔 3
N80 X20;	点孔加工孔 4
N90 X40;	点孔加工孔 5
N100 X60;	点孔加工孔 6
N110 G00 G49 Z100;	
N120 M05;	
N130 M00;	程序暂停（手动换刀，换上 2 号刀：ϕ10 mm 麻花钻）

加工程序	程序说明
N140 M03 S650;	
N150 G43 G00 Z10 H2 M08;	调用刀具 2 号长度补偿，切削液开
N160 G83 G99 X－60 Y0 Z－32 R2 Q6 F100;	钻孔加工孔 1
N170 X－40;	钻孔加工孔 2
N180 X－20;	钻孔加工孔 3
N190 X20;	钻孔加工孔 4
N200 X40;	钻孔加工孔 5
N210 X60;	钻孔加工孔 6
N220 G00 G49 Z100 M09;	
N230 M05;	
N240 M00;	程序暂停（手动换刀，换上 3 号刀：ϕ11.8 mm 扩孔钻）
N250 M03 S700;	
N260 G43 G00 Z10 H3 M08;	调用刀具 3 号长度补偿，切削液开
N270 G83 G99 X－60 Y0 Z－32 R2 Q5 F80;	扩孔加工孔 1
N280 X－40;	扩孔加工孔 2
N290 X－20;	扩孔加工孔 3
N300 X20;	扩孔加工孔 4
N310 X40;	扩孔加工孔 5
N320 X60;	扩孔加工孔 6
N330 G00 G49 Z100 M09;	
N340 M05;	
N350 M00;	程序暂停（手动换刀，换上 4 号刀：ϕ12H9　铰刀）
N360 M03 S800;	
N370 G43 G00 Z10 H4 M08;	调用刀具 4 号长度补偿，切削液开
N380 G85 G99 X－60 Y0 Z－30 R2 P3000 F50;	铰孔加工孔 1
N390 X－40;	铰孔加工孔 2
N400 X－20;	铰孔加工孔 3
N410 X20;	铰孔加工孔 4
N420 X40;	铰孔加工孔 5
N430 X60;	铰孔加工孔 6

加工程序	程序说明
N440 G00 G49 Z100 M09;	
N450 M05;	
N460 M30;	

3. 自动加工

1）工具领用

加工上模板配合孔所需的工、刃、量具见表 11 - 2 - 4。

表 11 - 2 - 4 上模板配合孔的工、刃、量具清单

序号	名称	规格	数量	备注
1	游标卡尺	0 ~ 150 mm，0.02 mm	1 把	
2	百分表	0 ~ 10 mm，0.01 mm	1 个	
3	内径量表	10 ~ 18 mm	1 把	
4	刀具	ϕ4 mm 中心钻、ϕ10 mm 麻花钻、ϕ11.8 mm 扩孔钻、ϕ12H9 铰刀	各 1 把	
5	辅具	垫块 5 mm、10 mm、15 mm	各 1 块	
6	坯料	150 × 28（mm）45 钢	1 块	
7	其他	棒槌、铜皮、毛刷、锉刀等常用工具；计算机、计算器、编程工具书等		选用

2）加工准备

工件选用机用平口钳装夹，校正平口钳固定钳口与工作台 X 轴方向平行，将 160 mm × 25 mm 侧面贴近固定钳口后压紧，并校正工件上表面的平行度。

工件的装夹：工件应尽量装夹在机用平口钳的中间位置，工件上表面高于钳口 5 mm 左右，选用的等高垫铁的宽度不大于 15 mm。

3）对刀，设定工件坐标系

利用偏心式寻边器找正工件 X、Y 轴零点（位于工件上表面的中心位置），设定 Z 轴零点与机床坐标系原点重合。

4）空运行及仿真

5）零件自动加工

由于数控铣床无刀库，故在使用多把刀具加工时须进行手动换刀，程序中应使用刀具长度补偿功能，刀具长度补偿利用 Z 轴设定器来设定。工件上表面为执行刀具长度补偿后的 Z 轴零点表面。

6）零件检测

孔 1、孔 2 的直径 ϕ12 mm 使用游标卡尺直接测量；孔 3、孔 4 的直径 $\phi16^{+0.018}_{0}$ mm 使用5 ~ 30 mm 内测千分尺进行测量；孔 5、孔 6 的直径 $\phi38^{+0.025}_{0}$ mm 使用 35 ~ 50 mm 的内径百分表进行测量；孔距 50 mm、60 mm（两处）使用游标卡尺间接测量得到；孔距 $45^{0}_{-0.1}$ mm 利用中心距游

标卡尺间接测量得到；孔距 $56_{-0.03}^{0}$ mm 使用专用卡规测量。

7）加工结束，清理机床

在表 11 – 2 – 5 中记录任务实施情况、存在的问题及解决措施。

表 11 – 2 – 5　任务实施情况表

任务实施情况	存在问题	解决措施

 考核评价

请为自己小小的成功喝彩，珍惜每一次努力后的收获，并将其作为继续学习的动力。

各组展示自己的学习成果，介绍任务完成过程及制作整个运作过程的视频、零件检测结果、技术文档并提交汇报材料，进行小组自评、组间互评和教师点评，完成如表 11 – 2 – 6 所示的考核与评价表。

表 11 – 2 – 6　考核与评价表

姓名：	班级：	单位：				
序号	项目	考核内容	配分	自评 （20%）	互评 （30%）	师评 （50%）
1	尺寸精度	各孔尺寸符合图纸要求，超差不得分	15			
2	循环指令	各循环指令选择合理，使用正确	10			
3	表面粗糙度	要求达 $Ra1.6\ \mu m$，超差不得分	5			
4	程序编制	程序格式代码正确，能够对程序进行校验、修改等操作，刀具轨迹显示正确	20			
5	加工操作	正确安装工件，回参考点，建立工件坐标系，多把刀对刀，输入补偿值，自动加工	25			
6	职业素养	团队精神：分工合理、执行能力、服从意识	5			
		安全生产：安全着装，按规程操作	5			
		文明生产：文明用语，7S 管理（整理、整顿、清扫、清洁、素养、安全、节约）	5			
7	创新意识	创新性思维和行动	10			
总计						
组长签名：		教师签名：				

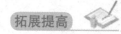

恭喜你学习任务全部完成，操千曲而后晓声，观千剑而后识器，接着通过下面的练习来拓展理论知识，提高实践水平。

（1）对如图 11 – 2 – 6 所示连接板零件的孔结构进行编程与加工。

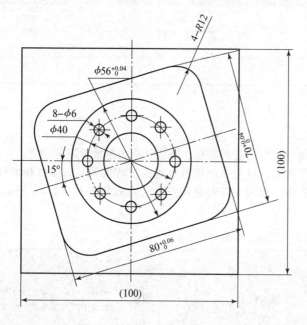

图 11 – 2 – 6　连接板

（2）根据图 11 – 2 – 7 所示零件垫块零件的加工要求，拟定加工方案，并编写加工程序。

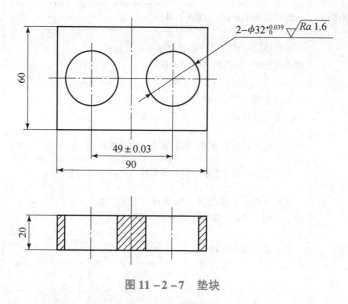

图 11 – 2 – 7　垫块

（3）对如图 11 – 2 – 8 所示泵盖零件进行编程与加工。

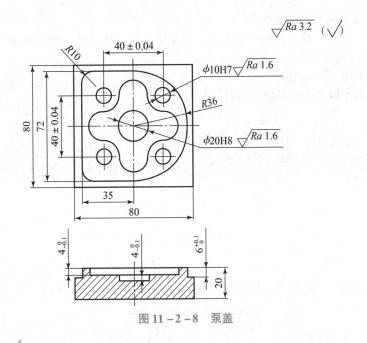

图 11 - 2 - 8 泵盖

项目复盘

千淘万漉虽辛苦，千锤百炼始成金。复盘有助于我们找到规律，固化流程，升华知识。

1. 项目完成的基本过程

通过前面的学习，孔系零件的铣削加工过程如图 11 - 2 - 9 所示。

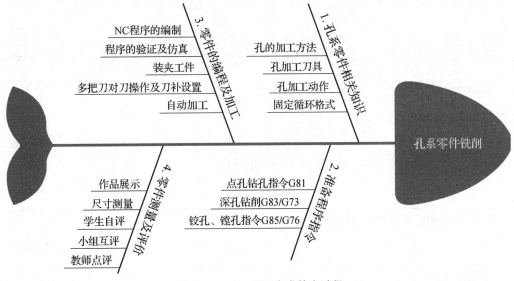

图 11 - 2 - 9 项目完成基本过程

2. 制定工艺方案

（1）确定加工内容：根据零件图纸技术要求等确定。

（2）毛坯的选择：根据零件图纸确定。

（3）机床选择：根据零件结构大小确定数控铣床的型号。

（4）确定装夹方案和定位基准。

（5）确定加工工序：确定孔的加工顺序，先钻中心孔，再钻孔，再根据图纸要求定加工方法（扩孔或铰孔或镗孔）。

（6）选择刀具及切削用量。

确定刀具几何参数及切削参数，见表 11 - 2 - 7。

表 11 - 2 - 7　刀具及切削用量表

工步	加工内容	刀具规格	刀号	切削深度 /mm	主轴转速 /(r·min^{-1})	进给速度 /(mm·min^{-1})	刀具半径 补偿/mm

（7）结合零件加工工序的安排和切削参数，填写表 11 - 2 - 8 所示的工艺卡片。

表 11 - 2 - 8　零件加工工艺卡

材料		零件图号		零件名称		工序号	
程序名		机床设备			夹具名称		
工步号	工步内容 （走刀路线）	G 功能	T 刀具	切削用量			
				转速 $n/(\text{r·min}^{-1})$	进给量 $f/(\text{mm·r}^{-1})$	背吃刀量 a_p/mm	

3. 数控加工程序编制

（1）查阅镗刀的相关资料、镗刀的类型和使用场合。

_____

_____

（2）铰孔前的底孔直径如何确定？

_____

_____

4. 自动加工

自动加工零件的步骤：输入数控加工程序→验证加工程序→零件加工对刀操作→零件加工。钻通孔时，如果孔没有钻通，是什么原因造成的？如何解决？

_____

5. 零件检测（孔的工、量、检具的选择和使用）

_____

 项目总结

本项目主要学习孔系零件的编程与加工，通过法兰盘连接孔及上模板配合孔的编程与加工两个具体例子的学习，重点掌握固定循环指令的灵活使用，并根据图纸的要求选择正确的孔加工方法。

1. 孔加工注意事项

（1）使用较新或各部分尺寸精度接近公差要求的钻头，钻头的两个切削刃需要尽量修磨对称，两刃的轴向摆差应控制在 0.05 mm 以下，使两刃负荷均匀，以提高切削稳定性，否则所钻孔要比其公称尺寸大 0.2～0.3 mm。

（2）钻、扩孔加工时刀具的切削状况要比立铣刀铣削轮廓恶劣，因此，为保证孔加工正常进行，常采用大流量切削液充分冷却刀具并利于排屑，否则刀具容易磨损甚至烧刀。

（3）开始钻孔时，由于工件毛坯可能存在硬皮，钻削抗力大，故此时应采用较为保守的进给速度钻孔，当钻头超过工件硬皮深度后，再采用正常钻削进给速度钻孔。

2. 归纳整理

通过完成孔系零件编程与加工项目的运作和实施，归纳整理你的学习心得。

_____

_____

_____

_____

螺纹的铣削技术

模块六　职业技能综合训练

素养拓展

模块简介

　　技能改变命运，匠心成就人生。我们应切实贯彻《国家职业教育改革实施方案》精神，其中，"1＋X"证书制度是落实立德树人根本任务、完善职业教育和培训体系、深化产教融合校企合作的一项重要制度。本模块以中级证书的实操零件为例，让读者了解"1＋X"职业技能等级证书考核工作，并在训练中提升技能水平，再以循序渐进的方式进行高级数控铣职业技能的强化训练，掌握高级职业技能考证的相关技巧与方法，力求掌握新工艺、新方法，切实做好高素质技术技能人才的培养工作。

学习导航

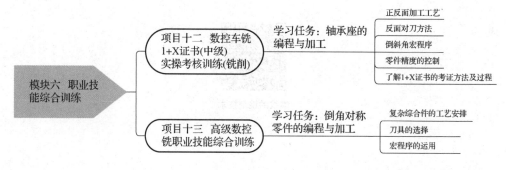

学习目标

【知识目标】

1. 了解数控车铣"1＋X"证书（中级）及高级职业技能考核的标准
2. 掌握薄壁零件及轴承座零件的工艺方案
3. 掌握复杂综合零件的加工工艺
4. 掌握综合零件的编程方法

【技能目标】

1. 掌握轴承座零件的装夹
2. 掌握轴承座零件的加工操作，按要求加工出合格的考件。
3. 掌握综合零件刀具的选择
4. 掌握综合零件的加工操作及高级工技能
5. 熟练操作数控铣床，达到"1＋X"证书（中级）技能考核要求
6. 通过训练，达到数控铣高级工职业技术考核标准

7. 能独自控制考核零件的加工质量，并完成零件的检测

【素养目标】

1. 培养沉着冷静、团结协作、不畏艰难、勇于创新的职业精神
2. 培养爱岗敬业、精益求精的工匠精神
3. 养成规划正确的路线、树立明确的目标的职业素养
4. 培养质量意识、安全意识、经济意识及环保意识

数控车铣"1+X"证书（中级）实操考核训练（铣削）

如图 12-0-1 所示的轴承座零件，毛坯尺寸为 80 mm × 80 mm × 25 mm 材料为 45 钢，在数控铣床上编程并加工该零件。

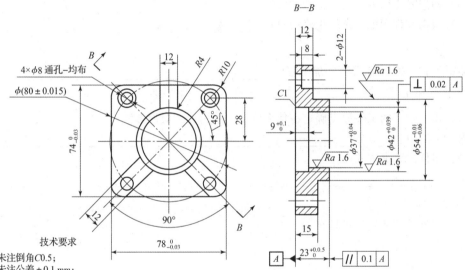

技术要求

1. 未注倒角C0.5；
2. 未注公差 ± 0.1 mm；
3. 不准使用锉刀、纱布修整零件表面。

图 12-0-1 轴承座零件图

工欲善其事，必先利其器。我们先把项目分析透彻，才有助于更好地完成项目。

1. 加工对象

（1）在零件进行铣削加工前，先分析零件图纸，确定加工对象。
本项目的加工对象是＿＿＿＿＿＿＿＿＿＿＿＿＿＿＿＿＿＿＿＿＿＿＿
（2）分析该项目零件图纸的内容包括：＿＿＿＿＿＿＿＿＿＿＿＿＿＿＿
＿＿＿＿＿＿＿＿＿＿＿＿＿＿＿＿＿＿＿＿＿＿＿＿＿＿＿＿＿＿＿＿＿＿

2. 加工工艺内容

（1）根据零件图纸，图 12 - 0 - 1 所示毛坯的材质为＿＿＿＿＿＿＿＿＿＿、毛坯尺寸为
＿＿＿＿＿＿＿＿＿＿＿。
（2）根据零件图纸，选择数控铣床型号：＿＿＿＿＿＿＿＿＿＿＿＿＿＿＿
（3）根据零件图纸，选择正确的夹具：＿＿＿＿＿＿＿＿＿＿＿＿＿＿＿＿
（4）根据零件图纸，选择正确的刀具：＿＿＿＿＿＿＿＿＿＿＿＿＿＿＿＿

3. 程序编制

编制图 12 - 0 - 1 需要哪些加工程序：＿＿＿＿＿＿＿＿＿＿＿＿＿＿＿＿

4. 零件加工

（1）零件加工的工件原点确定在什么位置？采用什么对刀方法？
图 12 - 0 - 1：＿＿＿＿＿＿＿＿＿＿＿＿＿＿＿＿＿＿＿＿＿＿＿＿＿＿＿
（2）零件的装夹方式：＿＿＿＿＿＿＿＿＿＿＿＿＿＿＿＿＿＿＿＿＿＿＿
＿＿＿＿＿＿＿＿＿＿＿＿＿＿＿＿＿＿＿＿＿＿＿＿＿＿＿＿＿＿＿＿＿＿

5. 零件检测

（1）零件检测使用的量具有：＿＿＿＿＿＿＿＿＿＿＿＿＿＿＿＿＿＿＿＿
（2）哪些是重点检测的尺寸？
＿＿＿＿＿＿＿＿＿＿＿＿＿＿＿＿＿＿＿＿＿＿＿＿＿＿＿＿＿＿＿＿＿＿
＿＿＿＿＿＿＿＿＿＿＿＿＿＿＿＿＿＿＿＿＿＿＿＿＿＿＿＿＿＿＿＿＿＿

项目分解

学习任务：轴承座的编程与加工

项目分工

分工协作，各尽其责，知人善任。将全班同学每 4 ~ 6 人分成一小组，每个组员都有明确的分工，并且每人在不同任务中轮流担任组长，轮流不同的岗位，做到每个人都有平等机会锻炼学习能力、管理能力和组织协调能力，在实施任务的过程中充分体现团队合作精神，培育工匠精神及提升职业素养。项目分工表见表 12 - 0 - 1。

表 12-0-1　项目分工表

组　名		组　长		指导老师	
学　号	成　员	岗位分工		岗位职责	
		项目经理		对整个项目总体进行统筹、规划，把握进度及各组之间的协调沟通等工作	
		工艺工程师		负责制定工艺方案	
		程序工程师		负责编制加工程序	
		数控铣技师		负责数控铣床的操作	
		质量工程师		负责验收、把控质量	
		档案管理员		做好各个环节的记录，录像留档，便于项目的总结复盘	

学习任务　轴承座的编程与加工

任务发放

任务编号	12-1	任务名称	轴承座的编程与加工	建议学时	4 学时
任务安排					

(1) 轴承座的工艺安排
(2) 轴承座的编程
(3) 轴承座的加工

任务导学

导学问题 1：正反面加工如何保证零件的精度？如何对刀？

导学问题 2：倒斜角零件该如何编程？

1. 翻面对刀

根据任务图 12 - 0 - 1 所示的轴承座结构，该零件需进行翻面加工，如图 12 - 1 - 1 所示，先加工 A 面，再利用 A 面和侧面定位，加工 B 面。

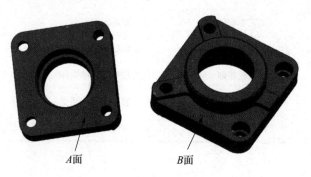

A面　　　　　　　　B面

图 12 - 1 - 1　轴承座加工 A、B 面

翻面加工，对刀精度是保证加工质量的根本。

将毛坯翻面装夹后，对刀要保证本次加工的 B 面外形与上次任务所加工的 A 面外形准确对接，误差要求不超过 0.02 mm。为保证加工精度，必须保证对刀精度。将毛坯翻面后，其操作步骤如下：

（1）采用试切对刀方法，对毛坯上部（未加工过部分）对刀。

（2）对未加工的毛坯部分进行一次试加工，本次加工尽可能少加工，只要保证四周侧面都能切削平整即可。

（3）精确测量新加工的外形与加工正面时的外形在 X 轴和 Y 轴的差值，如图 12 - 1 - 2 所示，得到 X_1、X_2 和 Y_1、Y_2。

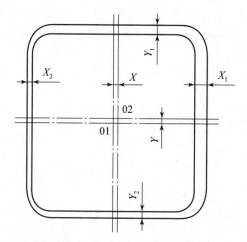

图 12 - 1 - 2　翻面对刀坐标计算
01—加工 A 面时的工件坐标系原点；02—加工 B 面时的工件坐标系的原点

（4）计算出新加工外形的中心与 A 面加工时外形中心的差值 X 和 Y。计算公式如下：

$$X = (X_1 - X_2)/2$$
$$Y = (Y_1 - Y_2)/2$$

（5）将计算出的 X 和 Y 输入到数控铣床工件坐标系偏移后的 00 坐标系对应的 X 和 Y 坐标中，如图 12 – 1 – 3 所示。

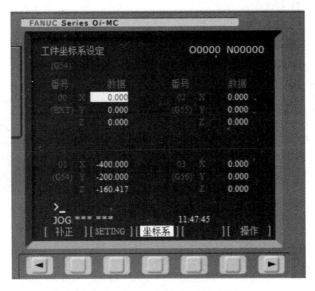

图 12 – 1 – 3　工件坐标系偏移输入

探讨交流 1：翻面试切对刀计算误差的原理是什么？

2. 倒斜角

立铣刀倒斜角的原理：先使立铣刀到达相应加工深度，再切向工件，使立铣刀刀刃和倒角面接触，以当前刀具轴线和工件轴线的距离为半径，绕工件轴线走一整圆，继续下刀，切向倒角面，再以新的半径加工整圆。以此往复，直到加工完倒角。

以如图 12 – 1 – 4 所示的 3×45°孔口倒角为例说明倒角宏程序的编制。

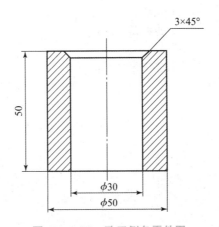

图 12 – 1 – 4　孔口倒角零件图

根据倒角结构,画出如图 12 – 1 – 5 所示的刀具端面刀刃和倒角面在任意位置接触时的变量关系图及刀具路径图。

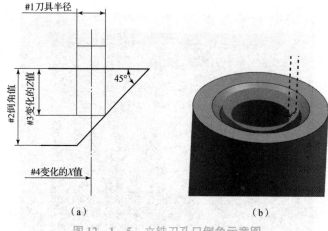

图 12 – 1 – 5 立铣刀孔口倒角示意图

(a) 孔口倒角变量示意图;(b) 倒角走刀路径图

根据变量图及刀具路径图,变量定义如下:

#1 = 4.	选用 φ8 mm 的三刃立铣刀
#2 = 3.	倒角值为 3 mm
#3 = 0	Z 的初始值为 0
#4 = 15. +#2 +#3	计算变化的 X 值

孔口倒角编程如下:

```
O1420;                          φ8 mm 立铣刀
G54 G90 G17 G40 G0 Z100.;
X0 Y0;
M8;
M31000;
G0 Z5.;
#1 = 4;                         铣刀半径
#2 = 3;                         倒角值
#3 = 0;                         Z 初始值
WHILE[#3 GE – 3.] DO1;
#4 = 15. +#2 +#3;               计算变化的 X 值
G1 Z[#3] F30;
G1 X[#4] Y0 F80;
G2 I[– #4] F100;
   #3 = #3 – 0.1;
   END 1;
   G0 Z100;
   M9;
   M30;
```

探讨交流 2：根据图 12 - 1 - 6 所示的示意图，写出用球刀精加工孔口倒角的宏程序。

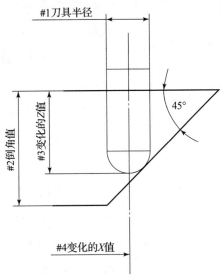

图 12 - 1 - 6　球刀孔口倒角示意图

1. 工艺分析

图 12 - 0 - 1 所示轴承座零件是由外轮廓、内轮廓、沉孔、通孔和倒角等结构所组成的，加工难点是内孔的同心度和倒角结构。对于倒角，采用宏程序编程可以减少编程的工作量，提高编程效率。同时，在加工时应注意合理选择刀具的直径大小。

加工内容及步骤：

A 面加工：ϕ42 mm、ϕ37 mm 内孔及倒角。

B 面加工：ϕ54 mm 的圆台、12 mm 宽三个成角度分布的凸台、4 - ϕ8 mm 通孔、2 - ϕ12 mm 内孔及倒角。

2. 刀具选择

刀具数据如表 12 - 1 - 1 所示。

表 12 - 1 - 1　刀具数据

刀具号	刀具名称	刀具长度补偿	刀具半径补偿
T01	ϕ20 mm 平底刀	H01	D01
T02	ϕ8 mm 平底刀	H02	D02
T03	ϕ8 mm 钻头	H03	
T04	ϕ100 mm 可转位硬质合金面铣刀	H04	

3. 参考程序

（1）A 面加工参考程序见表 12 – 1 – 2 ~ 表 12 – 1 – 6。

表 12 – 1 – 2　铣零件 A 面的上表面程序

加工程序	程序说明
O1421；	铣上表面
N10 T04 M06；	换 4 号刀（φ100 mm 面铣刀）
N20 G90 G54 G17 G80 G40 G49 G69；	程序加工初始化
N30 G00 X92. Y0；	快速定位至零件一侧的下刀点
N40 M03 S1500；	主轴正转，转速为 1 500 r/min
N50 M08；	冷却液开启
N60 G43 Z50.0 H04；	建立 4 号刀具长度补偿
N70 Z3.0；	快速定位至工件上表面 3 mm 处
N80 G1 Z – 0.5 F500	下刀至 0.5 mm 的深度值
N90 G1 X – 92 F200	第一次切削表面
N100 G01 Z – 1. F500；	下刀至 1 mm 的深度值
N110 G01 X92 F200；	第二次切削表面
N120 G00 G49 Z0；	刀具快速抬至安全高度
N130 M05；	主轴停止
N140 M09；	冷却液停止
N150 M30；	程序结束

表 12 – 1 – 3　铣 74 mm × 78 mm 的外形轮廓

加工程序	程序说明
O1422；	铣 74 mm × 78 mm 的外形轮廓
N10 T01 M06；	换 1 号刀（φ20 mm 平底刀）
N20 G90 G54 G17 G80 G40 G49 G69；	程序加工初始化
N30 G00 X39. Y52.；	快速定位至工件外面的下刀点
N40 M03 S1500；	主轴正转，转速为 1 500 r/min
N45 M08；	冷却液开启
N50 G43 Z50.0 H01；	建立 1 号刀具长度补偿
N60 Z3.0；	快速定位至工件上表面 3 mm 处

加工程序	程序说明
N70 #1 = 0；	定义深度初始值
N80 WHILE［#1GE − 13.］DO1；	循环语句条件表达式
N90 G01 Z#1 F500；	刀具工进至每层的深度
N100 G41 G01 Y27.0 D01 F100；	建立刀具半径补偿
N110 G01 Y − 27.；	
N120 G02 X29. Y − 37. R10.；	
N130 G01 X − 29.；	
N140 G02 X − 39. Y − 27. R10.；	
N150 G1 Y27.；	沿着74 mm × 78 mm 的外形轮廓走刀
N160 G02 X − 29. Y37. R10.；	
N170 G01 X29.；	
N180 G02 X39. Y27. R10.；	
N190 G01G40 X52；	取消刀具半径补偿，刀具往 X 正方向走刀
N200 G00 X39. Y52.	刀具回到下刀点
N210 #1 = #1 − 0.5；	深度变量计算
N220 END 1；	不满足条件，跳出循环
N230 G00 G49 Z0.0；	快速追至安全高度
N240 M05 M09；	主轴停止
N250 M30；	程序结束

表 12 − 1 − 4　φ42 mm 内孔粗加工程序

加工程序	程序说明
O1423；	铣 φ42 mm 内孔
N10 T01 M06；	换 1 号刀（φ20 mm 平底刀）
N20 G90 G54 G17 G80 G40 G49 G69；	程序加工初始化
N30 G00 X0 Y0；	快速定位至孔中心点
N40 M03 S1500 M08；	主轴正转，转速为 1 500 r/min
N50 G43 Z50.0 H01；	建立 1 号刀长度补偿
N60 Z3.0；	快速定位至工件上表面 3 mm 处

加工程序	程序说明
N70 #1 = 0;	定义深度初始值
N80 WHILE［#1 GE - 9.］DO1;	循环语句条件表达式
N90 G01 Z#1 F50;	刀具工进至每层的深度
N100 G41 G01 X6. Y15.0 D01 F100;	建立刀具半径补偿
N110 G03 X21. Y0 R15.;	圆弧切入
N120 G03 I - 21;	铣整圆
N130 G03 X6 Y15 R15;	圆弧切出
N140 G01 G40 X0 Y0;	取消刀具半径补偿，回到下刀点
N150 #1 = #1 - 0.5;	深度变量计算
N160 END 1;	不满足条件，跳出循环
N170 G00 G49 Z0.0;	快速追至安全高度
N180 M05 M09;	主轴停止
N190 M30;	程序结束

表 12 - 1 - 5　ϕ37 mm 内孔粗加工程序

加工程序	程序说明
O1424;	铣 ϕ37 mm 内孔
N10 T01 M06;	换 1 号刀（ϕ20 mm 平底刀）
N20 G90 G54 G17 G80 G40 G49 G69;	程序加工初始化
N30 G00 X0 Y0;	快速定位至孔中心点
N40 M03 S1500 M08;	主轴正转，转速为 1 500 r/min
N50 G43 Z50.0 H01;	建立 1 号刀具长度补偿
N60 Z - 6.;	快速定位至 ϕ37 mm 孔上表面 3 mm 处
N70 #1 = - 9.	定义深度初始值
N80 WHILE［#1 GE - 24.］DO1;	循环语句条件表达式
N90 G01 Z#1 F50;	刀具工进至每层的深度
N100 G41 G01 X6. Y12.5 D01 F100;	建立刀具半径补偿
N110 G03 X18.5. Y0 R12.5.;	圆弧切入
N120 G03 I - 18.5;	铣整圆

加工程序	程序说明
N130 G03 X6 Y12.5 R12.5；	圆弧切出
N140 G01 G40 X0 Y0；	取消刀具半径补偿，回到下刀点
N150 #1 = #1 – 0.5；	深度变量计算
N160 END 1；	不满足条件，跳出循环
N170 G00 G49 Z0.0；	快速追至安全高度
N180 M05 M09；	主轴停止
N190 M30；	程序结束

表 12 – 1 – 6 ϕ42 mm 孔口倒角加工程序

加工程序	程序说明
O1425；	铣 ϕ42 mm 内孔倒角
N10 T02 M06；	换 2 号刀（ϕ8 mm 平底刀）
N20 G90 G54 G17 G80 G40 G49 G69；	程序加工初始化
N30 G00 X0 Y0；	快速定位至 ϕ42 mm 孔中心点
N40 M03 S1800 M08；	主轴正转，转速为 1 800 r/min
N50 G43 Z50.0 H02；	建立 2 号刀具长度补偿
N60 Z3.；	快速定位至孔上表面 3 mm 处
N70 #1 = 4.；	定义铣刀半径
N80 #2 = 1.；	定义倒角值
N90 #3 = 0；	Z 向初始值
N100 WHILE［#3 GE – 1.］DO1；	循环语句条件表达式
N110 #4 = 21. + #2 + #3；	计算变化 X 值
N120 G1 Z［#3］F50；	下刀
N130 G1 X［#4］Y0 F80；	走到圆的起始点
N140 G2 I［ – #4］F100；	走整圆
N150 #3 = #3 – 0.1	每层下 0.1 mm 递进
N160 END 1；	不满足条件，跳出循环
N170 G00 G49 Z0.0；	快速追至安全高度
N180 M05 M09；	主轴停止
N190 M30；	程序结束

注：两个内孔的精加工程序，用 ϕ8 mm 立铣刀一次性加工到位。

（2）B 面加工参考程序见表 12 - 1 - 7 ~ 表 12 - 1 - 13。

B 面上表面和 74 mm×78 mm 外形轮廓的加工程序同 O1421 及 O1422，Z 值需根据实际测量尺寸调整到图纸要求。

表 12 - 1 - 7　ϕ54 mm 外圆粗加工程序

加工程序	程序说明
O1426；	铣 ϕ54 mm 外圆
N10 T01 M06；	换 1 号刀（ϕ20 mm 平底刀）
N20 G90 G54 G17 G80 G40 G49 G69；	程序加工初始化
N30 G00 X27. Y52.；	快速定位至下刀点
N40 M03 S1500 M08；	主轴正转，转速为 1 500 r/min
N50 G43 Z50.0 H01；	建立 1 号刀具长度补偿
N60 Z3.0；	快速定位至工件上表面 3 mm 处
N70 #1 = 0；	定义深度初始值
N80 WHILE［#1GE - 8.］DO1；	循环语句条件表达式
N90 G01 Z#1 F200；	刀具工进至每层的深度
N100 G41 G01 Y48.0 D01 F150；	建立刀具半径补偿
N110 G01 Y0；	刀具至铣外圆的起始点
N120 G02 I - 27.；	铣整圆
N130 G01 G40 X52.；	刀具切出并取消刀补
N140 G01 X27. Y52.；	回到下刀点
N150 #1 = #1 - 0.5；	深度变量计算
N160 END 1；	达到规定的深度，跳出循环
N170 G00 G49 Z0.0；	快速追至安全高度
N180 M05 M09；	主轴停止
N190 M30；	程序结束

表 12 - 1 - 8　ϕ54 mm 孔口倒角加工程序

加工程序	程序说明
O1427；	铣 ϕ54 mm 外圆倒角
N10 T02 M06；	换 2 号刀（ϕ8 mm 平底刀）
N20 G90 G54 G17 G80 G40 G49 G69；	程序加工初始化
N30 G00 X26. Y0；	快速定位至 ϕ54 mm 孔中心点
N40 M03 S1800 M08；	主轴正转，转速为 1 800 r/min

加工程序	程序说明
N50 G43 Z50. 0 H02；	建立 2 号刀具长度补偿
N60 Z3. ；	快速定位至孔上表面 3 mm 处
N70 #1 = 4. ；	定义铣刀半径
N80 #2 = 1. ；	定义倒角值
N90 #3 = 0；	Z 向初始值
N100 WHILE［#3 GE - 1. ］DO1；	循环语句条件表达式
N110 #4 = 27. - #2 - #3；	计算变化 X 值
N120 G1 Z［#3］F50；	下刀
N130 G1 X［#4］Y0 F80；	走到圆的起始点
N140 G2 I［- #4］F100；	走整圆
N150 #3 = #3 - 0. 1；	每层下 0.1 mm 递进
N160 END 1；	不满足条件，跳出循环
N170 G00 G49 Z0.0；	快速追至安全高度
N180 M05 M09；	主轴停止
N190 M30；	程序结束

表 12 - 1 - 9　三个 12 mm 宽呈角度分布的凸台加工主程序

加工程序	程序说明
O1428；	铣三个 12 mm 宽且呈角度分布的凸台主程序
N10 T02 M06；	换 2 号刀（ϕ8 mm 平底刀）
N20 G90 G54 G17 G80 G40 G49 G69；	程序加工初始化
N30 M03 S1800 M08；	主轴正转，转速为 1 800 r/min
N40 G43 Z50. 0 H02；	建立 2 号刀具长度补偿
N50 Z3. 0；	快速定位至工件上表面 3 mm 处
N60 M98 P1429；	调用子程序
N70 G51. 1 X0；	关于 Y 轴镜像
N80 M98 P1429；	调用子程序加工另一半对称的结构
N90 G00 G49 Z0.0；	快速追至安全高度
N100 M05 M09；	主轴停止
N110 M30；	程序结束

表 12 – 1 – 10　三个 12 mm 宽且呈角度分布的凸台加工子程序

加工程序	程序说明
O1429 ;	铣三个 12 mm 宽且呈角度分布的凸台子程序
N10 G00 X 6. Y52 ;	快速定位至下刀点
N20 G1 Z – 3. F200 ;	在下刀点下刀至切削深度
N30 G41 G01 Y37. 0 D02 F100 ;	建立刀具半径补偿
N40 G01 Y24. ;	刀具切削到 1 点
N50 G03 X8. 46 Y20. 31 R4. ;	刀具切削到 2 点
N60 G02 X20. 34 Y – 8. 38 R27. ;	刀具切削到 3 点
N70 G03 X21. 21 Y – 12. 73 R4. ;	刀具切削到 4 点
N80 G1 X38. 53 Y – 30. 04 ;	刀具切削到 5 点
N90 G02 X28. 51 Y – 37. R10. ;	刀具切削到 6 点
N100 G1 X12. 73 Y – 21. 21 ;	刀具切削到 7 点
N110 G03 X8. 38 Y – 20. 34 R4. ;	刀具切削到 8 点
N120 G02 X0 Y – 27. R27. ;	刀具切削到 9 点
N130 X – 10. Y – 37. R10. ;	刀具切削到 10 点，圆弧切出
N140 G1 G40 X0 ;	刀具切削到 11 点，取消刀具半径补偿
N150 G1 Z5. ;	抬刀至安全平面
N160 M99 ;	子程序调用结束

注：该结构每个坐标点的坐标如图 12 – 1 – 7 所示。

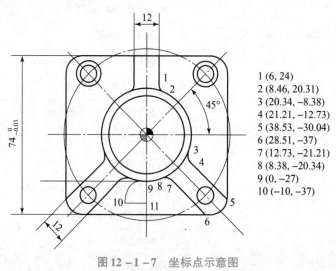

1 (6, 24)
2 (8.46, 20.31)
3 (20.34, –8.38)
4 (21.21, –12.73)
5 (38.53, –30.04)
6 (28.51, –37)
7 (12.73, –21.21)
8 (8.38, –20.34)
9 (0, –27)
10 (–10, –37)

图 12 – 1 – 7　坐标点示意图

表 12 - 1 - 11　4 个 $\phi 8$ mm 通孔的加工程序

加工程序	程序说明
O1430；	钻孔程序
N10 G54 G90 G17 G80 G40 G49；	程序初始化
N20 T03 M06；	换 3 号刀（$\phi 8$ mm 钻头）
N30 M03 S1000 M08；	主轴正转，转速为 1 000 r/min
N40 G43 Z50.0 H03；	建立 3 号刀具长度补偿
N50 Z5.0；	快速定位至孔上表面 5 mm 处
N60 G98 G83 X28.28 Y28.28 R3. Q5. Z - 28. F50；	钻第一象限的孔
N70 X - 28.28；	钻第二象限的孔
N80 Y - 28.28；	钻第三象限的孔
N90 X28.28；	钻第四象限的孔
N100 G80；	取消固定循环
N110 G0 G49 Z0.；	刀具抬至最高点
N120 M05 M09；	主轴停止，冷却液停止
N130 M30；	程序结束

表 12 - 1 - 12　2 个 $\phi 12$ mm 沉孔的加工主程序

加工程序	程序说明
O1431；	铣沉孔主程序
N10 T02 M06；	换 2 号刀（$\phi 8$ mm 平底刀）
N20 G90 G54 G17 G80 G40 G49 G69；	程序加工初始化
N30 M03 S1800 M08；	主轴正转，转速为 1 800 r/min
N40 G43 Z50.0 H02；	建立 2 号刀具长度补偿
N50 Z5.0；	快速定位至工件上表面 5 mm 处
N60 G0 X28.28 Y28.28；	快速定位至下刀点
N70 G1 Z0 F50；	刀具运行至工件零平面
N80 M98 P1432 L16；	调用子程序
N90 G0 X - 28.28 Y28.28；	
N100 G1 Z0 F50；	
N110 G51.1 X0；	关于 Y 轴镜像

加工程序	程序说明
N120 M98 P1432 L16;	调用子程序加工另一个沉孔
N130 G00 G49 Z0.0;	快速退至安全高度
N140 M05 M09;	主轴停止
N150 M30;	程序结束

表 12 – 1 – 13　2 个 φ12 mm 沉孔的加工子程序

加工程序	程序说明
O1432;	铣 12 mm 宽二个成角度分布的凸台子程序
N5 G91 G1 Z – 0.5 F50;	增量下刀 0.5 mm
N10 G90 G01 G41 X 29.28. Y23.28 D02;	快速定位至下刀点
N20 G03 X34.28 Y28.28 R5.;	圆弧切入
N30 G03 I – 6.;	铣整圆
N40 G03 X29.28 Y33.28 R5.;	圆弧切出
N50 G01 G40 X28.28 Y28.28;	取消刀补回到下刀点
N60 G01 Z5.;	抬刀至安全高度
N70 M99;	子程序调用结束

4. 上机操作

（1）领用工具。

加工轴承座所需的工、刃、量具，如表 12 – 1 – 14 所示。

表 12 – 1 – 14　轴承座的工、刃、量具清单

序号	名称	规格	数量	备注
1	游标卡尺	0 ~ 150 mm，0.02 mm	1 把	
2	百分表	0 ~ 10 mm，0.01 mm	1 个	
3	内径量表	10 ~ 18 mm	1 把	
4	刀具	φ20 mm 平底刀、φ8 mm 平底刀、φ8 mm 钻头、φ100 mm 可转位硬质合金面铣刀	各 1 把	
5	辅具	垫块 5 mm、10 mm、15 mm	各 1 块	
6	坯料	80 × 80 × 25（mm），45 钢	1 块	
7	其他	棒槌、铜皮、毛刷、锉刀等常用工具；计算机、计算器及编程工具书等		选用

（2）加工准备。

选用机床：FANUC 0i 系统立式数控铣床或数控加工中心。

（3）正、反面都采用分中对刀，设定工件坐标系。

（4）空运行及仿真。

按"偏置"键打开机床偏置界面，在所使用刀具长度补偿偏置磨损相对应的输入框中输入一个安全高度（如50 mm），将机床操作面板的操作方式设置为"自动加工"状态，同时按下"空运行"键，最后按"循环启动"键，调出加工路径图进行监测。

（5）零件自动加工。

一切确定无误后，去掉刀具长度补偿偏置磨损值，打开单步开关，将进给倍率调至较小倍率，单步执行，观察移动量，逐渐调整进给倍率，在切削正常后关闭单步开关，打开切削液，注意观察加工动态，进行自动加工。

（6）零件检测。

（7）加工结束，清理机床。

在表12 – 1 – 15 中记录任务实施情况、存在的问题及解决措施。

表12 – 1 – 15　任务实施情况表

任务实施情况	存在问题	解决措施

考核评价

一路过关斩将，终于到了展示自己考件的时候，介绍考核完成过程，制作整个运作过程视频、零件检测结果、技术文档并提交汇报材料，完成如表12 – 1 – 16 所示零件评分表。

表12 – 1 – 16　"1 + X"证书职业技能（中级）–轴承座评分表

工件编号				总得分			
项目与编号		序号	技术要求	配分	评分标准	检测记录	得分
工件加工评分（80%）	外形轮廓与孔径	1	$\phi 42 ^{+0.039}_{0}$ mm	5	超差全扣		
		2	$\phi 37 ^{+0.04}_{0}$ mm	5	超差全扣		
		3	$9 ^{+0.1}_{0}$ mm	3	超差全扣		
		4	$23 ^{+0.05}_{0}$ mm	3	超差全扣		
		5	$78 ^{0}_{-0.03}$ mm	4	超差全扣		
		6	$74 ^{0}_{-0.03}$ mm	4	超差全扣		
		7	$R(10 \pm 0.1)$ mm	4 × 2	超差全扣		
		8	$\phi 54 ^{-0.01}_{-0.06}$ mm	5	超差全扣		
		9	12 mm ± 0.1 mm	2	超差全扣		

工件编号					总得分		
项目与编号		序号	技术要求	配分	评分标准	检测记录	得分
工件加工评分（80%）	外形轮廓与孔径	10	15 mm ±0.1 mm	2	超差全扣		
		11	$\phi(80 \pm 0.015)$ mm	3	超差全扣		
		12	$\phi(12 \pm 0.1)$ mm	3	超差全扣		
		13	8 mm ±0.1 mm	2	超差全扣		
		14	$\phi(8 \pm 0.1)$ mm	3	超差全扣		
		15	倒角 C0.5	2×2	超差全扣		
		16	垂直度 0.02 mm	3	超差全扣		
		17	平行度 0.1 mm	3	超差全扣		
		18	圆角 R4 mm	6×2	每错一处扣1分		
		19	表面粗糙度 Ra1.6 μm	3×2	每错一处扣1分		
	其他	20	工件按时完成	5	未按时完成全扣		
		21	工件无缺陷	5	缺陷一处扣2分		
程序与工艺（10%）		22	程序正确、合理	5	每错一处扣2分		
		23	工艺合理	5	不合理每处扣2分		
机床操作（10%）		24	机床操作规范	5	出错一次扣2分		
		25	工件、刀具装夹	5	出错一次扣2分		
安全文明生产倒扣分		26	安全操作	倒扣	安全事故停止操作或酌情扣5~30分		
		27	机床清理	倒扣			

拓展提高

恭喜你顺利通过"1+X"证书（中级）的全部考核，操千曲而后晓声，观千剑而后识器，接着通过下面的练习来拓展理论知识，提高实践水平。

（1）如图12-1-8所示的凹形底座零件，材料为铝，完成该零件的编程及加工。

（2）如图12-1-9所示的阀块零件，材料为铝，完成该零件的编程及加工。

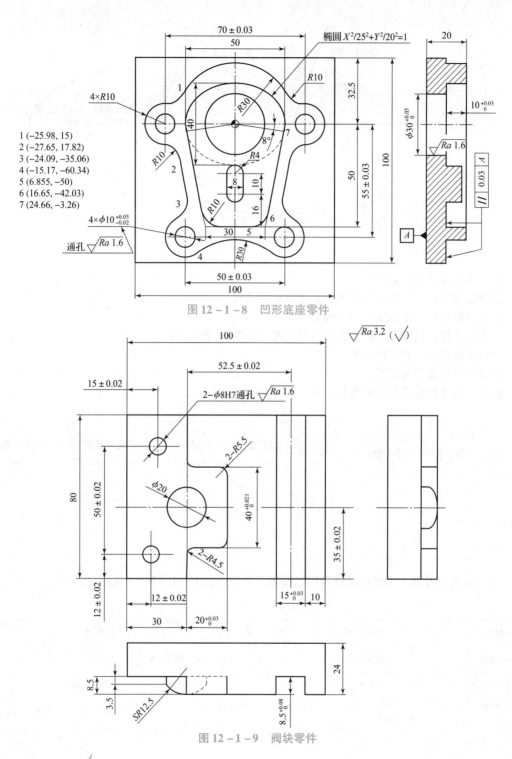

椭圆 $X^2/25^2+Y^2/20^2=1$

1 (−25.98, 15)
2 (−27.65, 17.82)
3 (−24.09, −35.06)
4 (−15.17, −60.34)
5 (6.855, −50)
6 (16.65, −42.03)
7 (24.66, −3.26)

图 12 − 1 − 8　凹形底座零件

图 12 − 1 − 9　阀块零件

项目复盘

千淘万漉虽辛苦，千锤百炼始成金。复盘有助于我们找到规律、固化流程、升华知识。

1. 项目完成的基本过程

通过前面的学习，梳理"1 + X"证书车铣加工实操（铣削）中级工考核过程。

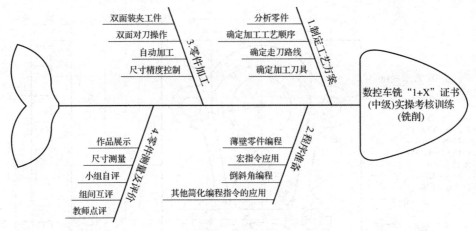

2. 制定工艺方案

（1）制定工艺方案过程。

①确定加工内容：根据零件图纸技术要求等确定。

②毛坯的选择：根据零件图纸确定。

③机床选择：根据零件结构大小及精度确定数控铣床的型号。

④确定装夹方案和定位基准。

⑤选择刀具及切削用量。

确定刀具几何参数及切削参数，见表 12 - 0 - 2。

表 12 - 0 - 2　刀具及切削用量表

工步	加工内容	刀具规格	刀号	切削深度 /mm	主轴转速 /(r · min⁻¹)	进给速度 /(mm · min⁻¹)	刀具半径补偿 /mm

（2）结合零件加工工序的安排和切削参数，填写如表 12 - 0 - 3 所示的工艺卡片。

表 12 - 0 - 3　零件加工工艺卡

材料		零件图号		零件名称		工序号		
程序名		机床设备			夹具名称			
工步号	工步内容（走刀路线）		G 功能	T 刀具	切削用量			
					转速 n /(r · min⁻¹)	进给量 f /(mm · r⁻¹)	背吃刀量 a_p /mm	

3. 数控加工程序编制

（1）简述根据工序安排顺序，确定工艺顺序的原则。

_____

（2）请总结倒圆角和倒斜角编制宏程序的方法。

_____

_____

_____

_____

4. 自动加工

自动加工零件的步骤：输入数控加工程序→验证加工程序→零件装夹→零件加工对刀操作→零件加工。

对于有精度要求的尺寸，如何控制好产品质量？

_____

5. 零件检测

工、量、检具的选择和使用。

_____

 项目总结

通过完成本项目的工作任务，了解了"1＋X"证书车铣加工实操（铣削）部分中级考核标准，在强化训练过程中，掌握数控铣/加工中心操作工中级职业技能考证相关技巧与方法，达到熟练掌握相关工艺知识及编程技能的目的，并能解决在加工过程中碰到的各种问题，提升了铣削编程与加工的技能。

归纳整理

请在下面归纳整理通过"1＋X"证书车铣加工实操（铣削）考核过程中的学习心得。

_____

_____

_____

_____

 高级数控铣职业技能综合训练

薄壁零件的
编程与加工

 项目导入

1. 考核任务

数控铣高级工考核试题如图 13 - 0 - 1 所示，要求在数控铣床上加工完成零件的结构。

（1）本题分值：100 分。

（2）考核时间：240 min。

（3）具体考核要求：按图完成加工操作。

（4）否定项说明：如考生发生下列情况之一，则应及时中止其考试，考生该题成绩记为零分。

①机床操作时发生安全事故；

②刀具轨迹显示不正确，或对刀点、刀补设定不正确。

2. 案例

（1）要求加工如图 13 – 0 – 1 所示的限位块零件，毛坯尺寸为 85 mm × 85 mm × 25 mm，材料为 45 钢，六面为已加工表面。

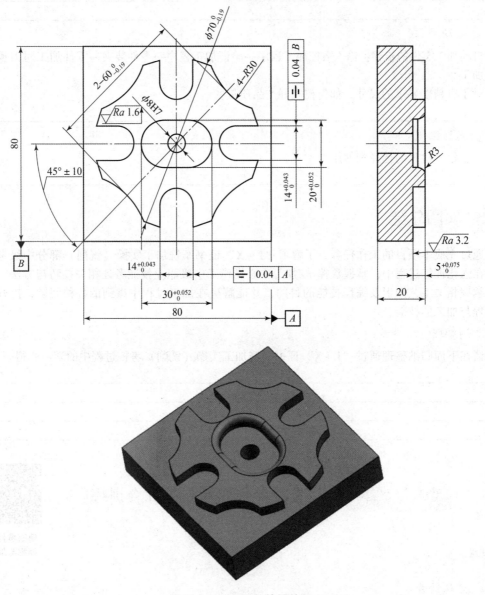

图 13 – 0 – 1　限位块零件图

（2）要求加工如图 13 – 0 – 2 和图 13 – 0 – 3 所示凸、凹模配合零件，毛坯为 105 m × 105 mm × 25 mm 的铝件方料，材料为 LY12，零件外轮廓已经加工，要求编程并加工该凸、凹模零件。

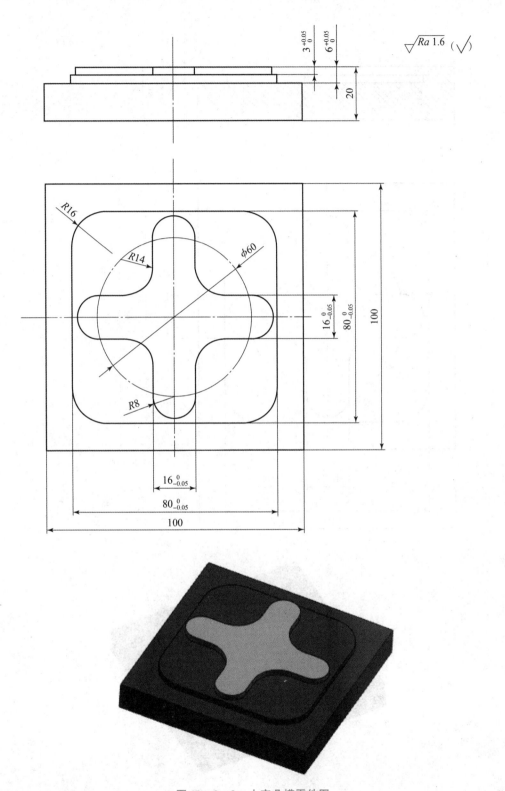

$\sqrt{Ra\,1.6}$ $(\sqrt{\ })$

$3^{+0.05}_{0}$

$6^{+0.05}_{0}$

20

R16

R14

$\phi60$

R8

$16^{0}_{-0.05}$

$80^{0}_{-0.05}$

100

$16^{0}_{-0.05}$

$80^{0}_{-0.05}$

100

图 13 - 0 - 2　十字凸模零件图

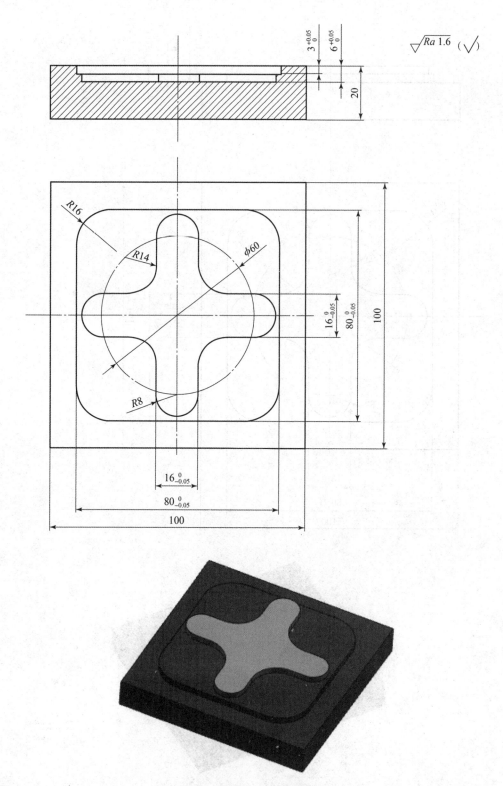

$\sqrt{Ra\,1.6}\ (\sqrt{\ })$

图 13 - 0 - 3　十字凹模零件图

工欲善其事，必先利其器。我们先把项目分析透彻，才有助于更好地完成项目。

1. 加工对象

(1) 在零件进行铣削加工前，先分析零件图纸，确定加工对象。
本项目的两个加工对象分别是＿＿＿＿＿＿＿＿＿＿＿＿＿＿＿＿＿＿＿＿＿
(2) 分析该项目两个零件图纸的内容包括＿＿＿＿＿＿＿＿＿＿＿＿＿＿＿＿＿
＿＿＿＿＿＿＿＿＿＿＿＿＿＿＿＿＿＿＿＿＿＿＿＿＿＿＿＿＿＿＿＿＿＿＿＿

2. 加工工艺内容

(1) 根据零件图纸，如图 13 - 0 - 1 所示毛坯的材质为＿＿＿＿＿＿＿＿＿，毛坯尺寸为＿＿＿＿＿＿＿＿＿＿＿＿；如图 13 - 0 - 2 和图 13 - 0 - 3 所示毛坯的材质为＿＿＿＿＿＿＿，毛坯尺寸为＿＿＿＿＿＿＿＿＿＿＿。
(2) 根据零件图纸，选择数控铣床型号：＿＿＿＿＿＿＿＿＿＿＿＿＿＿＿＿＿。
(3) 根据零件图纸，选择正确的夹具：＿＿＿＿＿＿＿＿＿＿＿＿＿＿＿＿＿＿。
(4) 根据零件图纸，选择正确的刀具：＿＿＿＿＿＿＿＿＿＿＿＿＿＿＿＿＿＿。

3. 程序编制

编制图 13 - 0 - 1 所示零件需要哪些加工程序？
＿＿＿＿＿＿＿＿＿＿＿＿＿＿＿＿＿＿＿＿＿＿＿＿＿＿＿＿＿＿＿＿＿＿＿＿
编制图 13 - 0 - 2 和图 13 - 0 - 3 所示零件需要哪些加工程序？
＿＿＿＿＿＿＿＿＿＿＿＿＿＿＿＿＿＿＿＿＿＿＿＿＿＿＿＿＿＿＿＿＿＿＿＿

4. 零件加工

(1) 零件加工的工件原点确定在什么位置？采用什么对刀方法？
图 13 - 0 - 1：＿＿＿＿＿＿＿＿＿＿＿＿＿＿＿＿＿＿＿＿＿＿＿＿＿＿＿＿＿
图 13 - 0 - 2、图 13 - 0 - 3：＿＿＿＿＿＿＿＿＿＿＿＿＿＿＿＿＿＿＿＿＿＿
(3) 零件的装夹方式是什么？
＿＿＿＿＿＿＿＿＿＿＿＿＿＿＿＿＿＿＿＿＿＿＿＿＿＿＿＿＿＿＿＿＿＿＿＿
＿＿＿＿＿＿＿＿＿＿＿＿＿＿＿＿＿＿＿＿＿＿＿＿＿＿＿＿＿＿＿＿＿＿＿＿

5. 零件检测

(1) 零件检测使用的量具有哪些？
＿＿＿＿＿＿＿＿＿＿＿＿＿＿＿＿＿＿＿＿＿＿＿＿＿＿＿＿＿＿＿＿＿＿＿＿
＿＿＿＿＿＿＿＿＿＿＿＿＿＿＿＿＿＿＿＿＿＿＿＿＿＿＿＿＿＿＿＿＿＿＿＿
(2) 哪些是重点检测的尺寸？
＿＿＿＿＿＿＿＿＿＿＿＿＿＿＿＿＿＿＿＿＿＿＿＿＿＿＿＿＿＿＿＿＿＿＿＿
＿＿＿＿＿＿＿＿＿＿＿＿＿＿＿＿＿＿＿＿＿＿＿＿＿＿＿＿＿＿＿＿＿＿＿＿

项目分解

记事者必提其要。纂言者必钩其玄：
学习任务：限位块的编程与加工

项目分工

分工协作，各尽其责，知人善任。将全班同学每4~6人分成一小组，每个组员都有明确的分工，并且每人在不同任务中轮流担任组长，轮流不同的岗位，做到每个人都有平等机会锻炼学习能力、管理能力和组织协调能力，在实施任务的过程中充分体现团队合作精神，培育工匠精神及提升职业素养。项目分工表见表13-0-1。

表13-0-1 项目分工表

组　名		组　长		指导老师	
学　号	成　员	岗位分工		岗位职责	
		项目经理		对整个项目总体进行统筹、规划，把握进度及各组之间的协调沟通等工作	
		工艺工程师		负责制定工艺方案	
		程序工程师		负责编制加工程序	
		数控铣技师		负责数控铣床的操作	
		质量工程师		负责验收、把控质量	
		档案管理员		做好各个环节的记录，录像留档，便于项目的总结复盘	

学习任务　限位块的编程与加工

任务发放

任务编号	13-1	任务名称	限位块的编程与加工	建议学时	4学时
任务安排					

（1）综合类零件的工艺安排
（2）综合类零件的编程
（3）综合类零件的加工

任务导学

导学问题1：综合类零件应该如何安排加工顺序？

导学问题2：数控铣高级工应掌握哪些技能？

1. 工艺方案

对于综合类零件的编程与加工，工艺非常重要，要结合所学的工艺知识，正确制定加工工艺。数控铣削加工工序通常按以下原则安排：

综合零件工艺

（1）先粗后精原则。

（2）基准面先行原则。

（3）先面后孔原则。

（4）先主后次原则。

根据这些原则安排工艺顺序，如图 13 - 1 - 1 所示。

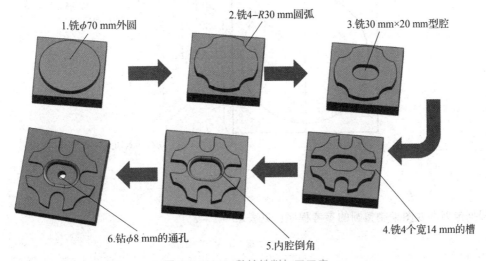

1.铣φ70 mm外圆　2.铣4-R30 mm圆弧　3.铣30 mm×20 mm型腔

4.铣4个宽14 mm的槽　5.内腔倒角　6.钻φ8 mm的通孔

图 13 - 1 - 1　数控铣削加工工序

2. 刀具切削用量

刀具及切削用量见表 13 - 1 - 1。

表 13 - 1 - 1　刀具切削用量表

工步	加工内容	刀具规格	刀号	背吃刀量 a_p/mm	主轴转速 /(r·min^{-1})	进给速度 /(mm·min^{-1})
1	粗铣 φ70 mm 外圆及 4 - R30 mm 圆弧，侧面留 0.5 mm 余量	φ20 mm 平底刀	T01	4.5	1 500	200
2	粗铣 30 mm×20 mm 型腔及 4 个宽 14 mm 槽	φ12 mm 平底刀	T02	4.5	2 500	150
3	精铣所有轮廓	φ8 mm 平底刀	T03	0.5	3 000	120
4	内腔倒角	R3 mm 球头刀	T04	0.01	2 800	1 500
5	钻 φ8 mm 的孔	φ7.8 mm 钻头	T05	25	1 500	80
6	铰孔	φ8H7 铰刀	T06	21	1 800	200

任务实施

综合零件编程

1. 走刀路线图及参考程序

1) 铣 ϕ70 mm 外圆

外圆走刀路线如图 13 - 1 - 2 所示。

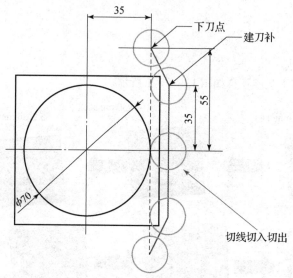

图 13 - 1 - 2　外圆走刀路线图

根据走刀路线图编制整圆的参考程序，见表 13 - 1 - 2。

表 13 - 1 - 2　ϕ70 mm 外圆加工程序

加工程序	程序说明
O1501 ;	铣 ϕ70 mm 外圆
N5 G28 ;	回参考点
N10 T01 M06 ;	换 1 号刀（ϕ20 mm 平底刀）
N20 G90 G54 G17 G80 G40 G49 G69 ;	程序加工初始化
N30 G00 X35. Y55. ;	快速定位至下刀点
N40 M03 S1500 ;	主轴正转，转速为 1 500 r/min
N50 G43 Z10.0 H01 ;	建立 1 号刀具长度补偿
N60 Z3.0 ;	快速定位至工件上表面 3 mm 处
N70 G01 Z - 5.0 F500 ;	刀具工进至深度要求
N80 G01 G41 Y35. D01 F300 ;	建立刀具半径补偿
N90 G01 Y0 ;	切线走刀至圆的起始点
N100 G02 I - 35. F200 ;	铣整圆
N110 G01 Y - 35. ;	切线切出
N120 G01 G40 Y - 55. ;	走直线，取消刀具半径补偿

加工程序	程序说明
N130 G00 G49 Z100.0 ；	取消长度补偿，快速抬至安全高度
N140 M05 ；	主轴停止
N150 M30；	程序结束

2）铣 4 - R30 mm 圆弧

走刀路线如图 13 - 1 - 3 所示，第一象限的圆弧作为子程序编程，其他三个象限的采用镜像指令后进行调用。

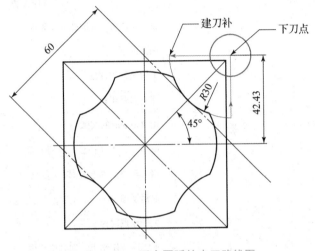

图 13 - 1 - 3　四个圆弧的走刀路线图

根据走刀路线图编制 4 个圆弧的参考程序，见表 13 - 1 - 3 和表 13 - 1 - 4。

表 13 - 1 - 3　铣 4 个圆弧主程序

加工程序	程序说明
O1502；	铣 4 个 R30 mm 圆弧的主程序
N10 G90 G54 G17 G80 G40 G49 G69；	程序加工初始化
N20 M03 S1500；	主轴正转，转速为 1 500 r/min
N30 G43 Z10.0 H01；	建立 1 号长度补偿
N40 Z5.0；	快速定位至工件上表面 5 mm 处
N50 M98 P1621；	调用子程序，加工第一象限的圆弧
N60 G51.1 X0；	关于 Y 轴对称
N70 M98 P1621；	调用子程序，加工第二象限的圆弧
N80 G51.1 X0 Y0；	关于原点对称
N90 M98 P1621；	调用子程序，加工第三象限的圆弧
N100 G51.1 Y0；	关于 X 轴对称

加工程序	程序说明
N110 M98 P1621;	调用子程序,加工第四象限的圆弧
N120 G00 G49 Z50.0;	快速追至安全高度
N130 M05;	主轴停止
N140 M30;	程序结束

表13-1-4 铣4个圆弧子程序

加工程序	程序说明
O1521;	铣4个R30 mm圆弧的子程序
N10 G0 X42.43 Y42.43;	圆弧的下刀点
N20 G1 Z-5. F120;	下刀至加工深度
N30 G1 G41 X12.43 D01;	建立刀具半径补偿
N40 G3 X42.43 Y12.43 R30.;	走R30 mm的圆弧
N50 G1 G40 X42.43 Y42.43	取消刀具半径补偿,回到下刀点
N60 G1 Z5.0;	抬刀至离工件上表面5 mm处
N70 G50.1 X0 Y0;	取消镜像
N80 G51.1 X0 Y0;	关于原点对称
N90 M99;	子程序调用结束,回到主程序

3)铣30 mm×20 mm的型腔

走刀路线如图13-1-4所示。O点下刀,O-A段建立刀具半径补偿,A-B段圆弧切入,B-C-D-E-F-B段沿着型腔的轮廓线铣削,B-G段圆弧切出,G-O段取消刀具半径补偿。

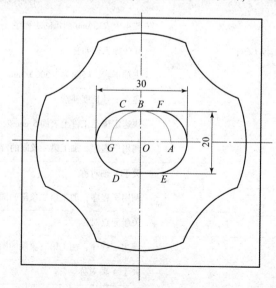

图13-1-4 槽的走刀路线图

根据走刀路线图编制型腔的参考程序，见表 13 - 1 - 5。

表 13 - 1 - 5　铣 30 mm × 20 mm 的型腔

加工程序	程序说明
O1503；	铣削 30 mm × 20 mm 的型腔
N10 G90 G54 G17 G80 G40 G49 G69；	程序加工初始化
N20 G28；	回参考点
N30 T02 M06；	换 2 号刀（φ12 mm 平底刀）
N40 M03 S1500；	主轴正转，转速为 1 500 r/min
N50 G00 X0 Y0；	快速定位至下刀点
N60 G43 Z5.0 H02；	建立 2 号刀具长度补偿
N70 G01 Z - 5.0 F50；	刀具以较小的速度工进至深度
N80 G1 G41 X10. D02 F200；	建立刀具半径补偿，D02 = 6.0
N90 G3 X0 Y10. R10.；	圆弧切入
N100 G1 X - 5.；	刀具沿着槽的轮廓铣削
N110 G3 Y - 10. R10.；	
N120 G1 X5.；	
N130 G3 Y10. R10.；	
N140 G1 X0；	
N150 G3 X - 10. Y0 R10.；	圆弧切出
N160 G1 G40 X0；	取消刀具半径补偿
N170 G00 G49 Z50.0；	取消刀具长度补偿，快速追至安全高度
N180 M05；	主轴停止
N190 M30；	程序结束

4）铣削 4 个宽 14 mm 的槽

走刀路线如图 13 - 1 - 5 所示。坐落于 X 轴正向的槽作为子程序编程，其他坐标轴采用旋转及调用子程序的方法。

根据走刀路线图编制型腔的参考程序，见表 13 - 1 - 6 和表 13 - 1 - 7。

5）型腔倒角

型腔倒角程序见表 13 - 1 - 7。

6）钻、铰孔程序

钻、铰孔程序见表 13 - 1 - 8。

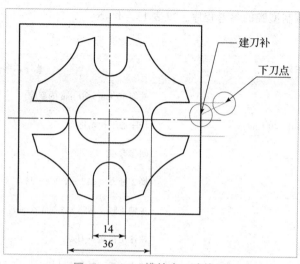

图 13 - 1 - 5 槽的走刀路线图

表 13 - 1 - 6 铣 4 个槽的主程序

加工程序	程序说明
O1504；	铣槽的主程序
N10 G90 G54 G17 G80 G40 G49 G69；	程序加工初始化
N20 M03 S1500；	主轴正转，转速为 1 500 r/min
N30 G43 Z5. 0 H02；	建立 2 号刀具长度补偿
N40 M98 P1641；	调用子程序加工 X 轴正方向的槽
N50 G68 X0 Y0 R90.；	旋转指令，坐标系逆时针旋转 90°
N60 M98 P1641；	调用子程序加工 Y 轴正方向的槽
N70 G68 X0 Y0 R180.；	旋转指令，坐标系逆时针旋转 180°
N80 M98 P1641；	调用子程序加工 X 轴负方向的槽
N90 G68 X0 Y0 R - 90.；	旋转指令，坐标系顺时针旋转 90°
N100 M98 P1641；	调用子程序加工 Y 轴负方向的槽
N110 G00 G49 Z50.0；	取消刀具长度补偿，快速追至安全高度
N120 M05；	主轴停止
N130 M30；	程序结束

表 13 - 1 - 6 铣 4 个槽的子程序

加工程序	程序说明
O1541；	铣 4 个槽的子程序
N10 G0 X50. Y7.；	下刀点

加工程序	程序说明
N20 G1 Z - 5. F120;	下刀至加工深度
N30 G1 G41 X40. D02;	建立刀具半径补偿
N40 G1 X25. ;	铣削槽的轮廓
N50 G3 Y - 7. R7. ;	
N60 G1 X40. ;	
N70 G1 G40 X50. ;	取消刀具半径补偿
N80 G1 Z5. ;	刀具抬至离工件上表面 5 mm 处
N90 G69;	取消旋转
N100 M99;	子程序调用结束, 回到主程序

表 13 - 1 - 7 型腔倒角程序

加工程序	程序说明
O1505;	型腔倒角程序
N10 G90 G54 G17 G40 G49 G00 X0 Y0 ;	程序加工初始化
N20 M03 S2800;	主轴正转, 转速为 2 800 r/min
N30 #1 = 3;	球头刀半径
N40 #2 = 3;	倒圆角半径
N50 #5 = 0;	定义角度初始值
N60 #3 = (#1 + #2) * SIN[#5] - #2;	动态变化刀补值
N70 #4 = (#1 + #2) * COS[#5] - (#1 + #2);	动态变化深度值
N80 G1 Z [#4] F200;	下刀
N90 G10 L12 P04 R#3;	可编程参数输入
N100 G42 G1 Y10 D04 F1500;	建立刀具半径补偿
N110 G1 X5;	铣削轮廓
N120 G2 Y - 10 R10;	
N130 G1 X - 5;	
N140 G2 Y10 R10;	
N150 G1 X0;	
N160 G1 G40 Y0;	

加工程序	程序说明
N170 #5 = #5 + 1；	递增的角度值
N180 IF ［#5LE90］ GOTO60；	循环判断语句
N190 G0 Z100；	抬刀至安全高度
N200 M05；	主轴停止
N210 M30；	程序结束

表 13 – 1 – 8　钻孔铰孔程序

加工程序	程序说明
O1506；	钻孔及铰孔程序
N10 G28；	返回参考点
N20 T05 M06；	换 5 号刀（ϕ7.8 mm 钻头），钻孔
N30 G54 G90 G00 X0 Y0 M03 S1000；	刀具快速定位至孔上方
N40 G43 Z5.0 H05；	建立 5 号刀长度补偿
N50 G99 G83 Z – 25.0 R2.0 Q5.0 F80；	建立深孔钻削循环，钻 ϕ8 mm 的孔
N60 G80；	取消钻孔循环
N70 G00 G49 Z100.；	刀具快速移至安全高度
N80 G28；	返回参考点
N90 T06 M06；	换 6 号刀（ϕ8H7 铰刀），铰孔
N100 G00 X0 Y0 M03 S1800；	刀具快速定位至孔上方
N110 G43 Z5.0 H06；	建立 6 号刀长度补偿
N120 G99 G85 Z – 21.0 R2.0 Q5.0 F200；	铰孔循环
N130 G80；	取消铰孔循环
N140 G00 G49 Z100；	刀具快速移动至安全高度
N150 M05；	主轴停止
N160 M30；	程序结束

4. 上机操作

（1）领用工具。

加工限位块所需的工、刃、量具见表 13 – 1 – 9。

综合零件加工

表 13 - 1 - 9　限位块的工、刃、量具清单

序号	名称	规格	数量	备注
1	游标卡尺	0 ~ 150 mm，0.02 mm	1 把	
2	百分表	0 ~ 10 mm，0.01 mm	1 个	
3	内径量表	6 ~ 10 mm	1 把	
4	刀具	ϕ20 mm 平底刀、ϕ12 mm 平底刀、ϕ8 mm 平底刀、R3 mm 球头刀、ϕ7.8 钻头、ϕ8H7 铰刀	各 1 把	
5	辅具	垫块 5，10，15	各 1 块	
6	坯料	80 × 80 × 25（mm），45 钢	1 块	
7	其他	棒槌、铜皮、毛刷、锉刀等常用工具；计算机、计算器、编程工具书等		选用

（2）加工准备。

①选用机床：FANUC 0i 系统立式数控铣床或数控加工中心。

②确定工件坐标系原点：确定工件坐标系原点为工件对称中心与工件上表面的交点。

③将机用平口钳安装在机床工作台中间位置，用百分表校正平口钳的固定钳口分别与纵向进给方向平行、垂直，然后紧固。

④将工件装夹于平口钳内，使伸出长度略高于工件凸台加工尺寸，并且让工件定位面和固定钳口紧贴、底面和导轨面或者平垫铁紧贴，从而保证工件能够很好地定位。

⑤将编写的数控加工程序输入机床。

（3）分中对刀，设定工件坐标系。

（4）空运行及仿真。

（5）零件自动加工。

一切确定无误后，去掉刀具长度补偿偏置及磨损值，打开单步开关，将进给倍率调至较小倍率，单步执行，观察移动量，逐渐调整进给倍率，在切削正常后关闭单步开关，打开切削液，注意观察加工动态，进行自动加工。

（6）零件检测。

（7）加工结束后清理机床。

在表 13 - 1 - 10 中记录任务实施情况、存在的问题及解决措施。

表 13 - 1 - 10　任务实施情况表

任务实施情况	存在问题	解决措施

考核评价

一路过关斩将，现在到了展示自己考件的时候，介绍考核完成过程，制作整个运作过程视频、零件检测结果、技术文档并提交汇报材料，完成如表 13 – 1 – 11 所示零件评分表。

表 13 – 1 – 11　高级职业技能综合训练零件评分表

工件编号						总得分		
项目与编号		序号	技术要求	配分	评分标准	检测记录	得分
工件加工评分（80%）	外形轮廓与孔径	1	$\phi 70_{-0.19}^{\ 0}$ mm	4	超差全扣		
		2	$60_{-0.19}^{\ 0}$ mm	4	超差全扣		
		3	孔径 $\phi 8H7$	8	超差全扣		
		4	$14_{\ 0}^{+0.043}$ mm	4×4	超差全扣		
		5	$30_{\ 0}^{+0.052}$ mm	3	超差全扣		
		6	$20_{\ 0}^{+0.052}$ mm	3	超差全扣		
		7	$45° \pm 10°$	3	超差全扣		
		8	$5_{\ 0}^{+0.075}$ mm	3	超差全扣		
		9	$R3$ mm	4	超差全扣		
		10	对称度 0.04 mm	2×4	每错一处扣 4 分		
		11	表面粗糙度 $Ra1.6$ μm	5	每错一处扣 1 分		
		12	表面粗糙度 $Ra3.2$ μm	3	每错一处扣 1 分		
	其他	13	工件按时完成	5	未按时完成全扣		
		14	工件无缺陷	5	缺陷一处扣 2 分		
程序与工艺（10%）		15	程序正确、合理	5	每错一处扣 2 分		
		16	工艺合理	5	不合理每处扣 2 分		
机床操作（10%）		17	机床操作规范	5	出错一次扣 2 分		
		18	工件、刀具装夹正确	5	出错一次扣 2 分		
安全文明生产倒扣分		19	安全操作	倒扣	安全事故停止操作或酌情扣 5~30 分		
		20	机床清理规范	倒扣			

 拓展提高

恭喜你顺利通过高级工数控铣职业技能的考核任务，操千曲而后晓声，观千剑而后识器，接着通过下面的练习来拓展理论知识，提高实践水平。

（1）完成如图 13 – 1 – 6 所示综合零件 1 的编程及加工。

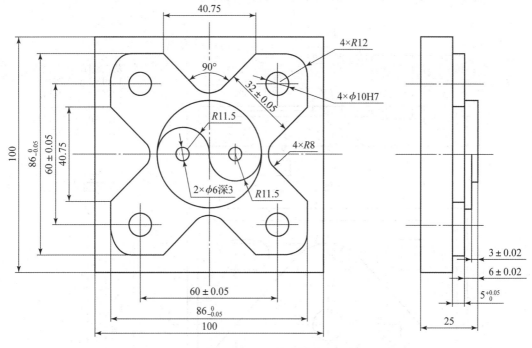

图 13 - 1 - 6   综合零件 1

（2）完成如图 13 - 1 - 7 所示综合零件 2 的编程及加工。

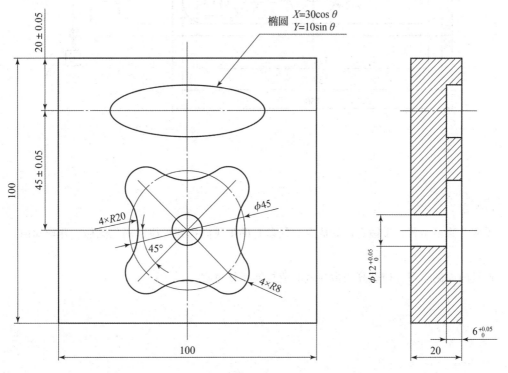

图 13 - 1 - 7   综合零件 2

（3）完成如图13-1-8所示综合零件3的编程及加工。

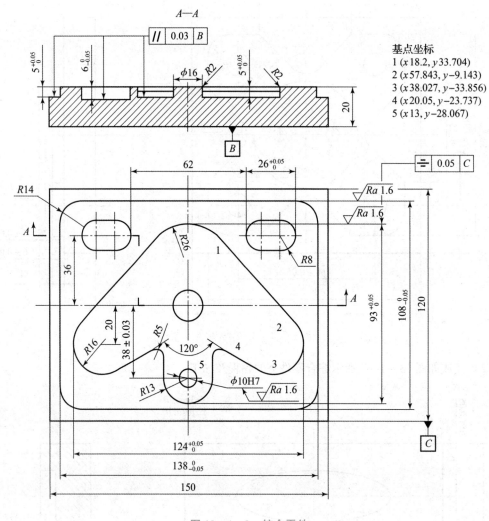

基点坐标
1 (x18.2, y33.704)
2 (x57.843, y-9.143)
3 (x38.027, y-33.856)
4 (x20.05, y-23.737)
5 (x13, y-28.067)

图13-1-8　综合零件

 项目复盘

千淘万漉虽辛苦，千锤百炼始成金。复盘有助于我们找到规律、固化流程、升华知识。

1. 项目完成的基本过程

通过前面的学习，梳理高级数控铣职业技能考核过程。

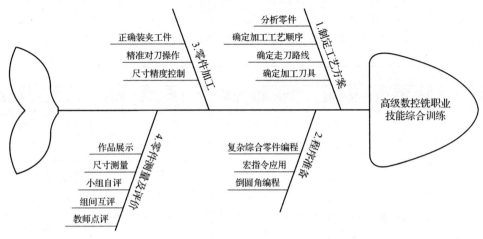

2. 制定工艺方案

（1）制定工艺方案过程。

①确定加工内容：根据零件图纸技术要求等确定。

②毛坯的选择：根据零件图纸确定。

③机床的选择：根据零件结构大小及精度确定数控铣床的型号。

④确定装夹方案和定位基准。

⑤选择刀具及切削用量。

确定刀具几何参数及切削参数，见表 13 – 0 – 2。

表 13 – 0 – 2　刀具及切削用量表

工步	加工内容	刀具规格	刀号	切削深度 /mm	主轴转速 /(r·min⁻¹)	进给速度 /(mm·min⁻¹)	刀具半径补偿 /mm

（2）结合零件加工工序安排和切削参数，填写如表 13 – 0 – 3 所示的工艺卡片。

表 3 – 0 – 3　零件加工工艺卡片

材料		零件图号		零件名称		工序号		
程序名		机床设备			夹具名称			
工步号	工步内容（走刀路线）	G 功能	T 刀具	切削用量				
				转速 n /(r·min⁻¹)	进给量 f /(mm·r⁻¹)	背吃刀量 a_p /mm		

3. 数控加工程序编制

(1) 对于复杂综合件手工编程与自动编程有何区别和联系。

_____

_____

(2) 当要求编制配合件程序时，凸凹模相同结构是否可共用同一程序？有什么注意事项？

_____

_____

_____

_____

4. 自动加工

自动加工零件的步骤：输入数控加工程序→验证加工程序→零件装夹→零件加工对刀操作→零件加工。

在加工过程中如何控制好复杂件的加工精度？

_____

5. 零件检测

工、量、检具的选择和使用。

_____

 项目总结

通过完成本项目的工作任务，掌握了复杂综合零件的编程与加工方法，并在学习过中了解了数控铣/加工中心操作工高级职业技能鉴定考核标准。根据强化训练，掌握了数控铣/加工中心操作工高级职业技能考证相关技巧与方法，达到了熟练掌握相关工艺知识及编程技能的目的，并能独立解决在加工过程中碰到的各种问题，进一步提升了数控铣削编程与加工的技能。

归纳整理

请在下面归纳整理通过高级数控铣职业技能考核过程中的学习心得。

_____

_____

_____

_____

拓展知识　多轴数控加工技术

十字凸凹模配合件
的编程与加工

我们熟悉的数控机床有 X、Y、Z 三个直线坐标轴，而通常所说的多轴数控加工是指多坐标的联动加工，即指四轴以上的数控加工，其中具有代表性的是五轴数控加工。这类设备的种类很多，结构、类型和控制系统都各不相同。多轴数控加工将数控铣、数控镗、数控钻等功能组合在一起，工件在一次装夹后可以对加工面进行铣、镗、钻等多工序加工，有效地避免了由于多次安装造成的定位误差，能缩短生产周期，提高加工精度。多轴加工的程序一般都是利用 CAM 软件自动编程生成 NC 代码，再导入机床进行加工。随着现代机械制造技术的迅速发展，对加工中心的加工能力和加工效率提出了更高的要求，因此多轴数控加工技术得到了空前的发展。下面我们分别来了解四轴加工、五轴加工和车铣复合加工的知识。

拓展知识一　四轴加工

1. 四轴加工概述

四轴准确地说是四坐标联动加工。所谓四轴加工中心一般是在 $X\backslash Y\backslash Z$ 三个线性位移轴的基础上增加了一个旋转轴（通常称为第四轴），如图 14 - 1 - 9 所示。旋转轴上的数控分度头有等分式和万能式两类。等分式只能完成指定的等分分度，如图 14 - 1 - 10（a）所示；万能式可实现连续分度，如图 14 - 1 - 10（b）所示。

分度头

图 14 - 1 - 9　四轴加工中心

（a） （b）

图 14 - 1 - 10　四轴分度盘

（a）等分式；（b）万能式

2. 四轴加工中心工作模式

四轴加工中心一般有两种加工模式，即定位加工和插补加工，分别对应多面轮廓加工和回转体轮廓加工。现在以带 A 轴为旋转轴的四轴加工中心为例，分别对这两种加工模式进行说明。

1）定位加工

在进行多面体零件加工时，需要将多面体的各个加工工作平面在围绕 A 轴旋转后能与 A 轴轴线平行，否则将出现无法加工和欠切削的现象。一般来说，通常通过安装在第四轴上的夹具将加工零件固定在旋转工作台上，然后校正基准面，以确定工件坐标系。

在实际加工中先通过 A 轴的旋转角度得到加工工作平面的正确位置，然后利用相关指令（例如 FANUC 系统中的 M10）锁定该位置，保证加工过程中加工面与 A 轴零件位置固定，从而使得该加工面内的所有元素能够得到完整、正确的加工。

对多面体下的一个加工面进行加工时，只需先利用 A 轴打开指令（例如 FANUC 系统中的 M11）将 A 轴打开，再旋转 A 轴角度至下一个加工平面与 A 轴轴线和主轴轴线组成的相交平面平行或垂直，然后锁定即可加工。

在此类加工中，A 轴仅起到分度的作用，并没有参与插补加工，因此并不能体现四轴联动的运算。

2）插补加工

回转零件轴面轮廓的加工或螺旋槽的加工，就是典型的利用四轴联动插补计算而来的插补加工。例如圆柱面上回转槽、圆柱凸轮的加工，主要是依靠 A 轴的旋转加 X 轴的移动来实现的。此时，需要将 A 轴角度展开，与 X 轴做插补运算，以确保 A 轴与 X 轴的联动，这个过程将用到圆柱插补命令（例如 FAUNC 的 G07.1）。

3. 四轴加工产品特点

四轴加工中心最早应用于曲线、曲面的加工，即叶片的加工。现如今，四轴加工中心可用于多面体零件、带回转角度的螺旋线（圆柱面油槽）、螺旋槽、圆柱面凸轮及摆线的加工，如图 14 - 1 - 11 所示，应用极其广泛。

（a）　　　　　　　　　　　　　　　（b）

（c）　　　　　　　　　　　　　　　（d）

图 14 - 1 - 11　四轴加工产品图

从加工产品我们可以看出，四轴加工有以下特点：

（1）由于有旋转轴的加入，使得空间曲面的加工成为可能，大大提高了自由空间曲面的加工精度、质量和效率。

（2）三轴加工机床无法加工或需要装夹过长的工件（如长轴类轴面加工）的加工，可以通过四轴旋转工作台完成。

（3）缩短装夹时间，减少加工工序，尽可能地通过一次定位进行多工序加工，以减少定位误差。

（4）刀具得到很大改善，延长了刀具寿命。

（5）有利于生产集中化。

四轴加工知识

拓展知识二　五轴加工

1. 五轴加工中心概述

五轴联动加工中心也叫五轴加工中心，是一种科技含量高、精密度高、专门用于加工复杂曲面的加工中心，如图14-1-12所示。这种加工中心系统对一个国家的航空、航天、军事、科研、精密器械、高精医疗设备等行业有着举足轻重的影响力。五轴联动数控加工中心系统是解决叶轮、叶片、船用螺旋桨、重型发电机转子、汽轮机转子、大型柴油机曲轴等加工的唯一手段。五轴数控加工中心可以在一次装夹中完成工件的全部机械加工工序，满足从粗加工到精加工的全部加工要求，既适用于单件小批量生产，也适用于大批量生产，减少了加工时间和生产费用，提高了数控设备的生产能力和经济性。五轴数控回转工作台的运动可以由独立的控制装置控制，也可以通过相应的接口由主机的数控装置控制，如图14-1-13所示。

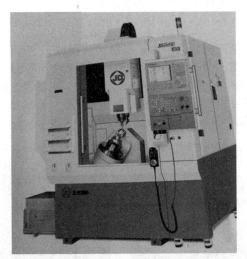

图14-1-12　五轴加工中心

图14-1-13　五轴回转工作台

2. 五轴加工中心的结构特点与工作原理

一台机床上至少有5个坐标轴，分别为3个直线坐标轴和2个旋转坐标轴，即构成五轴。五轴与三轴的区别是多了两个旋转轴。

五轴坐标的确立及其代码的表示：

(1) Z轴的确定：机床主轴轴线方向或者装夹工件的工作台垂直方向为Z轴。

(2) X轴的确定：与工件安装面平行的水平面或者在水平面内选择垂直于工件旋转轴线的方向为X轴，远离主轴轴线的方向为正方向。

（3）Y 轴的确定：确定了 X 和 Z 轴后，用右手笛卡尔坐标系确定 Y 轴。

（4）A 轴：绕 X 轴旋转的轴为 A 轴。

（5）B 轴：绕 Y 轴旋转的轴为 B 轴。

（6）C 轴：绕 Z 轴旋转的轴为 C 轴。

五轴的三种形式：$XYZ + A + B$、$XYZ + A + C$、$XYZ + B + C$。

五轴通常按旋转主轴和直线运动的关系来判定，五轴联动的结构形式有以下几种：

（1）双旋转工作台（$A + B$ 为例）。

工作台双旋转（$A + B$）即在 B 轴旋转台上叠加一个 A 轴的旋转台，可加工小型涡轮、叶轮和小型紧密模具。

（2）一转一摆。

一转一摆的工作台刚性好，精度高，在五轴机床中常用。

（3）双摆头。

双摆头的工作台台面大，力度大，适合大型工件加工。

3. 五轴加工产品特点

随着国内数控技术的日渐成熟，近年来五轴联动数控加工中心在各领域得到了越来越广泛的应用。在实际应用中，每当人们碰见需要高效、高质量加工异形复杂零件等难题时，五轴联动技术无疑是重要的手段。随着我国航空、航天、军事工业、汽车零部件和模具制造行业的蓬勃发展，越来越多的厂家倾向于寻找五轴设备来满足高效率、高质量的加工要求。五轴联动擅长空间复杂曲面加工、异形加工和镂空加工等。图 14 - 1 - 14 所示为五轴加工产品。

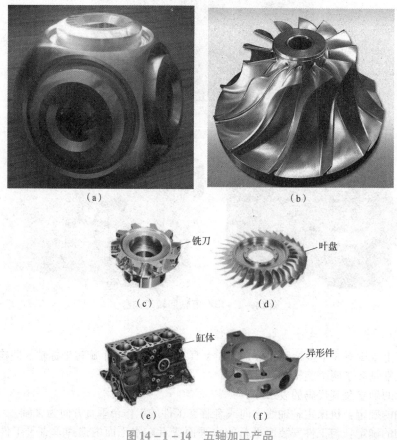

图 14 - 1 - 14 五轴加工产品

五轴加工知识

拓展知识三　车铣复合

1. 车铣复合概述

复合加工是目前国际上机械加工领域最流行的加工工艺之一，是一种先进制造技术。复合加工就是把几种不同的加工工艺在一台机床上实现。复合加工中应用最广泛、难度最大的就是车铣复合加工。车铣复合加工中心相当于一台数控车床和一台加工中心的复合，如图 14 – 1 – 15 所示。

图 14 – 1 – 15　车铣复合数控机床

目前，车铣复合加工多数在车削中心上完成，而一般的车削中心只是把数控车床的普通转塔刀架换成带动力刀具的转塔刀架，主轴增加 C 轴功能。由于转塔刀架结构、外形尺寸的限制，动力头的功率小，转速不高，也不能安装较大的刀具，这样的车削中心以车为主，铣、钻等只是做一些辅助加工。其动力刀架造价昂贵，造成车削中心的成本居高不下，国产的售价一般超过 10 万元，进口的则超过 20 万元，一般用户很难承受。经济型车铣复合大多采用 X、Z、C 轴，就是在卡盘上增加了一个旋转的 C 轴，以实现基本的铣削功能。

2. 车铣复合优势

与常规数控加工工艺相比，复合加工具有的突出优势主要表现在以下几个方面。

（1）缩短产品制造工艺链，提高生产效率。车铣复合加工可以实现一次装卡完成全部或者大部分加工工序，从而大大缩短了产品制造工艺链。这样一方面减少了由于装卡改变导致的生产辅助时间，同时也减少了工装夹具的制造周期和等待时间，能够显著提高生产效率。

（2）减少装夹次数，提高加工精度。装夹次数的减少避免了由于定位基准转化而导致的误差积累。同时，目前的车铣复合加工设备大多具有在线检测的功能，可以实现制造过程中关键数据的在位检测和精度控制，从而提高产品的加工精度。

（3）减少占地面积，降低生产成本。虽然车铣复合加工设备的单台价格比较高，但由于制造工艺链的缩短，产品所需设备及工装夹具数量、车间占地面积和设备维护费用的减少，故能够有效降低总体固定资产的投资及生产运作和管理的成本。

3. 车铣复合特点

（1）车铣复合加工中心使用高精度内藏式主轴。

（2）车铣复合加工中心自由移动式操作面板，提高了作业效率。

（3）车铣复合机型主要用于大批量生产各种小型零件及复杂零件的高速加工和多样化加工，擅长空间曲面加工、异形加工、镂空加工、打孔、斜切等，如图 14 – 1 – 16 所示。

（4）细长复杂工序可一次加工成形，并可配置自动送料装置，以提高效率。

（5）车铣复合加工中心可切削铜、铁、铝合金和不锈钢等材质。

（a）　　　　　　　　　　　　（b）

（c）　　　　　　　　　　　　（d）

图 14 – 1 – 16　车铣复合加工产品

车铣复合知识　　　　　数控铣工国家职业标准　　　　　附录：试题

参 考 文 献

［1］ 黎震，管嫦娥. 数控机床操作实训 ［M］. 北京：北京理工大学出版社，2010.
［2］ 宋志良，欧阳玲玉. 典型铣削零件数控编程与加工 ［M］. 2 版. 北京：北京理工大学出版社，2019.
［3］ 洪斯，侯海华. 企业产品数控铣活页教程 ［M］. 杭州：浙江大学出版社，2021.
［4］ 宋福林，等. 数控车铣加工职业技能实训教程 ［M］. 北京：化学工业出版社，2021
［5］ 杨建明. 数控加工工艺与编程 ［M］. 3 版. 北京：北京理工大学出版社，2014.
［6］ 周晓宏. 数控铣削工艺与技能训练 ［M］. 北京：机械工业出版社，2021.
［7］ 吴明友. 数控铣床培训教程 ［M］. 北京：机械工业出版社，2010.
［8］ 顾京. 数控加工编程及操作 ［M］. 北京：高等教育出版社，2003.
［9］ 钱东东. 实用数控编程与操作 ［M］. 北京：北京大学出版社，2007.
［10］ 周晓宏. 数控编程与加工项目教程 ［M］. 北京：北京大学出版社，2012.
［11］ 周晓宏. 数控铣削工艺与技能训练 ［M］. 北京：机械工业出版社，2011.
［12］ 陈华，等. 零件数控铣削加工 ［M］. 北京：理工大学出版社，2019.
［13］ 吴志强. 数控编程技术与实例 ［M］. 北京：邮电大学出版社 2021
［14］ 刘英超，数控铣削/加工中心编程与技能训练 ［M］. 北京：邮电大学出版社，2021.
［15］ 朱明松. 数控铣床编程与操作项目教程 ［M］. 北京：机械工业出版社，2012.
［16］ 阳夏冰. 数控加工工艺设计与编程 ［M］. 北京：人民邮电出版社，2011.
［17］ 申晓龙. 数控铣床零件编程与加工 ［M］. 北京：化学工业出版社，2012.